履歷面試 × 溝通表達 × 銷售談判 × 人際處理

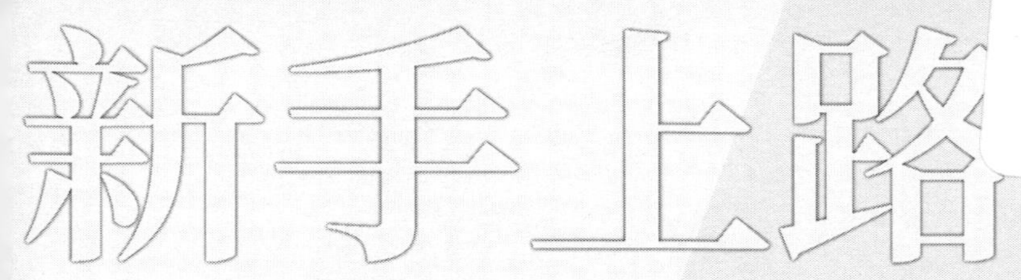

初戰職場

當機遇來敲門
跳得高遠還是行走穩健？

于偉哲 編著

踏入職場，就好比翻開一本未知後續的冒險小說，
過程中會遇到各式各樣的妖怪，以及突然空降的種種挑戰。

奇葩客戶的刁鑽需求，就像一場不可預測的魔法戰；
難搞主管的古怪風格，彷彿咒語一般需要巧妙解讀；
而那些難以捉摸的同事，也如森林深處的神祕生物須得謹慎相處——

現在，你就是這部小說的主角，
結局取決於你如何在這片迷宮中航向前行！

目錄

前言

隨著就業形勢的日趨嚴峻，職場的競爭壓力也越來越大。對於初涉職場的年輕人來說，要想找到一份合適的工作已是不易之事，而要在職場上生存下去更是難上加難。初入職場，對於社會包括生活的理解將更加的深入和直接，此時，夢想與現實的碰撞，預期與生活的差距，容易使得曾經信誓旦旦的美麗憧憬，一時間遍尋不著落地的空間，再加上工作中出現的種種困擾，使初涉職場的人變得異常脆弱而不堪一擊，於是很多職場新人選擇了退縮和放棄，還有很多人在不停的變換工作，這樣把情況變得越來越糟糕。於是很多職場新人深深陷入浮躁、失落、迷惘的種種情緒當中，迷失了原來的方向。

作為一個職場新人，職業生涯的起步階段非常重要，因為能否贏得在起點的勝利，是你人生的一個轉折點。通常這一階段大約有三到五年的時間，從根本上來說，這仍然是一個學習階段，只不過學習的是工作方法及規則等。能夠安全度過這一階段的職場新人就能順利蛻變成職場競爭中的強者。

本書正是寫給初涉職場的職場新人們的，作者的初衷是為職場新人提供有價值的參考，使得職場新人能夠透過本書獲得必要的幫助。書中把職場的起步階段又細分為十六個小的階段，在這十六個小的階段當中，分析職場新人會遇到的不同的難題和困擾，一一加以解析並給予指導性的應對策略。職場新人們可以從本書中了解到諸如面試、入職、與同事相處、與主管溝通等方面的知識，還可以透過本書學到一些必要的工作技巧，比如推銷技巧、談判技巧、危機公關技巧等等，這些都能為職場新人提供實質的幫助。另外，本書在編寫過程中完全是想職場新人所想、急職場新人所急，所以盡量使內容更加充實、完備，以求能為職場新人提供全面的指導。

不經歷風雨難以見到彩虹，但過多的經歷風雨只會讓職場新人逐步喪失鬥志和信念，因為人有可以承受的極限，超過這個極限，人就會變得脆弱。作者希望職場新人們透過本書的幫助可以少經歷些風雨，避免遇到一些不必要的挫折，讓職場新人們的職業生涯的初級階段少走一些彎路，並能在這一階段變得成熟，真正蛻變成一個職場的成功人士。

第一次面試，一錘定音

面試是每一個求職者進入職場前都必須經歷的，很多求職者雖然有很強的能力卻總是在面試時鎩羽而歸，其原因在於他們缺乏面試經驗，不能在面試時完美的把自己的全部能力展現在面試官的眼前。其實，面試同樣需要技巧，學會這些技巧，會幫助求職者順利通過面試的考驗。

職場第一仗，獲得入門券

所謂職場入門券，就是指得以進入職場的通行證，那麼對於正在求職的大學畢業生來說，什麼才是他們進入職場的入門券呢？

我想無非有三點，其一是工作經驗，其二是求職時必要的公關禮儀，其三是展現自己的表達工具（一份恰當的履歷）。

一、職場入門券之 —— 工作經驗

市場競爭激烈，企業急需一批可以很快派上用場的人才，可以節省培訓時間，還可以節省培訓費用。其中，用人單位首先關注的就是求職者的工作經驗，特別是實際動手操作能力。儘管也有一些大企業十分注重求職者的學歷、全面能力和個人素養，不過這類企業畢竟只是鳳毛麟角。而大多數用人單位在徵才訊息上還是明確提出對於求職者工作經驗的要求，以此來作為判斷求職者工作能力的強弱與否的一個標準。

在就業形勢相當嚴峻的狀態下，想讓用人單位對求職者放寬，不再需要工作經驗，顯然是不可能的。那麼求職時又怎麼才能跨過工作經驗這一門檻呢？

「我雖然沒有工作經驗，但請您給我一個在貴單位實習的機會。我可以不要薪資、福利。」在某就業博覽會上，就讀大學的小趙面對一份自己心儀已久的工作，做出了零薪資、零福利的讓步。與小趙一樣為了爭取到工作機會不在乎薪酬的應屆畢業生仍存在著。

有一些應屆畢業生採取零薪酬就業的模式來獲取工作機會，這是一個很好的方法，當你把自己的能力在工作中全部展現出來以後，自然而然地就會得到正式聘用了。

零薪酬就業雖然巧妙的避開了工作經驗的限制，但對於求職者來說，工作能力才是最後獲得工作機會的決定性條件，所以應屆畢業生首先應該做的就是將自己學到的專業知識轉化為實際的工作能力，畢竟企業看重的是人才的實用性。

二、職場入門券之 —— 求職禮儀

求職禮儀是一個初出茅廬的大學生不太注意的地方。一般他們會把精力都放在準備履歷、成績單、面試問題等上，而忽視了一個基本事實：求職面試，是一個人和人交流的過程。經歷部分，如學歷、資質、工作經驗等，確實非常重要，但是這些絕非求職面試成功的保證；個人特質部分，如個人外表、談吐、氣質等，對面試官的心理有巨大的影響作用。如果面試官喜歡你這個人，哪怕在經歷方面稍微欠缺，他們也會願意給你機會；如果你的某個細節動作讓面試官產生反感，他們盡可以去選擇自己喜歡的人。

我們與人初次見面的時候，往往都會不知不覺地給對方造成「此人很不友善」、「此人很直爽」之類的印象。這是拿對方跟自己的經驗來比較，並以其外貌、著裝、舉止等為基準，對對方產生的一種觀念。如果給對方的印象有所錯覺的話，就很難修正自我的第一印象。即使能修正過來，也要花費很長時間、很大的力氣。如果你是一個謙恭有禮，非常注意禮儀準則的人，就會給人留下積極而美好的印象；否則，你落選的可能性會更大。

某知名企業在應徵時，曾經設計過一道看起來不起眼的小題目，使許多自恃有高學歷的「才子」、「才女」們紛紛落於馬下。

第一次面試，一錘定音

所有的履歷初審合格者，被通知在同一天下午來面試。那天，二十多位求職者坐滿了會議室。奇怪的是，這麼多人怎麼可能一一面試得完呢？這時候，一位捧著很多資料的工作人員，進入會議室艱難地拿了其他東西以後，出門的時候一不小心把資料掉到了地上。然後他極不方便地想彎下腰撿地下的東西。在他周圍的這些求職者誰也沒動，好像沒看到一樣。這時候，離這位工作人員最遠的一位求職者過來幫他撿起了東西並開了門。

約半小時後，被通知除了剛才那位幫忙撿拾東西的求職者外，其餘人都可以回去了。

由此可知，即使有了工作能力，也並不意味著就一定能獲得工作機會，不能掌握必要的求職禮儀，很好的工作機會也會瞬間從你手中溜走。

那麼求職禮儀是什麼呢？所謂的求職禮儀並非另有一套專門的禮儀，而是個人禮儀在求職過程中的實際展現。所以，求職禮儀不是兩三天的「抱佛腳」可以「及格」的。禮儀展現在我們生活中最細微的舉手投足之間，面試官總是於最細微處觀察和認定我們的禮儀層次，進而推斷我們的修養。我們必須從平時做起，注意一言一行，長期的修養能使我們在關鍵時刻每一個細節都自然流露，因而禮貌和優美。

求職禮儀包括：求職赴約禮儀、求職過程禮儀、求職後續禮儀三個方面。

（一）求職赴約禮儀

▷ 儀容整潔、精神飽滿。女生化淡妝，忌濃妝豔抹。髮型端莊、正統。男生忌長髮、光頭、中分，不要留小鬍子。頭髮不要黏膩或出油。穿深色衣服時最好事先拍拍兩肩，以免頭皮屑掉在上面。

▷ 服飾可以使用稍深暗或偏淡雅的色彩（根據個人膚色、身材條件、穿著季節等因素選擇），搭配採用不宜過於強烈。例如：淺棕色套裝＋柔黃／米白襯衫＋咖啡色皮鞋、淺綠色套裝＋白色皮鞋、深藍色西裝外套＋白襯衫＋藍白條紋領帶＋黑皮鞋等，一般以款式簡潔、大方的套裝為宜。圖案素雅，避免過花過亂。

▷ 所需資料準備充分、清楚明瞭，避免面試時慌亂翻找。

▷ 準時赴約。不要太早到，更不得遲到。

▷ 到達面試地點後，要主動向接待人員通報，以便對方安排面試。

▷ 若需要等待接見，安靜的坐著，不要隨意與他人閒聊來打發時間。若等候時間過長，也不要擺出不耐煩的樣子。

（二）求職過程禮儀

▷ 與面試官見面後，要主動自我介紹，並將履歷送達對方，必要時對履歷要點進行說明。

▷ 面試時要表情輕鬆、面帶微笑。不要面色嚴峻，顯得緊張。

▷ 交談時可注視面試官的嘴巴、鼻子、眼睛三角區（社交區）。不要東張西望，顯得心不在焉；也不要長時間凝視對方，否則容易給人咄咄逼人的感覺。

▷ 坐在椅子上時，最好只坐椅子的三分之二。雙手放桌上或大腿上，不要交抱胸前或腦後。兩腿併攏，身體可稍稍前傾。

▷ 站立時應抬頭挺胸，兩腿併攏，雙手可拿資料或交握身前。注意站直坐正，不要隨意晃動、抖腿。

▷ 回答問題時，口齒清晰，語言簡練扼要、主次有序，不要海闊天空、浪費時間。

▷ 保持積極的心態，是面試中智慧語言不斷迸發的前提。面試時就算碰到難關也絕不能洩氣，要不斷給自己鼓勵——「這只是一個小失誤，我還有很多機會彌補。」況且面試中的絕大多數問題都沒有標準答案，只要言之有據，思路清晰即可。

▷ 自我發揮時，實事求是、嚴謹謙虛、自信而不自大。不要在面試中竭力表現自己好像無所不知、無所不能，應徵的職位非我莫屬。

▷ 雙向選擇時，可強調自己的特長和才華、表達對所聘職位的追求感和勝任理由，以此加深面試官對你的印象和良好認知。而諸如「你們會給我什麼樣的薪水」、「你們提供什麼樣的福利待遇」、「車資是不是有補助」、「是不是有很多加班」等等這樣的問題，只會使你和你的願望越來越遠。

▷ 求職目的明確，可在面試時直抒胸臆，表明自己希望什麼樣的工作和職位，並陳述勝任理由。避免擺出一副願意聽從安排的樣子，很「謙虛」的問「您看我適合什麼」，反而給面試官很沒主見的印象。

▷ 面試結束時可索取對方連繫方式，態度要誠懇、語言要禮貌。

▷ 應向面試官致意，表示感謝並告辭。

▷ 輕步出去，輕輕關上房門。

（三）求職結束禮儀

求職結束禮儀就是求職面試結束後的一些基本禮儀，主要是指詢問錄取情況時打電話的禮儀。下面介紹一下打電話的禮儀：

▷ 打電話要注意禮貌用語。「您好」、「對不起，可以向您詢問幾個問題嗎？」、「占用您兩分鐘可以嗎？」、「謝謝您的答覆」等都是比較合適的言辭。

▷ 如果接聽電話的人可以回答我們要詢問的問題，不要堅持找某某負責人。打通電話的時候，儘管聯絡電話上留的是某某負責人的電話，我們還是可以先講明自己是來詢問的，希望有關人員聽電話（提前預約的情況例外），這樣既是對聽者的尊重也便於讓對方判斷由誰回答我們的問題比較合適，效果會更好。

▷ 電話詢問時間不宜太長，三五分鐘即可。因此，我們必須事先做好詢問的問題準備。

▷ 電話裡不一定說明自己是誰，尤其不要強烈要求對方記下我們的姓名等資訊。

三、職場入門券之 —— 個人履歷

我們與人初次見面的時候，履歷作為求職者的敲門磚，其製作的好壞直接影響到求職是否能夠成功。那麼我們該如何寫好自己的求職履歷，走出確保求職成功的第一步呢？

求職者在製作履歷時首先要選擇好履歷的類型，因為不同類型的履歷所產生的作用不同。其次，在製作履歷的過程中還要遵循一定的原則。

（一）履歷的類型

◆時間型履歷

它強調的是求職者的工作經歷，大多數應屆畢業生都沒有工作過，更談不上工作經歷了，所以，這種類型的履歷不適合應屆畢業生使用。

◆功能型履歷

它強調的是求職者的能力和特長，不注重工作經歷，因此對應屆畢業生來說是比較理想的履歷類型。

◆專業型履歷

它強調的是求職者的專業、技術、技能，也比較適用於應屆畢業生，尤其是申請那些對技術和專業能力要求比較高的職位，這種履歷最為合適。

◆業績型履歷

它強調的是求職者在以前的工作中取得過什麼成就、業績，對於沒有工作經歷的應屆畢業生來說，這種類型不適合。

◆創意型履歷

這種類型的履歷強調的是與眾不同的個性和標新立異，目的是表現求職者的創造力和想像力。這種類型的履歷不是每個人都適用，它適合於廣告企劃、文案、美術設計、從事研究的研發人員等職位。

（二）製作履歷的原則

1. 言簡意賅，便於閱讀

通常人資在招募過程中的工作量很大、時間十分寶貴，所以不可能花時間看你冗長的履歷，所以製作履歷時就應該本著便於閱讀的原則，不要把履歷寫得太長。有許多求職者覺得履歷越長越好，以為這樣易於引起注意，其實適得其反，冗長的履歷不但讓人覺得你在浪費他的時間，還能得出求職者做事不幹練的結論。它淡化了閱讀者對主要內容的印象。一般情況下，履歷的長度以一張 A4 紙為限，履歷越長，被認真閱讀的可能性越小。高階人才在某些時候可以準備 2 頁以上的履歷，但是也需要在履歷的開頭部分有簡潔清楚的資歷概述，以方便閱讀者在較短時間內掌握基本情況，產生進一步仔細閱讀的願望。

另外，在履歷的語言上要求言簡意賅、流暢簡練，在內容上履歷應在重點突出、內容完整的前提下，盡可能簡明扼要，不要陷入無關緊要的說明。多用短句，每段只表達一個意思。這樣也是為了方便人資的閱讀。

2. 履歷內容要客觀真實

製作履歷必須確保內容真實。誠實地記錄和描述，能夠使閱讀者首先對你產生信任感，而企業對於求職者最基本的要求就是誠實。企業閱歷豐富的人事經理，對履歷有敏銳的分析能力，遮遮掩掩或誇大其辭終究會露出破綻，何況還有面試的考驗。有許多初次求職者，為了能讓公司對自己有一個好的印象，往往會給自己的履歷造假。這些造假行為，可能短期內未被識破，但終究會有水落石出的那一天。

3. 履歷內容應突顯重點

由於時間的關係，人資可能只會花短短幾秒鐘的時間來審閱你的履歷，因此你的履歷一定要重點突出。一般來說，對於不同的企業、不同的職位、不同的要求，求職者應該事先進行必要的分析，有針對性地設計準備履歷。盲目地將一份標準版本大量複製，效果會大打折扣。求職者應根據企業和職位的要求，巧妙突出自己的優勢，給人留下鮮明深刻的印象，但注意不能簡單重複，這方面是整份履歷的點睛之筆，也是最能表現個性的地方，應該深思熟慮，不落俗套，寫得精采，有說服力，而又合乎情理。

4. 履歷語言要準確

不要使用拗口的語句和生僻的字詞，更不要有斷句、錯別字。外語要特別注意不要出現拼寫和語法錯誤，一般人資考察求職者的外語能力就是從一份履歷開始的。同時行文也要注意準確、遵循規則，大多數情況下，句子以簡明的短句為好，文風要平實、沉穩、嚴肅，以敘述、說明為主。動輒引經據典、抒情議論是不可取的。有的人寫履歷喜歡使用許多文學性的修飾語，例如：「大學畢業，我毅然走上工作職位」、「幾年來身挑重擔，為了公司發展大計披星戴月，週末的深夜，常常還能看到辦公室明亮的燈光。功夫不負有心人……」、「雖然說『有則改之，無則加勉』，但主管無中生有的指責日甚一日，令我憤懣不已，心灰意冷，終掛印而去」，結尾還忘不了加上一句「我熱切期待著一個大展鴻圖、共創輝煌未來的良機！」之類的口號。這樣的履歷，只能讓人一笑置之。

5. 要詳述自己的技能

列出所有與求職有關的技能。你將有機會展現你的學歷和工作經歷以外的天賦與才華。回顧以往取得的成績，對自己從中獲得的體會與經驗加以總結、歸納。你的選擇標準只有一個，即這一項能否給你的求職帶來幫助。你也可以附加一些成績與經歷的敘述，但必須牢記，經歷本身不具說服力，關鍵是經歷中要設法展現出你的能力。

6. 合理地運用專業術語

引用職位說明所需要的主要技能和經驗術語，使履歷突出重點。例如，你要應徵辦公室行政人員，該職位就會要求你熟悉文書處理系統，如OFFICE；應徵設計工程師，需要懂繪圖和設計軟體。總之，徵才資訊會對不同的職位有相對應的實際技能要求。如果你符合要求，那麼引用這些專業術語在你的履歷中描述你的優點，這樣可以增加人資對你的信任度。

自信心是把所向披靡的利器

某顧問公司在一次招募過程中，在門口招牌上赫然寫上了「庸者勿停、能者勿走」八個大字。公司的人事主管在接受記者採訪時說了下面的一些話：

「短短兩個小時，我們已經收到了 50 多份履歷，並對每名求職者進行了簡單的面試。」採訪中，公司人事主管小文說，「寫上這句話，主要是公司招募的職位需要一些非常自信的年輕人。這句話好像一扇門，沒有自信的人，自然就被自己擋在了門外。其實，即使求職者能力和專業知識有欠缺也沒有關係，因為能力和專業知識都是可以透過培訓迅速彌補的，而性格和自信心則沒有那麼容易培養和轉變。即使有求職者「自信」地遞上了履歷，也分為兩種情況。一種是對自己的專業知識、能力或未來的潛力特別有信心，即使有較為明顯的缺點也不忌諱；而另一種是，面對就業的壓力，看到較為符合的專業職位，不得不『自信』應徵，但這種求職者往往說話的底氣不足，基本上在簡單的面試過程中，就被淘汰了。」

從上面的例子中我們可以看出，用人單位對於求職者自信心的重視甚至超過了對於他們專業知識和工作能力的重視程度，所以說，自信在求職者的應徵過程中有著非常關鍵的作用。

留過學的「留學生」自降門檻，竟應徵只需要高中學歷的櫃檯接待，大學生給自己要求的月薪只有基本薪資。就業市場顯示，與以往盲目要求高薪迥然不同，有不少求職者走向了另一個極端 —— 自我貶低身價。出乎其預料，不少用人單位對此的反應是，缺乏自信的人才也不予錄取。

第一次面試，一錘定音

不少大學生紛紛開出了低價。很多大學生只給自己開出領基本薪資的月薪，令企業公司感到咋舌。一家貿易公司要招募一名業務員，畢業於某國立大學的小徐想來想去，願意只領基本薪資，但他最後也被淘汰。該公司負責人坦言，這樣沒有自信的求職者，即便錄取，工作上也不會有大的起色 —— 他連自我推薦的勇氣都沒有，又怎能與客戶順利溝通？

就業壓力讓很多應屆畢業生在求職過程中飽受失敗的打擊，自信心喪失殆盡，以致在以後的求職路上更是顯得荊棘叢叢、步履維艱。

一項調查顯示，大學生在找工作的過程中，畏懼失敗、與他人競爭時自卑、缺乏面試經驗已經成為影響求職成功率的主要問題。有些求職者競爭實力本來不錯，但是面試經驗不足，回答問題不是緊張回答不上來，就是回答一些不著邊際答非所問的話，臨場沒有發揮應有的水準或平時修養不夠，給人印象不佳，從而痛失良機。

求職者應該認知到，求職的過程，是一個全面展示自己的過程，除了要有顯示自己才華的勇氣，還得相信自己是最好的。在心裡上要有自信心，特別是女生要相信自己和男生一樣有實力，要勇於競爭，克服自卑、膽小懦弱等不良心理狀態。在行為上，要保持熱情、端莊的儀表，切忌羞澀、扭捏。

對於求職者來說，很多人也知道自信心往往會造成決定性的作用，可是他們還是沒有辦法讓自己在求職過程中擺脫不自信的困擾，有的人還會很悲觀的認為，自己是不可能擁有自信心了，自己的前途一片黑暗。

其實，要建立自信心對於很多人來說並非奢望，關鍵要先知道什麼是自信。

一、自信的定義

自信是一個人相信自己的能力的心理狀態，即相信自己有能力實現自己既定目標的心理傾向。自信是建立在對自己正確認知基礎上的、對自己實力的準確了解和積極肯定，是自我意識的重要成分，是心理健康的一種表現，是學習、事業成功的有利心理條件。

二、建立自信的方法

(一) 對自己進行積極的暗示

心理暗示可以對一個人的心理狀態有微調的作用，透過積極地心理暗示就能夠對心理產生積極的影響，當一個人不自信時，可以對自己進行這樣的暗示：別人可以，要相信自己也可以；其他人能做到的事，相信自己也能做到。要善於在課桌上、床頭邊寫激勵語：「我行，我可以，我一定可以。」「我是最好的，我是最棒的。」每天早晨起床後、臨睡前各默念幾次，上課發言前、做事前，與人交往前，特別是遇到困難時要果斷、反覆地默念。像這樣的自我暗示機制，可以鼓舞自己的鬥志，增加心理力量，對於自信的建立會有著明顯的積極作用。

信心也是需要培育的，採用科學的心理暗示方法，是解決信心不足的合理途徑。

(二) 保持良好的儀表和精神面貌

信心不足雖然是一種心理狀態，可透過改善自己的外在形象對這種心理也會有積極的影響。一套筆挺的西裝會使得一個男孩莊重起來，一襲長裙會使得一個女孩的舉手投足都顯得亮麗、迷人。因此，漂亮的儀表能夠得到別人的誇獎和好評，提高人的精神風貌和自信心。所以，自卑的人特別要注意學會從頭到腳打扮自己。在宿舍起身前，或者在課間，要多照鏡子，保持髮型美觀，衣著整潔、大方。良好的儀表和精神風貌，可以使自己的心理在受到別人的誇獎時產生優越感，隨著這種優越感的累積，自信心也就慢慢建立起來了。

（三）把自己放在顯著的位置

把自己放在顯著的位置，這是一種自信的表現，可通常情況下我們會發現，不管是會議室，還是教室，後面的座位總是先被坐滿。大部分占據後排座位的人，都是希望自己不會「太高調」，這就是信心不足的常見表現。但是，有意識地練習坐在前面，能夠引起教師和人們的關注，拉近你與臺上主管、師長的心理距離，贏得他們的賞識，激發自信心，集中注意力。亞洲人講究含蓄美，比較內斂，所以很多人都不喜歡太過張揚或出風頭，從而使自己太顯眼，可是，面對一個開放的世界，不敢把自己置於人前，是不符合現代社會的生存和發展要求的。所以，勇敢地站出來，站在別人面前吧！

（四）勇於和別人進行眼神接觸

眼神的接觸是交流的方式之一，一個人的眼神可以透露出許多資訊。不敢正視別人是膽怯、心虛的表現。而大大方方地正視別人，等於告訴他人：「我是誠實，而且光明正大，毫不心虛。」因此，在學習和工作中經常提醒自己要面帶微笑，正視別人，用溫和的目光與別人打招呼，用點頭表示問候，用聚精會神、專心致志的聽講表示對他人的理解與支持。透過不斷地進行這種練習可以增強一個人的親和力，掃清與別人和睦相處的障礙，有利於提高自己的溝通能力，隨著與別人溝通的次數的增加，自信心就會逐漸的增強。

（五）在公眾場合發表見解

練習在公眾場合發言是建立自信心最快也是最有效的手段之一。在公開場合要勇於發言。不管回答問題有無把握，是否全面，站起來大膽說，說錯了也沒關係，儘管把自己的想法說出來就行。想信人們都會為自己鼓掌。記住，只要敢講，就會比那些不敢講的人收穫大。信心來源於勇氣，能夠鼓足勇氣，在公眾場合表達自己的觀點，表現自己的風采的人，一定是個自信的人。

（六）走路時要昂揚自信

科學研究顯示，走路是一種健康活動，不但有利於身體的強健，也有益於心理的健康。心理學家告訴我們，步態的調整，可以改變心理狀態。你若仔細研究就會發現，那些稍微遭受教師批評，受到人排斥的人，走路時都是懶懶散散、拖拖拉拉的，完全沒有自信感。自信的人走起路來則是胸膛直挺，步伐穩健輕鬆。昂揚自信地的走在人前吧，因為這是成功者的風貌。

（七）學會善待和讚美他人

善待他人其實是一種自信的人才能做到的事情，因為自信的人往往心理比較平和，待人接物就會比較冷靜理性。要做到善待他人，首先要善於對別人微笑。微笑是友善的訊號，會給別人帶來溫暖和歡樂，也會得到別人的喜歡，從而贏得別人與自己主動交往，使自己擺脫孤獨感和寂寞感，內心充實，心情舒暢，不斷產生信心和力量。其次，在與他人交談時，適當、真誠地讚美別人的優點，會使別人感到高興，別人也會投桃報李，誇獎你的優點，使你有如沐春風之感，信心大增。再次，在生活上、課業上主動幫助朋友、同學，進而幫助其他人，這樣，不僅贏得了別人對自己的好感、讚揚和幫助，也使自己增強了社會責任感；同時，自信心不僅得到了增強，而且可以得到社會性的昇華。與人相處，和別人交流要有一個好的開始，才能繼續下去，有了交流，有了溝通，就有了信心。

（八）善於發現自己的優點

每個人都有自己的缺點和優點，而信心不足的人總是看到自己的缺點，卻很少看到自己的優點。總喜歡用自己的缺點與別人的長處相比較，常常導致情緒低落，自信心缺乏。其實，我們不需要為自己的不足而整天自責，而要相信「天生我材必有用」、「天行健，君子以自強不息」。即使自己因失敗而陷入自責時，請你提醒自己，不要做完美主義者，換一個角度看問題，把它變成表揚。心理學家告訴我們，做自己的伯樂，善於發現自己的優點，及時激勵自己，你的自信心一定會大增。所以對待自己，評價自己時不要太虛心，多誇誇自己又有何妨呢？

（九）用小的成功體驗來激勵自己

自信與成功有著天然的連繫，自信可以促成成功，而成功也可以激勵自信，不斷用小的成功激勵自己，自信心一定會慢慢地建立起來的。體驗成功的訣竅就是為自己確立小的奮鬥目標。當每一個小目標完成時，都要獎勵自己，如看一會兒電視，聽一段優美的音樂，吃一個蘋果，買一本嚮往已久的書等等。這樣透過一個又一個小目標的實現，就會越來越接近成功。隨著小目標一次一次的成功，在這種不斷的成功體驗下，自信心會得到逐漸地增強。

（十）多參與團體活動

團體活動能夠營造出一個交流溝通的氛圍和環境，參加團體活動需要勇氣和溝通能力，信心不足的人應參加各種集體活動，一定要注意克服怯懦、優柔寡斷等不良意志，培養意志的果斷性、自制性和堅韌性。特別要鼓起勇氣，大膽參加班級活動，進而參加學校舉辦的各項活動。在團體活動中見賢思齊，虛心向別人學習，動動腦筋，集思廣益，盡力做好每一件事，盡心恪守本職工作。不怕犯錯，犯了錯誤立即糾正。不怕失敗，失敗了重頭再來。有一句話說得好：「不經歷風雨，長不成大樹；不受百鍊，難以成鋼。」堅持經受團體活動的鍛鍊和經受失敗的磨練，可以使我們開闊眼界，增長才幹，豐富人生閱歷，增添成就感，提高抗壓性，隨著自己能力的增加，勇氣的建立，自信心就會得到激發。

三、在求職過程中擺脫心理障礙

應屆大學畢業生都在忙於參加各種就業博覽會，為畢業後能有一個滿意的工作而忙碌。不少大學生在求職的過程中屢屢吃閉門羹，自信心大受打擊，嚴重者還會產生一些心理問題。

要解決求職過程中的信心不足的問題，首先應該克服以下兩個方面的心理障礙：

◆怯懦自卑心理

雖然有的人接受了幾年的高等教育，也具備了一定的實力和優勢，面對激烈的競爭，卻覺得自己這也不行，那也不如別人，自卑心理使得自己缺乏競爭勇氣，缺乏自信心，走進就業市場就心裡發毛，參加面試，心裡忐忑不安。一旦中途受到挫折，更缺乏心理上的承受能力，總覺得自己確實不行。在就業競爭中，這種心理障礙是走向成功的大敵。其實，這種怯懦自卑的心理，往往是社會性不足的表現，隨著接觸社會的機會增多，這種心理會慢慢得到改善的。

◆依賴心理

依賴心理在求職中通常有兩種表現形式：其一是依賴大多數的從眾心理，自己缺乏獨立的見解，不是從自己的實際情況做出切合實際的選擇，而是人云亦云，見別人都往大城市、大企業擠，自己也跟著湊熱鬧；其二是依賴政策，依賴他人的傾向，不是主動選擇、積極競爭，而是坐等企業、公司選擇自己。要擺脫這種依賴心理，就要學會主動的去做一些事情，做一些決定，當你做出的決定經常被證明是正確的，那麼你的依賴心理就會在不知不覺中消失了，你發現自己已經變成一個有主見、有能力的人。

以內養外充分包裝自己

面對就業市場，求職者也比以前更懂得包裝自己，從設計打理髮型，到買名牌面試服裝，甚至有的求職者還紛紛加入了「微整型」的行列，求職費用一路攀升。然而，用人單位對這種過度的包裝並不買帳求職者也並沒有因為華麗又昂貴的包裝而得到工作機會。事實上，用人單位在招募人員時更注重內在，不會因為某人長得好看而忽略他的本質，也不會因為某人長得難看而一票否決他的才能，那種經看不經用的人是不會受到歡迎的，尤其是在民營企業，要的是有真才實學的人。

求職者到就業市場應徵，其實就是一種推銷行為，而推銷的產品就是自己，那麼進行適當的自我包裝是必要的，但怎麼進行包裝卻是有學問的。

那麼，在求職過程中，應該如何進行適當的包裝呢？

一、外在形象的包裝

在外在形象包裝上，有關專家告誡求職者不應花費更多金錢包裝自己，而是應保持樸實本色。「比誰穿的衣服高級，比誰的履歷豪華，反而會在面試時給用人單位留下浮華的感覺。」尋找一種適合自己的色彩搭配，做到自身髮型色彩、服飾、氣質、言談舉止與職業、場合、地位以及性格相吻合才是至關重要的。

儀表的修飾最重要的是乾淨整潔，不必太標榜個性。那種企圖透過精心裝扮的美貌或「異性相吸」的面試來成功就業的想法，是十分不可取的。每個人都有自己的閃光點，關鍵是要在言談中表現出足夠的智慧、幽默、自信和勇氣，看起來更果斷而可靠，並且具備基本的禮儀，這樣才能保持自己良好的形象。

（一）男性外在形象要求

▷ 注意頭髮修整，如果稍嫌過長，應修剪一下。

▷ 避免穿著過於老舊的西裝，顏色以素淨為佳。

▷ 正式面試時，以長褲並熨燙筆挺為好。

▷ 襯衫以白色比較適宜。

▷ 盡量選擇顏色明亮的領帶。選購時可以徵詢太太或女友的意見，太過鮮豔顯得花俏，以能帶給他人明朗良好印象則較為適宜。

▷ 領帶不平整給人一種衣冠不整的觀感，盡可能別上領帶夾。

▷ 西裝胸前口袋放條裝飾手帕看起來頗為別緻。

▷ 西裝和皮鞋的顏色以保守為原則，面談時最好避免穿著過分強烈的顏色。

▷ 戴眼鏡的朋友，鏡框的配戴最好能使人感覺穩重。

（二）女性外在形象要求

▷ 穿著應有上班族的氣息，裙裝、套裝是最合宜的裝扮。裙裝長度應在膝蓋左右或以下，太短有失莊重。

▷ 面談時應穿著高跟鞋，最好避免穿著平底鞋。

▷ 服裝顏色以淡雅或同色系的搭配為宜，顏色勿過於花俏，形式亦不宜暴露。

▷ 頭髮梳理整齊，勿頂著一頭蓬鬆亂髮應試。

▷ 應略施脂粉，但勿濃妝豔抹。

▷ 不宜擦拭過多的香水。

二、內在氣質的包裝

言談舉止由內在決定，但這並不意味著面試前無法準備，特別是對於沒有面試經驗的應屆畢業生們，適當的「包裝」還是需要的。專家給出了以下幾點建議，可以照此事先「演習」。

◆不要擅自走進面試房間

如果沒有人通知，即使前面一個人已經面試結束，應徵者也應該在門外耐心等待；如果面試時間到了，進房間之前應先敲門。

◆握手要有「感染力」

面試前的握手是一個「重頭戲」，因為不少企業把握手作為考察一個應徵者是否專業、自信的依據。如果先前沒有太多和別人握手的經驗，可以事先練習一下。注意，握手不要有氣無力，而要讓對方感受到你的熱情，要有「感染力」。

◆遞名片要把握時機

如果有名片，在遞給面試人員的時候要把握時機，如果你的面試官雙手都是你的資料，千萬不要急著送上自己的名片，以免顯得不成熟；將名片調轉 180 度遞給對方，方便別人的閱讀。

◆坐姿也有講究

有兩種坐姿不可取：一是緊貼著椅背坐，二是只坐在椅邊。這兩種坐法，一個顯得太放鬆，另一個則太緊張，都不利於面試的進行。建議最好坐滿椅子的三分之二，保持輕鬆自如的姿勢。

◆始終保持用眼神交流

面試一開始就要留心自己的身體語言，特別是自己的眼神，對面試人員應全神貫注，目光始終聚焦在面試人員身上，在不言之中，展現出自信及對對方的尊重。

三、內在氣質包裝的重要性

內在氣質受先天因素的影響較多，但後天的培養能使它更加散發個性魅力。氣質好比是金、是銀、是玉石，後天的培養相當於雕琢。它是由內發自外的，外在形象、言談舉止彰顯內在氣質，內在氣質引導外在形象、言談舉止。兩者相得益彰。氣質有時候比相貌更吸引人，尤其在我們面試的時候，更為重要。它往往是成功俘獲面試考官的法寶之一。

抓住主考官的每一句話

在面試過程中，主考官的每一句話都可以說是非常重要的。你要集中精力，認真的去聽，記住說話者講話的內容重點。

一、為什麼要抓住主考官的每一句話

◆主考官的每一個問話都透露著重要的資訊

你要知道，面試你的主考官一定是個閱人無數的人，他們通常有著豐富的面試經驗，他們的每一個提問，都帶有特定的目的，而且，這些話往往有很多弦外之音，比如，對你某些方面的試探等等。所以，求職者在面試的過程中，要注意抓住主考官的每一句話，明白他問話的真實目的，分析他問話的弦外之音，這有利於你採取應對措施。

◆這是展現自我的最佳時機

面試主考官問話的目的，一是要考察你，再者就是要給你一個自我推薦，自我展現的機會，所以求職者要抓住主考官的問話，把他的每一句問話，變成自己進行自我展示的機會。

◆尊重主考官

主考官面試過程中所問的問題都是經過深思熟慮的，他用這些問題對求職者進行考察，所以求職者應該認真對待主考官的每一句問話，這是對主考官的尊重，如果，在於面試交流的時候，漫不經心，甚至不重視主考官的問話，那麼會讓主考官覺得你是一個缺少禮儀，不會尊重人的人，那麼，即使你有再高的能力，也可能會因棋差這一招，而滿盤皆輸。

二、怎麼抓住考官的每一句話

面試時，主考官往往會向應徵者提出很多問題，透過這些問題對應徵者進行考核，主考官會根據應徵者的回答和表現對他們的能力、素養、心理特點、求職動機等多方面內容進行評價。在主要問題談過之後，主考官可能會提出一些比較敏感、尖銳的問題，以便深入、徹底地了解應徵者的情況，為錄取抉擇提供更加充足的資訊。這個階段對於應徵者來說非常重要，應徵者要想在面試的這個重要階段獲得主考官的認同和讚許，贏得關鍵階段的勝利，就應該學會傾聽，學會抓住主考官的每一句話。

(一) 傾聽時，要用「心」

應徵者在面試的過程中，要用「心」去傾聽主考官的每一句話，做到準確把握對方的真實意圖，從而獲取盡可能多的資訊。聽，並非簡單地用耳朵就行了，必須同時用心去理解，並積極地做出反應。因為應徵者是處於被動的地位上，所以要時刻關注著主考官的思維變化、談話內容的要點、主題的轉變，語音、語氣、語調、節奏的變化等各種訊號，然後才能準確進行分析判斷，才能採取合理有效的應對措施，因此聽清楚主考官的每句話，是最基礎、最根本的問題，要想聽清主考官的每一句話，就必須學會用用「心」。

（二）面試中傾聽的要點

應徵者在面試過程中傾聽的要點是，先不要有什麼成見或決定，應密切注視講話的人所要表達的內容及其情緒。這樣才能使後者暢所欲言，無所顧忌。而後聽的人才能得到比較真實而完整的資訊，以供他作為判斷和行動的依據。優秀的談話者都是優秀的傾聽者，不論你口才如何，若不懂得傾聽，就不會給人留下好印象。雖然面試中發問的是主考官，回答的是應徵者，應徵者答話時間比問的時間多，應徵者還是必須做好傾聽。別人講話時留心聽，是起碼的禮貌，別人剛發問就搶著回答，或打斷別人的話，都是無禮的表現，會令主考官覺得你不尊重他，這是應徵者在面試時候的大忌。

（三）傾聽時要耐心聽完

心理學家的研究顯示，一個人的談話速度是每分鐘 120 － 180 個單字（指英文），而人的思維速度則是談話速度的 4 － 5 倍，所以當對方還未說完或只說了幾句話時，有的人就可能感覺已理解了他的全部意思。這時思想會開小差，對講話者的話充耳不聞。應徵者在面試的時候，一定不要犯這樣的錯誤，面試的目的在於讓對方了解你、信任你、接受你，而不是與對方比較高下，所以要盡量讓對方把話講完，自己則要耐心聽完，不要不顧對方的想法而自我發揮一通。如果有必要插話的話，那一定要採取禮貌的方式，先請求主考官的許可：「對不起，可以讓我先說兩句嗎？」。

（四）注意提高傾聽的效率

- ▷ 即使你認為對方所講的無關緊要或者錯誤，仍要從容而耐心地傾聽。雖然不必表示你對他所說的都贊同，但應在適當間歇中以點頭或應聲之類的舉動，表示你的注意和興趣。
- ▷ 不僅要聽對方所說的事實內容或說話的本身，更要留意他所表現出來的情緒，加以捕捉。
- ▷ 注意對方盡量避而不談的有哪些方面，這些方面可能正是問題的關鍵所在。
- ▷ 必要時，將對方所說的予以提出重述，以表示你在注意聽，也鼓勵對方說下去。
- ▷ 在談話中間，避免直接的質疑和反駁，讓對方暢所欲言。即使有問題，留到稍後才來查證。此時重要的是，獲知對方的真實想法。
- ▷ 遇到某一些你確實想多知道一些的事情時，不妨重複對方所說的要點，請他作進一步的解釋和澄清。
- ▷ 不要自己在情緒上過於激動，此時盡量要了解對方。如果你贊同對方的觀點，適當表示一下就可以了，關鍵是態度要誠懇，行為要表現得像是發自內心一樣，不可過於張揚，鼓掌大笑是不得體的；如果你反對對方的觀點，應暫時予以保留，如果可能造成主考官對你的錯誤排斥，應找時機禮貌地予以解釋或證明。
- ▷ 注意找出資訊的關鍵部分。
- ▷ 關注中心問題，不要使思維迷亂。
- ▷ 記錄下重要的部分。
- ▷ 傾聽只針對資訊，而不是針對傳遞資訊的人。

▷ 盡量忽視周圍環境中讓你不舒服的東西。

▷ 注意說話者的非語言資訊。

▷ 要始終表現出對談話者的尊重與信任，這是一條根本原則。

三、面試時沒有聽清主考官的講話怎麼辦

應徵者可能會有這樣的經歷，就是與主考官交流的時候，往往會因為主考官的口音不清，或應徵者一時思想不集中，而沒有聽清楚主考官的問話，這時怎麼辦？首先記住不要憑自己的小聰明胡亂猜測，因為那樣有可能使你開口千言，離題萬里，導致面試失敗。正確的做法是：有禮貌地請主考官重述一遍，弄清楚問題再做回答。在面試過程中，偶爾請主考官重述一遍不會給主考官造成不良印象，但你若一連幾次都這樣做，可能說明你的反應遲鈍。所以，你一定要精神集中準確地聽懂問題大意。如果遇到主考官本身對問題表達不準確時，千萬不要直接點穿，這樣既不禮貌，也會引起主考官的反感。你應該用委婉的語氣請教主考官不明確的部分，他即使不回答，也會稍加解釋，這樣既可達到了解問題的目的，又可以讓主考官覺得你是一個誠懇且虛心好學的人。

四、面試時有問題不會回答怎麼辦

在面試的過程中，主考官有時會提出一些很怪的題目讓應徵者回答，如果應徵者對於主考官提出的問題，不知道怎麼答，就應注意以坦誠的態度面對現實，假如真的一點也不清楚怎麼去回答，就應實事求是地告訴主考官，這個方面的知識未接觸過。作為主考官他可以理解你的回答，因為世界上沒有人什麼都懂。人也不一定十全十美才受人喜歡。有一個社會心

理學家曾經做了這樣一個實驗：讓一些事先安排好的學生在臺上進行智力競賽，其中有一個學生答對了題目，另一個學生也答對了題目但是將桌子上的咖啡打翻了，還有一個學生答錯了題目。然後對臺下的觀眾進行調查，看他們更喜歡哪個學生，結果發現他們更喜歡那個答對了題目同時不小心將咖啡打翻了的學生。這就說明其實人們更喜歡有一點小缺點的人，十全十美的人反而不受人們的喜愛。所以，在面試中應真實地表現自己，哪怕是自己的不足也不要過分遮掩，否則會讓經驗豐富的主考官看出來，從而對你產生不信任感。

再有，許多應徵者往往在遇到一個不會回答的問題後，就會顯得異常沮喪或變得緊張起來，從而形成惡性循環，影響到後來的面試過程。其實，這完全沒有必要沮喪，要知道，面試是一個人綜合素養的全面考察，一道面試題沒有答好也是正常的，但如果你自己認為這下完了，一定不能被錄取了，這樣你就等於自己提前放棄了競爭，而事實上可能後面還有很多機會呢！所以在面試的任何階段，自己千萬不可放棄，要始終保持自己的信心，始終相信堅持就是勝利。

五、應徵者是否需要一味迎合考官的觀點

很多應徵者認為，在面試中對於主考官所說的每一句話都不應該進行辯駁。於是，往往不管主考官問什麼、是否正確，都唯唯諾諾地順著往下說，想藉此來討好對方，以為這樣較容易被錄取。殊不知，現在的用人單位大都喜歡有獨立思考問題、處理事務能力的人，這樣才能在工作中獨當一面，確保工作成效。只會迎合別人，沒有自主觀點的應徵者是容易被淘汰的，因為哪個單位主管也不希望下屬是只會順情說好話的「懦夫」。特別是有經驗的考官常會提出一些似是而非、亦此亦彼的問題，以探測應徵

者思考問題、解決問題的能力。如果這個時候，應徵者還是一味的應和主考官的問話，是絕然不會得到好的結果的。

其實，面試中應徵者如果可以把自己對問題的看法有理有據地表達給主考官知道，並被主考官接受的話，那是具有很重要的意義的。主考官會認為你是一個有思想、有性格的人，你的能力、水準符合他們對人才的要求，你自然也就會順利的通過面試了。

是金子就該此時閃光

面試過關比較重要和關鍵的是面試階段，這是求職者充分展示自我的最佳時機。求職者應該在此時充分的展示自我，讓自己的優點照亮主考官挑剔的眼睛。

在面試中，怎麼才能充分展示自我優勢呢？其實在面試時要取得成功也有一些妙招：

一、介紹自己時，重點突出經歷

如果你在學校有過各種團體活動的經歷，並且在這些活動中發揮了不可替代的作用，那麼，在你的履歷和面試的過程中，重點展現出來。要提醒的是，在應徵時不要平鋪直述你在校學習和校外實習的履歷，而要重點突出履歷中的「亮點」，比如說在團體活動中自己發揮了什麼樣的特長，或者在校外實習過程中，取得的最好成果或擔當的最重要的工作任務，要在現場面試時讓主考官對你印象深刻。

二、表達自己時，充分展現個性

要知道，企業管理者要看的就是你的個性，你的個性是否適合整個企業的文化，這就需要你在面對考官的時候，展現開朗、活潑、自信的性格，並且證明自己有良好的人際關係交往能力和溝通能力。不過，前提一定要先了解該企業的文化，如果這個企業是一個較沉穩的文化氛圍，那麼切不可過分表現自己。

三、推銷自己時，不可忽視細節

面試能否成功，是在應徵者不經意間被決定的，而且和應徵者的言談舉止很有關係。所以，應徵者在參加面試的過程中，不可忽視細節。比如：怎樣和面試人員握手，怎麼樣遞送自己的履歷，用什麼樣的坐姿，這些不經意間完成的動作都在公司的考察範圍之內。總之，在面試時注意一些細節問題是非常重要的。

（一）面試當中的禮儀細節

1. 面試時與主考官握手的技巧

握手是亞洲人的傳統禮儀，目前也越來越被世界各國人所使用。面試時，握手是很重要的一種身體語言。很多企業把握手作為衡量一個人是否專業、自信、有見識的重要依據。堅定自信的握手能給主考官帶來好感，使他覺得你是一個懂得禮儀、有學識、有修養的人。

握手是一門學問，怎樣握手才算到位？握多長時間才是恰如其分？如何才能使握手達到良好的效果呢？這裡面有很多技巧性的東西：

（1）把握好伸手的時機。當男性應徵者碰到年輕女主管，該怎麼辦？按照國際商務禮儀規範，男女應該同時伸手。如果對方不主動伸手，你可以主動出擊，對方出於禮尚往來的考慮，也會伸出手回應你，但這裡要注意出手的時機，要把握好這個「分寸」。有些同學對此沒把握，沒感覺，可以在應徵時多和主考官交談握手。要注意別過早伸手或者在不恰當的時候伸手。比如主考官埋頭填寫上一個人的評語時你就伸出手，或者雙方相隔很遠，你就像國家元首等待外國使節似地虛手以待，顯然都不合時宜。

總而言之，掌握好伸手的時機需要透過不斷地練習，應徵者不妨多參加面試，多做握手練習，在實際的握手實踐中去學會掌握握手的時機。

（2）握手時不要太過溫柔。雖然男女授受不親的時代已經成為過去了，有些仍然矜持得「笑不露齒」的女性在握手時通常都是輕拂而過，如鵝毛般輕盈，這不是國際商務禮儀所倡導的。雖然不必提肩墊腳以表示你使出吃奶的力氣在握手，但是無論男女，在握手時都應該本著「堅定有力」的宗旨，用心去和對方握手，這樣是真誠且自信的表現。

（3）握手時切忌東張西望。在與別人握手時，很多亞洲人的通病是一邊握手一邊東張西望地尋找大人物現身的地方。大人物身影一露，立即甩手直奔「主題」而去。這既是對正在握手夥伴的不敬，也反映了自身的不專業作風。一般來講，「勢利小人」、典型官僚握手時才會不注視著對方而去左顧右盼。握手是雙方互動交流的開始，眼睛要注視著對方，沒有眼神交流的握手缺乏誠意，不能得到對方的認同，更別提好感了，應徵者在面試的時候，與主考官或其他工作人員握手，一定不要東張西望，否則會引起對方的不快。

（4）握手時間不可過長。在電視上，我們時常能夠看到這樣的情景：老農民握手，緊握不放，一邊搖晃一邊求助「靠您幫忙了」！這種握手方法在熟人、親友、同鄉聚會時非常常見，樸實無華、真誠熱情，但這不是國際化、專業化的風格。這樣長時間的握手不適合在面試場合出現。因為握手時間太長勢必耽誤正事，影響效率，而且表示自己的誠懇，和握手的時間長短也沒有必然的關係。

國際規範的握手以堅定有力地「共振」兩下即可，但實際時間長短需要視雙方感覺而定。

（5）握手幅度不要太大。在面試中不要「熟人，兩眼淚汪汪」，那種拉住對方的手像火車車輪般來回搖動的握手方式雖然誠懇，而且能表達你見到老朋友、熟人時的激動，但並不是專業的握手。

在正式商務場合，即使是熟人，也應「有禮有節」、「有幅有度」地握手。

（6）面試場合一般單手握。一般國際上規範的握手方式是：即使雙方再熟悉也不輕易用雙手來握，單手才是禮節。在國外，熟人之間為表示友好，往往不是握手而是擁抱來互相問候。但面試當中用不上擁抱的禮節。所以，應徵者在與對方握手時，最好單手握，不過，如果主考官主動用雙手與你相握時，你就應該用兩隻手做出回應了。

（7）握手時不要戴手套。在天氣較冷的情況下，應徵者可能會帶著手套前去應徵，不論主考官是否摘手套，你都應該主動摘手套以示尊重。這是個人修養在細微處的表現。

2. 面試時的站姿要求

在面試中，正確的站姿是站得端正、穩重、自然、親切。做到上身正直，頭正目平，面帶微笑，微收下顎，肩平挺胸，直腰收腹，兩臂自然垂，兩腿相靠直立，兩腳靠攏，腳尖呈「V」字型。女子兩腳可併攏。

站立時，如有全身不夠端正、雙腳叉開過大、雙腳隨意亂動、無精打采、自由散漫的姿勢，都會被看作不雅或失禮。

3. 面試時的坐姿要求

坐姿包括就座的姿勢和坐定的姿勢。入座時要輕而緩，走到座位前面轉身，輕穩地坐下，不應發出嘈雜的聲音。女士應用手把裙子向前拉一下。坐下後，上身保持挺直，頭部端正，目光平視前方或交談的面試官。坐穩後，身子一般只占座位的三分之二。兩手掌心向下，疊放在兩腿之上，兩腿自然彎曲，小腿與地面基本垂直，兩腳平落地面，兩膝間的距離，男子以鬆開一或兩拳為宜，女子兩膝兩腳併攏為好。無論哪一種坐姿，都要自然放鬆，面帶微笑。

面試過程中，不可仰頭靠在座椅背上或低著頭注視地面；身體不可前仰後仰，或歪向一側；雙手不應有多餘的動作。雙腿不宜敞開過大，也不要把翹二郎腿，更不要把兩腿直直伸出去，或反覆不斷地抖動。這些都是缺乏教養和傲慢的表現。

（二）面試時的細節控制

1. 要準時到達面試地點

準時代表著一個人的修養。另外，不準時的人，還會讓人感覺沒有責任感，並且很難取得別人的信任。應徵者不準時的理由一般有兩種：塞車或找不到地方。

如果你覺得有可能塞車或者地方不太好找，你完全可以提前 20 分鐘出發。如果在路上確實塞車了，你應該立即與面試公司取得聯絡，講明情況，並猜想大約什麼時間可以到達。如果你確實找不到地方，可以向面試公司詢問路怎麼走。當然，你最好一次問清楚，避免多次詢問。

如果你有事不能參加面試，要儘早回覆並講明情況，懇請另行安排。如果無故不參加面試，人資會認為你對該職位沒有興趣，一般不會再與你聯絡。

2. 保持儀表的整潔

（1）樸素著裝。沒有必要為了面試專門去買新衣服，而是要注意服裝是否乾淨、整潔，釦子是否掉了等細節；在顏色上選擇深藍或是灰色等素色的人比較多；女性要注意裙子是否過短或是領口過大等細節。與服裝一樣，同樣沒有必要專門購買新鞋，而是要確認經常穿的鞋是否乾淨後，再穿；女性在面試時不適合穿高跟鞋，最好不要穿。

（2）選擇合適的髮型。特別是女性在鞠躬時，頭髮擋著臉會令人感到不舒服，要使髮型在回答問題時不至分散注意力，精力集中，要下工夫使髮型俐落大方。

（3）合理的裝飾自己。化妝的人要考慮有整潔感是第一要點；化妝不要過濃；當然平時不化妝的人也沒有必要為了面試而化妝；另外，最好不要塗指甲油；飾品注意不要過大或不要配戴過多；在進入面試室時即可聞到強烈香味的香水盡量不用。

3. 面試時要保持微笑

給面試官的第一張名片一定是微笑，不僅在開始，整個面試的過程也要始終保持微笑，微笑是職場致勝的法寶。一位有經驗的面試官說：「即使你今天晚上收到三封拒絕信，你也要面帶微笑地，明天早上去接受新的面試。如果能做到這一點，找工作不成問題。」

4. 不要在面試前吸菸

如果你是癮君子，在面試前一天要注意戒菸。有許多企業最反感在面試前吸菸者，這一點，一定要注意。

執著的人最受歡迎

在日本，有一位個子矮小的年輕人，由於家境貧困，瘦弱的肩膀不得不挑起養家活口的重任。

一天，他來到一家電器公司，找到一位經理，拜託其安排一項工作給他，哪怕是最底層也行。對方注意到他身材矮小，衣著不整，不想錄取，但又不便直說，於是婉言謝絕道：「先生，我們公司暫時不缺人手，你一個月以後再來看看吧！」

過了一個月，這位青年果真來了。對方又推遲說：「我現在有事，等幾天再說。」

一個星期後，他又進了公司的大門。如此反覆多次，這位經理再也找不到託詞，只好隨便說了一句：「先生你的衣著太寒酸了，無法進我們公司工作。」

年輕人二話不說，回去向別人借錢，狠下心買了一套整齊的西裝，經過精心打扮，回到了電器公司裡。對方在無可奈何之際，只好以他在電器方面的知識懂得太少為由，拒絕錄取。

兩個月過去了，年輕人回到公司裡，他誠懇地對這位經理說：「先生，我已經學會了不少電器方面的知識，你看我哪方面還不夠，我會一項一項去補課。」

對方兩眼盯著這位堅持不懈的年輕人，看了老半天，然後十分動情地說：「我身為人事主管工作多年，可還是第一次碰見像你這樣來找工作的，真佩服你。」就這樣，他以頑強的毅力打動了這位經理，終於錄取他。後來，他又以超人的努力，逐漸發展成為一位非凡的人物。

這位年輕人就是後來被稱為「日本經營之神」的松下電器公司總裁松下幸之助。

執著是一種百折不撓的精神，它代表了求職者的一種信念，即不達目標永不退縮的信念，這種信念在工作中往往是克服困難的一種精神支柱和意志保證，所以，很多的用人單位都非常欣賞求職者的執著精神。

但是，執著並不意味著胡攪蠻纏，在面試過程中，該堅持的堅持，如果與用人單位的要求完全不符合時，就應該放棄，否則，不但不會得到用人單位的認可，還會引起反感。即便是因為你的堅持而獲得了試用的機會，這樣的機會也只是像流星一樣不會長久。

巧妙向主考官提問

郝先生應徵行銷主管職位時一路過關斬將，到最後一關時，郝先生顯得更加自信，發揮得十分出色，深得主考官欣賞，勝利彷彿已向他招手……面試快結束時，也許自認已勝券在握，郝先生有點得意忘形，他突然站起問道：「請問貴公司的升遷管道是哪種模式？董事會有幾位成員？今後 3 年有什麼發展計畫？職員的薪酬如何計算？……」「連珠炮」的提問讓幾位考官一怔、霎時皺起眉頭，總經理更是沉下臉來，冷冷地說：「這些問題你入職後自然清楚，你回去等通知吧！」郝先生一愣，只得怏怏而出……。

不用猜，郝先生入職終成泡影。郝先生的教訓發人深思，它告誡廣大求職者：面試時，首先要擺正自己的位置，明確自己的提問範圍，不該問的絕不要問。切不可賣弄「口才」亂問一通，其次，即使你很「出色」，而且勝利在望，在提問時也要講分寸、有禮貌。否則，如郝先生那樣，只會引起考官的反感，讓「煮熟的鴨子飛走了。」

面試是用人單位與求職者的雙向溝通，如果你在求職中面對「你還有什麼問題需要問」或「還有什麼需要我進一步說明」這類問話時，表現得措手不及，這很不利於面試的成功。能夠向主考官提問，除了可以證明一個人的溝通能力外，還可以表明所具有的能力和求職的誠意。

聰明的求職者面試時，都會把握時機，有分寸地向主考官提些恰當的問題。這樣，往往可以更好地發揮自己的水準，給主考官一個良好的印象，增加成功的機會。但要注意的是，提問話題應確切、時機宜適當、語氣要婉轉。否則，往往會弄巧成拙。

一、如何向主考官提問

◆圍繞企業狀況提問

包括企業經營現狀、發展規劃、企業文化及企業理念等。

◆提問不要太直白

求職者切忌採用「我不大了解貴企業，請介紹一下」之類的直接提問。較可取的方式是先談談自己所了解到的企業情況，然後再請主考官就某一方面作出更詳盡的介紹，比如「從我的了解中，貴公司是……，不知我的認識是否正確，你能否為我作出更詳細的說明」。

◆所提問題要求與求職有關

你問的問題最好圍繞企業和職位展開，你可以詢問一下有關職位的情況：你未來的責任、誰與你一起工作、你向誰匯報等，不要談論與工作無關的問題。提問不要太尖刻、太專業，千萬不要讓主管無法回答。一般說來，與求職者有關的問題有：該單位該職務所需人員的專業知識、能力與素養要求等；該職業勞務性質、職務內容、職位狀況；該單位工作模式、內部獎勵制度、管理方式；該單位經濟效益、社會效益、管理狀況等等。

◆不要提模稜兩可、似是而非的問題

凡提到與職業、事業有關的問題，一定要明確，特別是不能不懂裝懂，提出一些幼稚可笑的問題。因為從提問中可以看出提問者的知識水準、思維方式、個人利益價值觀等，這都是事關能否錄取的大問題，所以絕不可信口開河、馬馬虎虎對待。

◆不要提對自己不利的問題

如果，有求職者問面試官：「聽說貴公司經濟效益下降，實際原因是什麼？」這是一個可以在場外探討的問題，可是將這搬到面試時來講顯然不合時宜。還有一些人，在對方尚未明確表示是否錄取時，便提出薪酬問題，甚至錙銖必較。

◆注意提問的時間

要把不同的問題安排在面試談話不同的階段提出。有的問題可以在一開始就提出，有的可以在談話中提出，有的則應在快結束時再提出。不要毫無目的地亂提問，更不可顛三倒四，反反覆覆提相同幾個問題。在面試前，應將要提的問題列出來，多看幾遍，想好在何時提問，以便談話時保

持頭腦清醒，能根據實際情況選擇有利時機提問。特別是當談話冷場時，可以藉提問讓談話順利地進行下去。

◆注意提問的方式和語氣

有的問題，可以直截了當地提出來；而有些問題，則應委婉、含蓄地提出。如想了解自己應徵的職務每月會有多少收入等問題，就不宜直接問：「我每月能拿多少錢？」而應婉轉地說：「貴公司有什麼獎懲規定？」「貴公司實行什麼樣的獎勵制度？」等，因為這些清楚了，自己對照一下也就知道會有多少收入了。在詢問時，一定要注意語氣，要給人一種誠摯、受到尊重的感覺，在不知能否錄取時不可直接問：「你們什麼時候可以給我結果通知？」而應這樣問：「我過一週再來詢問，可以嗎？」前一種問話是質問語氣，會令人反感，後一種問話是商量語氣，顯示了對對方的尊重。

例如，如果求職者對應徵的有關職務能力要求或有關情況不太清楚，也可以透過提問進一步了解，從而決定自己是否應徵或更好地應徵。例如「請問貴公司想請個什麼樣的人來擔任此職務呢？」由此不僅了解學歷要求，還有性格、能力等要求。再如「這份工作是季節性的還是長久性的？」「這次面試後到決定錄取前還要進行面試嗎？」「如被錄取，什麼時候可以上班？」這些提問都是用來了解對方情況的。另外，求職者也可透過提問引導對方對自己的優點、特長產生興趣，例如「你想知道我為什麼會對這個職業這麼熱愛嗎？」「不知公司對軟體操作和英語能力有什麼要求？」「公司對雙主修的應徵者感興趣嗎？」等，這樣在求職問答中就可占有主動權，避開短處而突出表現自己的長處了。

◆別忘記在面試結束後勇敢地提問

當面試官在規定時間內完成了一切面試工作後，他總會禮貌地請你回去等候通知。可是，如果你善於變被動為主動的話，你的等待至少不會漫漫無期。

「你能給我這份工作嗎？」

據說，有很多人是因為在面試結束時勇敢地問了這個問題或是諸如此類的問題，最終得到了那份工作。也許是這樣的勇敢打動了老闆；也許是這份執著熱切讓老闆不好意思再拒絕。也許根本就是運氣——但不管如何，在聽完了面試官對那份工作的描述後，你可以張口說出這句話，你將得到的最壞答覆就是「不行」或是「我們需要時間對所有的面試者進行綜合評估」。

「我最晚什麼時候能得到回音？」

面試完後，面對你的勇敢，面試官也許會說，「我們需要時間考慮」或是「我們會打電話給你約第二次面試時間」。為了掌握主動，你可繼續你的問題，因為你想知道最壞的結果。也許，面試官會說：「不會有什麼回音了。」你或許會心痛或許會落荒而逃，但你不得不承認，至少這位面試官是認真而誠實的，你也可以重開爐灶全力以赴地準備下一次面試。

「如果因為種種原因你沒有在最後期限通知我，我可以聯絡你嗎？」

也許面試官會因為這樣的問題惱火，但大部分人會理解你的心情，知道自己一旦忙起來會顧不上與你的約定。如果這樣，你主動聯絡他也是對他工作的幫助。當然如果他們對你不感興趣，他們也一定會給出暗示：他們只是在敷衍你。

「你能否介紹一些其他可能對我感興趣的人？」

如果你知道你已被拒絕，不妨提出這個問題，或許會有一份意外的收穫。要知道，大部分面試官都與人為善且願意互相幫助，很可能他不需要你，而他的一位正求賢若渴的朋友剛好需要你。

在勇敢地問出你的問題後，仔細地記錄下可能存在的約定，並誠懇地對面試官為你多花費時間表示感謝，最後離開。

二、向主考官提問舉例

▷ 貴公司對這項職務的工作內容和期望目標為何？有沒有什麼部分是我可以努力的地方？

▷ 貴公司是否有正式或非正式教育訓練？

▷ 貴公司的升遷管道如何？

▷ 貴公司的多角化經營，而且在海內外都設有分公司，將來是否有外派、輪調的機會？

▷ 貴公司能超越同業的最大利基點為何？

▷ 在專案的執行分工上，是否有資深的人員能夠帶領新進者，並讓新進者有發揮的機會？

▷ 貴公司強調的團隊合作中，其他的成員素養和特性如何？

▷ 貴公司是否鼓勵在職進修？對於在職進修的補助辦法如何？

▷ 貴公司在人事上的規定和作法如何？

▷ 能否為我介紹一下工作環境，或者是否有機會能參觀一下貴公司？

讓主考官一見鍾情

求職者在面試前應該做充分的準備，做到有備無患。充分的準備，不僅能使你面試時更為從容不迫，還能贏得主考官的「一見鍾情」。另外，在面試過程中要注意使用一些技巧。為了能讓主考官對你一見鍾情，了解一些面試時常出現的問題很有必要。

一、面試時如何讓主考官對你一見鍾

◆面試時做一個有「心」人

任何企業都希望應徵者是一個「專情」的人，要讓面試主考官對你產生進一步的興趣，你就要先做好研究的功課。企業應徵需要耗費不少的成本，撮合的比例也不算高，郎有情妹無意的狀況時常發生，如果你極具用心地爭取職位，至少已經給主考官一個誠意的印象。需要研究的資料，包括公司創立的年代、總公司所在地、公司的主要營運專案、產業資訊、公司的重要事件、企業遠景與使命、產品的市場定位、市場占有率、主要客戶、近三年的成長概況甚至組織概況。這些資訊的來源，可以從財經雜誌或是上網查詢得知，最理想的情況是能打聽到企業內員工的說法。此外，還可以從你個人的人際關係中，徵詢來自相關產業的前輩，這樣也能得到比較深入的見解。如果你對這個企業作了完整的功課，那麼在面試的時候，自然可以適度地主動展開話題，不但可以消除心理上的緊張，而所提出的相關問題，也能促進面試主考官和你之間的親切感，有了彼此的共鳴能提高面試的成功率。

◆要善於調適自己的表達

留意主考官的特點和風格，他的著裝風格、辦公裝置陳列風格乃至整體裝潢風格等細節，都可能為你提供有用的線索，你可以盡量使自己的表達和整體形象與他的風格協調一致。

◆回答問題要有的放矢

主考官向你提問後，盡量使回答與主考官和公司有關，並重點強調與應徵職位相關的經歷和業績。

◆適度表達對公司的意見

從容地談論自己了解的與公司相關資訊，能讓主考官心生幾分讚賞。一般來說，面試時的交談時間約為半小時。在這半小時裡，你要向未來的上司充分表達、展示自己的經歷、才能和素養，博得他的「歡心」；同時也要盡可能了解這家公司和所應徵職位的情況，來判斷這個職位是否適合自己。雙方都在了解和被了解、選擇和被選擇著。那麼主考官可能提出哪些問題，你又如何透過提問來進一步了解這家公司和所應徵職位呢？

◆用實例來證明自己

在面試的時候，如果能夠提出具有說服力的書面證據，至少能讓主考官增加對你的信心。所以，彙總整理出一本個人的作品集是相當有必要的，這本作品集收集了你在學校中的社團活動、比賽歷史、學校老師的推薦信，以及檢定認證考試的合格證書。如果你曾經有工作經驗，務必放進去曾經在工作上獲得的成就，比如過去完成的企劃案、發表過的文章、作品，報刊報導、優良評鑑，或是取得的工作獎項，甚至主管透過電子郵件對你的誇獎，平日把這些資料列印下來，收集、分類和儲存，可成為你最有價值的個人輝煌紀錄。另外，在描述你每一個特質的時候，確定你已經準備好了一個實際事例來證明這個特質。基本上，你要能夠找到證據支持你的任何宣告。比如，在面試中如果你說你能承受壓力，那麼準備舉出一個例子，表明你是如何在壓力下高效率的工作並且達到要求的。

◆善於掌控局面

你要防備的一件事情是避免掉入面試官的選擇遊戲或陷阱問題中。做得要像個政治家。下次你看一場辯論賽或者新聞發布會的時候，注意記者提出問題的方式，然後觀察政治家是如何回應的。政治家們常常是說出他們想要傳達的資訊而不直接回答提出的問題。你可以在面試中作同樣的事情。

例如，如果面試官問你是喜歡一個人工作還是和一個團體一起工作，他可能是想讓你挑一個答案。但你沒必要和他玩這個遊戲。事實是大多數的工作都需要我們一方面獨立地一方面又需要和別人合作地來完成。你對這個問題的回答應該顯示出你在兩方面都是成功的。

你的回答還需要提供僱用你的理由，你不會想找出不僱用你的理由的。在回答任何面試問題之前，不要著急、吸一口氣，仔細想想你的答案。清晰地回答、經過深思熟慮的答覆比很快給出的空洞答覆要好得多。而且他們並不是用你的回應時間來判斷你的人的。

二、面試時常見問題及應對方法

其實，越是最普通、最常見的問題，越可以考察出應徵者水準的高低。如果你能處理好這些常見的問題，就意味著你已經成功了一半。

（一）對於涉及自己有關情況的問題

這是每一個應徵者在面試時都要碰到的問題之一，而且還往往是面試開始的第一個問題，回答好這個問題特別重要，因為這個問題出現在面試的開始，是主考官對你形成初步印象的關鍵時刻。如果你留給他的第一印象不佳，那麼接下來他對你的看法就會受到影響。如果出場不成功，你很難透過後面的精采回答對此作出彌補。當你開始談及自己的情況時，請把重點放在既能展現你的個人價值，同時又能證明你完全適合該職位的方面。用人單位之所以想了解你，原因在於他們想證實你是這樣一個人：你不僅願意做這份工作，而且還能做好這份工作，並且在工作的同時能夠與他人愉快地相處。他們想知道你對工作安排的服從程度如何，想知道你是否一心指望工作安逸舒適，他們還想知道，儘管他們對你沒有長期的任命，但在另一家公司拿更豐厚的薪水誘惑你時，是否會很輕意地選擇跳槽。

回答這一類問題是有很多需要注意的地方，比如：你一定不要忘記展現你最優秀的一面。談你最優秀的一面時要永遠保持誠實。說話時你千萬得留神，別一不小心說出不該說的話，以至於讓主考官覺得你對這份工作只能勉強為之。當然，你也不應該對自己的優點誇大其辭，否則很容易因為穿幫，而丟掉機會。

對於這類問題，主考官一般的提問方式有以下幾種：

1. 談談你印象中最為深刻的成就？

▷ 用生動、精練的語言描述這次成就。

▷ 解釋這次成就對你很重要。

▷ 講述這次成就帶來的結果。

▷ 將這次成就與你所應徵的工作直接連繫起來。

▷ 回答時必須迅捷、自信。

2. 你的長期目標是什麼？

▷ 長期目標在現代社會也許僅意味著三年期限或更短期限的工作。因此可談談你為了在本工作中終生學習的恆心，以及自立自強的情況。

▷ 講述可以實現的短期目標，說明這些短期目標幫你實現長期目標的原因。

▷ 解釋你想得到的職位將怎樣有助於這些目標的實現。

▷ 盡量顯得躊躇滿志，但也別表現得太離譜。

3. 你是如何看待「成功」和「失敗」的？

▷ 用實際的事例闡述你對成功的理解。

▷ 說明你認為的成功應是事業有成和個人生活幸福雙方面的。

▷ 將成功與你應徵的職位連繫起來。

▷ 如果談失敗，記住，要從正面談。拒絕失敗就是阻礙你的成功。

▷ 顯示你是個樂天派，以表現你的心理健康。

4. 在壓力面前你怎樣表現？

▷ 舉例說明你是如何化解工作中產生的壓力的。

▷ 說明你是如何放鬆情緒、調整心態振奮精神的。

▷ 用正面的事例說明壓力是如何成為你工作的動力，或是如何使你提高工作效率的。

▷ 用事例說明你解決問題的技巧和決策。

5. 你最大的優點是什麼？最大的缺點呢？

▷ 事先準備多個優點。

▷ 所談的優點必須與這個職位相關。

▷ 透過實際的事例展示你的優點。

▷ 可提及你的組織能力、管理才能以及為人處世之道。

▷ 指出一個看似缺點實質上卻是優點的特質。比如，你總是希望別人工作起來與你一樣賣力。

6. 你自認為有什麼需要改善的嗎？

▷ 重點談你想改善那些事實上已經表現得不錯的方面。談的時候從正面談。

▷ 說明你想要進行這些改變的原因。

7. 你的業餘愛好是什麼？經常參加什麼運動嗎？讀哪些書？

▷ 回答時要表現出對生活的熱愛。

▷ 講明你為什麼喜歡所提及的活動。

▷ 側重談一談那些講求團隊精神、充滿活力的運動。

▷ 談談你所閱讀的書籍給你的工作帶來的幫助。

8. 你認為什麼樣的工作最適合你？

▷ 表明目前你所面試的工作就是認為最適合你的工作。

▷ 實際說明這份工作適合你的原因。

9. 你希望與他人合作還是希望獨當一面？

▷ 強調不論是與他人合作還是獨當一面，你都具有較強的適應性和靈活性，有主見，有能力把工作做好。

▷ 舉例說明你和同事同心協力辦好的事情。

10. 你是怎樣決策的？

▷ 列舉你在決策前對相關資訊的收集、篩選以及組織的重視。

▷ 說明你在決策的過程中對每一個步驟的認真。

▷ 用事例說明你面對始料不及的問題或實施相關步驟時表現出來的靈活性。

▷ 事先調查清楚該單位是欣賞大膽的決策還是深思熟慮的決策；所舉的例子應與單位的價值取向一致。

11. 你有哪些地方吸引我們錄取你而不錄取其他人？

▷ 即使面試者沒問到這個問題，你也得找時機說出來。

▷ 至少準備三個主要理由證明你比別人更加優秀。

▷ 用實際事例說明你的學識、能力、經驗能勝任。

▷ 談談自己的特點，加深主考官對你的印象。

12. 還有什麼要講的嗎？

▷ 把前面沒有問到的、有利於你進行自我推銷的任何方面，與你想得到的工作連繫起來。

▷ 重述你在前面已經講述過的推銷自我的要點，再次提醒面試者你是這份工作的最佳人選。

從上面的問答中可以看出，應徵者在回答這一類問題時若藉助於實際的事例，也就是講述親身經歷，會使你受益匪淺。參加面試就像是在進行一場不易博得喝采的表演，而生動實際地講述你的經歷在這裡有著重要作用，必不可少。還有一點要注意的是，不論談什麼都得從正面談，因為這類問題是在考察你最本質的東西。

（二）對於涉及個人能力的問題

現在的企業在選拔人才的時候，最為關注的就是應徵者的能力。如果你的能力很強，那麼你就會被單位看重，因為他們想透過你的能力為單位創造更多的成績。當然，這裡的能力指的是學習新知識的能力，精通創新的能力，預見力等綜合能力。精明的主考官想知道的就是你靠什麼能力取得成就的，也就是說他想探明你的能力所在。主考官也許會直截了當地問你一些實際的工作經歷來判定你的能力。在以生動實際的陳述談能力的問題的同時，請記住，你是否有社交能力，這對於你能否被錄取有著相當重要的作用。你要設法讓主考官相信，你可以很容易的接近別人，也很容易讓人接近。

對於這類問題，主考官一般的提問方式有以下幾種：

1. 你是怎樣合理安排自己的時間的？

▷ 把要做的事列出來，用實際的事例說明你過去是怎樣準時完成多項任務的。

▷ 談你具有代表性的一天，實際說明你是怎樣度過這一天的。

▷ 切忌說你通常不會同時處理多項任務，或者說你對工作時間確實進行了安排，但是並沒有對可能出現的緊急情況加以考慮。

2. 你的口頭表達能力如何？與你的口頭表達能力相比，你自認為書面表達能力如何？

▷ 講述你準備工作的過程，同時指出表達的技巧。列舉出幾個你獲得成功的實際例子。

▷ 表示在工作中口頭表達能力與書面表達能力同等重要，並進一步說明，儘管兩者中也許有一項是你的強項，但你仍然在不懈地努力，以使自己在說寫兩方面都完全合格。

3. 講一下你從事專案的經歷。

▷ 用實際專案說明這個專案目標和你個人承擔的實際任務。

▷ 描述你與專案主管的良好關係，同時讚美同事的團隊精神。

4. 如果你是個管理者，你通常會怎樣安排任務？

▷ 描述你是怎樣讓每個員工成為工作中的一部分。

▷ 舉例說明你曾經因為全體員工的同心協力而出色完成任務。

5. 你是如何處理工作中的突發事件的？

▷ 說明在這種情況下，你快速重新安排工作的優先順序的情況。

▷ 用實際事例說明，儘管工作中出現了突如其來的複雜情況，但你還是把工作及時完成了。

6. 你遇到過的最棘手的問題是什麼？

▷ 用過去的成就說明你對付這一問題的辦法和最後成功的結果。

▷ 闡述這些辦法對將來的工作同樣適用。

7. 我們為什麼要僱用你？

▷ 闡述你對該單位或該產業以及該職位的調查結果。

▷ 綜述你具備的符合該工作要求的能力和極強的競爭力。

▷ 說明你所取得的成就，使你獲得這些成就的能力以及相關的工作經驗和培訓。

▷ 回答時要信心十足，充滿熱情。

（三）對於涉及工作經驗的問題

工作經驗對於一個求職者來說，有著多麼重要的作用，就不用多談了。幾乎所有的單位都希望聘到有工作經驗的人，他們一來就能在工作舞臺上找到自己所扮演的角色的感覺。因為在單位看來，僱到有經驗的人比什麼都重要。因此，如果你熟悉自己所處的產業，就比別人多了一份優勢。簡單地將自己的經驗和成功之處背誦一遍是沒有用的。你應該把它與眼前的工作連繫起來，向主考官說明你是如何獲得那些成就，以及你的經驗和成就會怎樣使你成為眼前這份工作的最佳人選。可是，並不是所有的應徵者都有工作經驗，尤其是對於剛畢業的大學生，他們不可能有太多工作經驗。遇到這種情況，該怎麼辦呢？首先要盡量使單位相信你的領悟力極強，你決心並願意辛勤工作，而所有的這一切足以彌補你缺少經驗的不足。其次要表明你確實有這份工作要求的經驗。經驗可以來自兼職、實習、建教合作、校園團體或其他非營利性組織的活動，或者是學校舉辦的活動，並不一定是來自真正的工作當中，因為工作經驗也是一種工作能力，而累積工作能力有很多途徑的。

還有一點需要注意的就是，用人單位除了要看你工作經驗的多少外，還要知道你的經驗是否可以在他的環境裡發揮作用。因此，當你在回答有關經驗的問題時，既要把重點放在你的經驗上，又要強調過去是如何讓這些經驗適應你以前服務過的單位的需要。如果你不但強調自己的工作經驗，而且有信心把經驗運用到單位提供的工作職位上，這樣就更容易將面試的主考官說服。

對於這類問題，主考官一般的提問方式有以下幾種：

1. 你對這份工作有什麼樣的經驗？

▷ 問對方可能要做什麼樣的專案。將你的經驗與這些專案連繫起來，詳細說明你會如何開展這些工作。

▷ 用實際的事例說明你曾經做過類似的專案並獲得成功，一定要強調工作的成效。

▷ 闡明儘管你做過的工作從表面上看雖然與眼前的工作無關，但是你從中獲得的經驗還是適用於當前要做的專案的。說明你透過以往的工作懂得了為人可靠、互相合作、有條不紊的重要性。

2. 你如何看待你以往的職位所負的各種責任？

▷ 由於職位因單位的不同而具有不同的含義，所以你應以自己過去的經歷來解釋你對那份工作的理解。

▷ 把你做那份工作時所承擔的各種責任與單位對效率和效益的追求連繫起來。

▷ 對多年來你工作職位的變化進行簡要的回顧，要表現出你對自己在職業生涯中的重大變化有著清楚的認知。

3. 談談你的資歷好嗎？

▷ 先把問題弄明白，問清楚應該著重談學業或培訓方面的資歷，還是直接與工作有關的資歷。

▷ 問明白對方希望你處理什麼樣的實際專案或難題。

▷ 說明你所具有的學業上的或職業上的相關技能，同時把你過去曾成功完成的一些專案擺出來。這樣做等於告訴對方，你能夠圓滿完成對方談及的專案。

4. 請講述一次你解決一個非解決不可的難題的經歷。

▷ 說清楚解決問題前的分析過程。

▷ 說明你在決策前是如何收集資訊的。

▷ 把重點放在你是如何有效地處理好這個問題的。

▷ 表明你既嚴格遵循了單位的原則，在處理問題時又能機智得體。

5. 請舉例說明你和同事之間互相幫助的事情？

▷ 強調團體精神和同事間互幫互助的重要性。

▷ 用一件實際事例說明幫助並不是單方面的事情。

▷ 指出你對同事的援助有助於工作的完成，也可以指出對他人的幫助並沒有導致你自己的工作問題。

6. 依靠團隊合作開展工作的單位會面對什麼樣的問題？

▷ 以生動實際的事例說明自己作為團隊的主管或成員的經歷。

▷ 強調團隊合作對各行各業都具有積極意義。

▷ 指出團隊合作一個小的負面因素，但同時指出這個負面因素是可以克服的。

7. 你的經驗目前並不符合我們的需求，你怎麼認為？

▷ 指出你的能力能夠適用於新的情況，同時強調你能夠憑藉自己的經驗輕鬆地適應新的工作。

▷ 表明你能快速掌握新的東西，同時說出你良好的工作作風將有助於你出色地完成工作。

▷ 切忌面帶微笑，表示同意對方的看法，或沒有對個人經驗與當前工作不符的情況作出補救性的說明。

8. 在主管不在的情況下你遇到過需要緊急作出決定的情況嗎？

▷ 說明決策的過程，你從來都是穩重行事。

▷ 表明儘管你有主見、主觀機動性強，但是在作決定之前，你會徵求他人的意見或者尋求他人的幫助。

▷ 生動實際地舉一個你在得不到指示的情況下作決定的實際事例。

9. 你有過某項被主管懷疑過的經歷嗎？

▷ 舉例表明你做決定是依研究和分析資料為基礎的。

▷ 表明即使你支持自己的決定，你還是願意接受別人的建議和指點。

▷ 表明你的決定具有靈活性。

10. 你需要多長時間才能為我們單位作出貢獻？

▷ 與對方先就某一個實際的專案進行重點探討。逐步闡明過多久你才能開始工作。

▷ 詳細說明你執行的實際專案，說明每一個步驟所需花費的時間。

▷ 在時間的估算方面得現實，但又必須樂觀。

（四）對於涉及學歷和培訓情況的問題

如今學習能力是一個人最為重要的能力之一，也是用人單位最為關注的能力之一。因此，在面試時你最好能充分展示你所受過的教育和培訓，展現你的學習精神和學習能力。在面試的過程中，主考官有時會直截了當地問一些涉及你的教育背景的問題，他們這麼問實際上是為了進一步查明履歷表背後的真實情況。從你的回答中，主考官能了解的遠不只是一些實際的事實。你的回答顯示了你的決策過程、價值觀念、緊跟時代的能力以及你是否願意調整自我，以適應這個科技迅速發展的世界。如果你是剛畢業的學生，教育程度高自然是資本，但教育程度並不能取代一切。你要表現出自己對工作專心不二；你要顯示出對自己想做的工作充滿熱情；你要表明你所受的教育對你所追求的這份職業是有幫助的。

凡是回答涉學歷和培訓情況的問題的時候，你要注意的是，應該為自己樹立這樣的形象：不但你對工作是專心致志的，而且你的工作方法也是靈活變通的。你從不指望用昨天的方法去做明天的事。在以往的工作中，你不斷地學習和掌握本產業的新動態和新發展 —— 你是一個願意學習更多新知識的人，你也是一個有能力學習更多新知識的人。

對於這類問題，主考官一般的提問方式有以下幾種：

1. 是什麼因素促使你選擇這所學校的？

▷ 描述你選擇學校的整個過程，比如選校時你考慮到個人的職業計畫；你還透過參觀校園、與教師交談等幫助自己決策。

▷ 闡述不少於 4 個的實際的選校原因，重點指出該校的課程設定與自己的就業密切相關、該校的學術環境屈指可數。

2. 你為什麼選擇這個科系？

▷ 表明你選擇科系是經過認真細緻的考慮的，將談話的重點放在將來的職業目標上。

▷ 你應該說明，透過學習與職業連繫緊密的實用課程，透過參加研討會、實習、合作教育計畫和各種課外活動，你的學業知識得以豐富和加強。

▷ 談及你所學過的與目前這份工作最為相關的課程，說明這些課程的學習有助於你迎接工作中將出現的各種挑戰。

▷ 表明就你的興趣和技能而言，你的選擇是完全合理的。

3. 如果能重新選擇，你還會選擇這個大學／科系嗎？

▷ 回答說你當初的決定完全正確，並解釋原因。

▷ 指出課程學習和大學生活並不是大學教育的全部；大學教育為學生求知打下了廣泛堅實的基礎，它是學生將來迎接各種挑戰的訓練基地。

▷ 你對學校的一切均感滿意。

4. 你所受的教育對你目前的工作有何幫助？

▷ 透過生動實際的事例陳述，表明你從學校學到的技能和能力可在你從事這份工作時派上用場。強調你所受的教育不僅使你掌握了工作的技能，而且還為你在今後的職業生涯中繼續學習新技能打下了基礎。

▷ 描述你在學校舉辦過的各種活動，說明經驗適用於所應徵的工作。

▷ 描述你與他人協同工作的經歷，說明這種經歷將如何有助於你做好這份工作。

▷ 說明你所受的教育如何開闊了你的眼界，如何讓你吸收新的思想和方法。

▷ 用實際事例說明你曾經解決的與該工作相關的問題，或者是你已經取得的工作成果。

▷ 對你所受的教育和未來的職業表現出充分的熱情。

5. 在學校裡你的成績如何？

▷ 如果你的成績優異，你可以強調你的學習範圍遠非局限於課堂知識。指出你所參加的課外活動，以及你從中獲得的能夠適用於這份工作的知識和能力。

▷ 認真回答問題，然後盡快將話題轉向你的技能以及你將如何把這些技能運用於所應徵的工作中去。

▷ 用實際事例表明你在與該工作相關的課外活動中獲得的成功。

▷ 解釋優秀的學業成績與工作的成功之間共同的因素。比如，做事有條不紊，懂得輕重緩急之道，對既定目標全心投入等等。

6. 你有特別擅長的科目嗎？你喜歡什麼課程，討厭什麼？

▷ 在回答成績最好的學業課程是什麼時，選擇那些分數最高同時又與所應徵的工作有連繫的課程。

▷ 在回答成績最差的學業課程是什麼時，選擇那些與所應徵的工作毫不相干的課程，避免列舉你真的學得很差勁的課程。

▷ 將喜歡或討厭一門課程的原因歸結於課程內容的好壞或者教師講課的出色與否。

7. 就你的個人發展而言，學校教育有哪些欠缺？

▷ 學校的學習不包括動手實踐，這一點令人深感遺憾。不過從總體上來說，你所獲得的教育將你培養得相當出色。

▷ 指出你是如何透過兼職，透過實習或透過參加校內活動、非營利性組織的無償工作彌補自身實踐經驗的不足。

8. 你曾擔任過何種管理職位？

▷ 說明你曾經擔任的所有管理職位、曾經參與的團隊工作。解釋這經歷將可以幫助你做好這份工作。

▷ 指出你透過這些活動和組織而培養起來的能力，並說明這些能力何以能適用於這份工作。

▷ 如果你直到快畢業才參加學校的社團，你可以回答說你原本是希望能更早就加入，並重點指出你從中學到的東西。

▷ 列舉你擔任的經選舉獲得的所有職位。

(五)對於涉及年齡狀況的問題

求職者的年齡問題通常也是應徵單位比較關注的問題，其中主要原因是一些偏見引起的。比如對於年紀較輕的員工，應徵單位會認為他們只會死讀書，並沒有真正的工作技能，不願意從頭做起，不會對工作盡心盡力；對於年紀較大的員工，又認為他們往往比年輕的員工產出更低，比一般人容易缺勤，固執己見，思想僵化，固守舊的本領，不善於學習新的技能，比年輕的員工主動性更差。其實年輕和年紀大一些的求職者，各有自己的優勢。如果你覺得面試者對你的判斷有可能受到年齡歧視的干擾，這時你應該透過出色的舉止和言談強調這一年齡層的優勢。一般來說，年輕人的優勢在於：沒有不良的工作習慣需要糾正，培訓起來較輕鬆；易於接受新事物；與有經驗的求職者相比，他們對工作報酬要求較低；對現代科技和電腦非常了解；充滿工作熱情；願意在不方便的時候工作；願意承擔並不稱心的工作。年紀較大的人員的優勢則在於：生活相對穩定，因而可以對工作全心投入；具有實踐經驗和專業技能；可靠性強——成熟而可靠；穩定性強，明白工作道德的意義；不大可能在短時間內跳槽；培訓簡單，或根本就無需培訓；據調查結果顯示，這類人一旦錄取，他們被替換的情況較少，缺勤率也較低；對工作的期望較為現實，不追求異想天開的工作目標；對工作機會心存感激，從而有較高的工作積極性等等。

要消除用人單位對你的年齡上的懷疑或者偏見，在回答涉及年齡的問題時，一定要注意方法，如果方法得當，年齡不會成為你的阻礙，可是如果回答得不得當，就會在這樣的小問題上栽跟頭。

很多求職者由於缺少面試經驗，常常在年齡這樣的問題上出現差錯，從而錯過不少好機會。剛畢業的學生易犯的錯誤主要有：回答問題迫不及待——對策是放慢步調。回答問題前先仔細思考，別不敢請對方將問題講明。如果你不知該如何回答，你要麼承認這個事實，要麼等到你想清楚後再返回來回答。貶低兼職工作 —— 在人資看來，上學時兼職或在暑假期間打工都是成熟的表現。在舉例說明這一情況時，你必須談到你因此而獲得的技能，比如合理安排時間的能力。急於求成 —— 如果你申請的是你的第一份工作，你要明白不可能因為做了這份工作就得到天大的好處，因此千萬別要求這要求那。此外，如果他們問你的職業目標是什麼，你的回答必須現實。別說你的目標是當經理，除非你不僅真的立志於此，而且你還知道管理的含義以及如何進行管理。年紀較大的人容易犯的錯誤主要是：當著主考官的面流露出意外之表情 —— 當主考官為女士或比你年輕的人時，你驚訝地盯著他（她）是不好的。無論主考官是何性別或什麼年齡的人，你都要有思想準備，從容對付。為自己的年紀深感歉意 —— 如果你的資歷完全合格，那麼你的年紀大一點根本就算不了什麼，因此沒有必要太在意。

其實，用人單位之所以在應徵者的年齡上斤斤計較，並非真的是對年齡本身的歧視，而是對年齡背後的東西的疑慮，所以應徵者，只要能充分展示出自己的優點就可能博得主考官的欣賞。

對於這類問題，主考官一般的提問方式有以下幾種：

1. 你是想找個臨時的工作還是穩定的工作？

▷ 回答說想找個穩定的工作，並解釋原因（主考官會擔心你的工作穩定性，從而浪費了單位的培訓費用）。

▷ 強調公務員的工作非常適合你。

2. 你喜歡例行性工作以及固定的工作時間嗎？

▷ 解釋你明白例行性工作以及工作時間的重要性。

▷ 說明做好那些例行性工作將如何推動你在事業上的發展。

3. 你認為單位裡員工是如何獲得提升的？

▷ 解釋有助於提升和發展的因素有：不斷提高的能力技能、足智多謀、靈活變通、成績顯著等等。

▷ 千萬不要回答說你認為工作一段時間後員工就會而且應該得到提升和發展。

4. 做這個職位對你來說是不是大材小用呢？

▷ 從正面進行解釋，說明你能從這個位子上發展自己。

▷ 表明你如何能以自己的經驗和能力為單位作出成績。

▷ 確保主考官能完全明白你的資歷。

▷ 如果你和一群年輕人一起工作，你就需要讓主考官明白你如何能成為這群人的中心，因為你經驗豐富、冷靜可靠、有恆心，並且能保證每日工作正常進行。

5. 讓你加班或在週末時工作你能勝任嗎？

▷ 解釋你對工作具有奉獻精神，你心甘情願為工作投入更多的時間。

▷ 用一些能表達你的積極性以及充沛精力的話語。

▷ 用事例表明你曾為某個專案長時間連續工作過。

（六）對於一些敏感問題的回答

1. 你沒工作是不是因為被解僱了？

▷ 如果錯不在你：就把你被解僱的原因講清楚，比如公司裁員、部門合併或其他一些非你所能左右的外部因素。有時候好員工也會接二連三遭到解僱。

▷ 如果錯在於你：回答說你從這一事件中學到了很深刻的教訓。簡單說明一下你是如何從這一經歷中獲益的，而後盡快將面試的話題轉向你的優點，繼續說明你為什麼是這份工作的最佳人選。

2. 你為什麼被迫辭職呢？

▷ 如果你沒有原因說明，那麼就承認你無意中犯了錯誤，這次痛苦的教訓使你改變了工作作風。

▷ 千萬不要撒謊或者找各種藉口證明自己。也不要說因同事孤立你而被迫辭職。更不要列舉你與他人衝突的例子。

3. 你曾經被降職過？

▷ 誠實地盡可能地從正面解釋你被降職的原因。

▷ 解釋說你當時確實不太勝任那份工作，不過現在你可以了。

▷ 說明你的管理能力已經有了很大的提高。你現在正在尋找一個能施展才能的新職業，而你希望這個新職業就是你今天所應徵的這個職位。

▷ 及時向主考官提出你對所應徵的工作完全合格，然後用足以說明你的能力和成就的事例對此加以佐證。

4. 在前一個單位工作了這麼久之後，你是不是認為自己在短時間內可能難以適應新單位的工作方式？

▷ 根本不會這樣。用事例說明你已經培養了很強的適應性 —— 你過去的工作並不呆板，當時的工作環境常有變化，並且它在許多方面與新單位有共同之處。

▷ 你可以提出過去工作過的單位和目前這家公司在工作制度和工作倫理方面的相同之處。

▷ 強調你對前一個單位的敬業精神是你將帶到新單位的許多無形資產之一。

5. 你在那個職位上已經待了很長的時間，為什麼沒有得到提升？

▷ 別談你的工作年資，從另一個角度描述前一份工作，闡明多年來你所獲得的一系列經驗，並且將重點放在當時你肩上的擔子日益重大的情況，以及相關的成就，表明儘管過去的職位一直沒變，但經驗更多了。

▷ 回答說你之所以對這份新的工作感興趣，因為你覺得以前做的那份工作太沒有生氣了。

▷ 承認你的事業確實沒有多大的發展，但要指出，由於那家單位可獲得提升的職位極其有限，使許多優秀的員工不得不長期待在基層，補充說事業上停滯不前使你有時間進行反思，由此為將來的發展積蓄了力量。

▷ 解釋說單位能提供給你的最高職位就是你目前這個職位了。

6. 你為什麼頻繁更換工作？

頻繁地更換工作在人資看來不是一種好現象，他們會據此認為你沒有定性、心態浮躁等等，因此你必須巧妙地為自己避免這些非議。

▷ 用令人可以接受、可以證實的理由來解釋你為何如此頻繁地更換工作，比如所在的職位沒有發展空間、進行裁員或所在的部門關閉等等。

▷ 說直到目前這個機會出現才算找到適合自己的工作，將你工作的變換描述成追求能展現自我價值的工作過程。

▷ 如果這一次的轉變是職業上的轉變，那麼向對方表明是你的經驗和能力使得這次轉變成為可能，並且說明當前這個職位是如何與你新制定的職業目標相一致的。

▷ 如果你過去的工作都是臨時性的，那麼你就以你所承擔過的責任為主軸，將這些工作一一串起來集中說明，從而使這一點成為你有能力在不同的工作環境下工作的有力證據。

［小測驗］第一次面試你能得多少分

1. 你第一次面試總體表現如何？

A. 優秀

B. 良好

C. 一般

D. 較差

E. 很糟糕

2. 你的面試履歷做得怎麼樣？

A. 優秀

B. 良好

C. 一般

D. 較差

E. 很糟糕

3. 你第一次面試的時間長嗎？

A.60 － 90 分鐘

B.30 － 60 分鐘

C.10 － 30 分鐘

D.5 － 10 分鐘

E.1 － 5 分鐘

4. 你第一次面試時緊張嗎？

A. 很放鬆

B. 不緊張

C. 一般

D. 有些緊張

E. 非常緊張

5. 你覺得面試考官的問題很難回答嗎？

A. 很簡單

B. 不難

C. 一般

D. 不簡單

E. 很難回答

6. 對於主考官的提問，你覺得自己回答的怎麼樣？

A. 非常好

B. 很好

C. 一般

D. 不好

E. 很不好

7. 面試時，你表現出自己的信心了嗎？

A. 很自信

B. 較自信

C. 一般

D. 不自信

E. 很不自信

8. 面試時，你對主考官的印象如何？

A. 非常好

B. 較好

C. 一般

D. 較差

E. 很不好

9. 面試時，你覺得主考官對你的印象如何？

A. 非常好

B. 較好

C. 一般

D. 較差

E. 很不好

10. 你覺得你給主考官的印象如何？

A. 很認可

B. 認為較好

C. 沒有感覺

D. 認為較差

E. 不太認可

答案：A 5 分；B 4 分；C 3 分；D 2 分；E 1 分

總分：50 分優秀；50 — 40 分良好；40 — 30 分及格；30 — 20 分有點差；20 — 10 分很差。

第一份工作，你做好準備了嗎

第一份工作意味著什麼呢？激動還是喜悅？很多人在歷經失敗之後，終於獲得了一份工作，可真正進入到工作狀態後，或者無所適從，或者灰心失望，不久就放棄了這曾給自己帶來過瞬間憧憬和喜悅的工作機會。之所以這樣，是因為這些求職者還沒有為自己的第一份工作做好準備。

職業規劃比能力更重要

現在的很多求職者，找不到工作痛苦，找到了工作茫然，先前的個人理想及對未來的憧憬完全變成了泡影，灰心喪氣代替了追求成功的雄心壯志。其實，出現這種狀況完全是由於在找工作之時或參加工作之初缺少職業規劃的結果。

一、為什麼進行職業規劃

在一次大型校園徵才博覽會上，畢業於某名校的小何向一家汽車公司申請一個機械工程師的職位。他學的是機械工程，在大學期間各門學科都優秀，畢業後的五六年時間裡，從事過醫藥、冷氣、機車等產品的銷售、品管主管，換了六七個工作，但是沒有機械方面的工作經歷。應徵單位的負責人了解了他的情況後認為，如果他畢業後穩定從事過機械方面工作，則正是公司需要的人選，但是因為沒有這方面的工作經驗，公司無法錄取他。

由此可見，如果大學生在學校時或參加工作後，從來沒有對自己未來的職業生涯進行過長遠規劃，那麼很可能等自己到了 30 歲，還沒有形成自己的真正專長和和對自己的準確定位，從而出現在現有職位繼續下去出路不大，重新轉行又要花費很大力氣和付出很大的機會成本，不得不陷入一種尷尬的境地。

有關調查顯示，越早地進行職業規劃，確定了清晰的人生目標，並為之不斷勤奮努力的人，成功的可能性越大。

對於年輕人來說，首先應該及早地確定人生目標，並了解自己的性格、興趣愛好、擅長和適合的職業方向，然後進行深入學習。在選擇工作單位時，要了解其企業的企業文化、企業使命和發展方向，看其是否與個人的風格和發展一致，而不能只看企業所提供的待遇是否優厚。在漫漫人生路中，人生目標隨著個人的地位和境遇的變化而不斷發展變化，同時，職業生涯規劃也需要不斷調整和修正。有人說，能預見到未來五年後狀況的人是成功人士，能預見到未來十年後狀況的人是偉人。的確，未來的事情誰也說不清楚，但是，今天的所作所為、一舉一動、學習工作生活態度一定會影響到今後的人生發展道路及程度，這就是所謂的蝴蝶效應。蝴蝶效應是指在一個動力系統中，初始條件下微小的變化能帶動整個系統的長期的巨大的連鎖反應。此效應說明，事物發展的結果，對初始條件具有極為敏感的依賴性，初始條件的極小偏差，將會引起結果的極大差異。

職業生涯不僅要及早做出規劃，而且做出的規劃還要隨著個人的發展階段和狀況的變化而不斷調整。個人和企業都有責任和義務做好職業生涯規劃工作。對於個人，一個好的職業生涯規劃可以使自己早日實現人生目標，在通往成功的路上可以避免走很多彎路。

職業規劃的個人動機有三個：

▷ 對現實茫然

▷ 安全感與歸屬感

▷ 更高成就感

「自古不謀萬世者，不足謀一時；不謀全局者，不足謀一域」，所以年輕人應該及早地做好職業規劃，這樣不僅可以為未來及時做好準備，使心態平穩、做事有序，也為獲得一個美好的未來提供保證。

二、什麼是職業規劃

職業生涯規劃是指一個人對其一生中所承擔職務相繼歷程的預期和計畫，包括一個人的學習，對一項職業或企業的生產性貢獻和最終退休。從立場不同可以分為兩類：個體職業生涯規劃和員工職業生涯規劃。

對於個體來說，職業生涯規劃的好壞必將影響整個生命歷程。我們常常提到的成功與失敗，不過是所設定目標的實現與否，目標是決定成敗的關鍵。個體的人生目標是多樣的：生活品質目標、職業發展目標、對外界影響力目標、人際環境等社會目標……整個目標體系中的各因素之間相互交織影響，而職業發展目標在整個目標體系中居於中心位置，這個目標的實現與否，直接引起成就與挫折、愉快與不愉快的不同感受，影響著生活的品質。

三、職業規劃理論

霍蘭德（John Holland）是美國著名的職業生涯指導專家，他將職業選擇看做一個人人格的延伸。他認為，職業選擇也是人格的表現。同一職業團體內的人有相似的人格，因此對很多問題會有相似的反應，從而產生類似的人際環境。

個人的人格與工作環境之間的適配和對應是職業滿意度、職業穩定性與職業成就的基礎。由此，霍蘭德假設：在我們的文化裡，大多數人可以分為六種人格類型，這六種類型可以按照固定順序排成一個六角型。

◆現實型（R）

有運動機械操作的能力，喜歡機械、工具、植物或動物，偏好戶外活動。

◆傳統型（C）

喜歡從事資料分析，有寫作或數理分析的能力，能夠聽從指示，完成瑣細的工作。

◆企業型（E）

喜歡和人群互動，自信、有說服力、主管力，追求政治和經濟上的成就。

◆研究型（I）

喜歡觀察、學習、研究、分析、評估和解決問題。

◆藝術型（A）

有藝術、直覺、創造的能力，喜歡運用想像力和創造力，在自由的環境中工作。

◆社會型（S）

擅長和人相處，喜歡教導、幫助、啟發或訓練別人。

透過測試，可以找到個人的職業類型。比如ASI的人，在藝術型、社會型、研究型三方面得分較高，他最適合做的是藝術家、畫家、記者等。

四、職業規劃的模式

◆與現實妥協式

很少考慮個人的興趣愛好、性格特徵、職業傾向等要素，只根據目前自身周圍環境的實際可行性制定個人的職業規劃。

◆自我實現式

只根據個人的興趣愛好、性格特徵、職業傾向等要素，而很少考慮目前自身周圍環境的實際可行性，為實現個人人生目標而制定個人的職業規劃。

◆統合式

將上述兩種模式結合起來，科學合理地制定個人職業規劃。這種模式是職業規劃的最優模式。

五、職業規劃的方法和步驟

（一）職業規劃的前提條件——找到自己的競爭優勢

要想找到自己的競爭優勢，就要學會進行優勢分析，SWOT 分析法是進行優勢分析的一把利器。SWOT 分析是市場行銷管理中經常使用的功能強大的分析工具：S 代表 strength（優勢），W 代表 weakness（弱勢），O 代表 opportunity（機會），T 代表 threat（威脅）。市場分析人員經常使用這一工具來掃描、分析整個產業和市場，獲取相關的市場資訊，為高層提供決策依據，其中，S、W 是內部因素，O、T 是外部因素。你在求職時，不妨採用這一工具對自己進行一番從裡到外的體檢。SWOT 分析是檢查你的技能、能力、職業、喜好和職業機會的有用工具。如你對自己做個精細的 SWOT 分析，那麼，你會很明瞭地知道自己的個人優點和弱點在哪裡，並且你會仔細地評估出自己所感興趣的不同職業道路的機會和威脅所在。了解自己的優勢和劣勢，是進行職業規劃的前提條件。

通常情況下，求職者運用 SWOT 分析法對自己進行分析時，應遵循以下三個步驟：

◆對自己的優勢和劣勢進行評估

世界上沒有完美的人，世界上也沒有缺少優點的人，我們每個人都有自己獨特的技能、天賦和能力。在當今分工非常細的市場經濟裡，每個人擅長於某一領域，而不是樣樣精通。舉個例子，有些人不喜歡整天坐在辦公桌旁，而有些人則一想到不得不與陌生人打交道時，頭皮就發麻，惴惴不安。請做個表格，列出你自己喜歡做的事情和你的長處所在。同樣，透過列表，你可以找出自己不是很喜歡做的事情和你的弱勢。找出你的短處與發現你的長處同等重要，因為你可以基於自己的長處和短處做兩種選擇：一是努力去改正你常犯的錯誤，提高你的技能，二是放棄那些對你不擅長的技能要求很高的職業。列出你認為自己所具備的很重要的強項和對你的職業選擇產生影響的弱勢，然後再標記出那些你認為對你很重要的優、劣勢。對自己的優勢和劣勢進行評估，是做好人生定位的先決條件，這個階段也是累積自信的階段。

◆分析出自己的職業契機和障礙

經濟社會裡，產業與產業之間所面臨的外部機會和障礙是不同的，所以，找出這些外界因素將助你成功地找到一份適合自己的工作，對你求職是非常重要的，因為這些機會和障礙會影響你的第一份工作和今後的職業發展。如果公司處於一個常受到外界不利因素影響的產業裡，很自然，這個公司能提供的職業機會將是很少的，而且沒有職業升遷的機會。相反，充滿了許多積極的外界因素的產業將為求職者提供廣闊的職業前景。請列出你感興趣的一兩個產業，然後認真地評估這些產業所面臨的機會和障礙，從而為之後的職業選擇做好鋪墊。

◆為自己制定一個五年計畫

計畫就是一種規劃，必須在一種負責任的態度下制定。要求在就業之初要列出你從學校畢業後 5 年內最想實現的四至五個職業目標，並制定出相應的發展計畫。制定目標可以參考以下幾個方面：你想從事哪一種職業，你將管理多少人，或者你希望自己拿到的薪水屬哪一級別。定了目標，做了計畫，接下來就要按部就班的實施了，所以有一點必須記住，那就是你必須竭盡所能地發揮出自己的優勢，使之與產業提供的工作機會完滿匹配，否則，總是計畫趕不上變化的話，那一切都是空談。

（二）職業規劃的指導思想 —— 工作要合乎自己的興趣

「興趣產生動力」這句話是很有道理的，為了生活為了責任而長時間做一件並不感興趣的事情，什麼人都會喪失鬥志。所以說，合乎興趣的工作才是事業，唯有將自己所長以及所愛的興趣與工作相結合，做一最好的搭配合，才能稱作事業 —— 一個你永遠都會努力的工作。也許有人會問，該如何對自己的工作感到興趣呢？最好的方法就是挑選對自己適性、適情的工作，因為如果該工作能符合自己的喜好，便可從中產生很大的興趣。當工作成為你快樂的源泉之一時，表明你的確選對了職業。

找出自己的喜好，記下自己最擅長的專案或專長：

▷ 列出自己擅長的專案，例如：繪畫、唱歌、跳舞、寫作、演講、彈奏樂器等。

▷ 列出讓自己引以為傲的特質，例如：細心、體貼、溫柔、寬容、知錯能改等。

▷ 寫下自己和周遭親友相處的關係，例如：能為別人著想、急功好義、打抱不平、見義勇為等。

在列舉出自己的各種專長、優勢和特質之後，透過理性的分析，便能得知自己感興趣的專案有那些，然後從其中找出最適合發揮的才能，好好發揮所長，就能認真努力工作而不感到辛苦。樂在工作，從工作中找到滿足感，並對自己選擇的工作不以為苦，人生絕對是快樂百分百。所以，為了自己能夠擁有一個快樂美好的未來，在制定職業規劃時，一定要根據自己的特質來選擇工作。

六、制定職業規劃的六個關鍵

- ▷ 確定個體理想生存狀態。
- ▷ 了解個體各方面素養特徵和大的不可改變的社會現實環境，修訂理想狀態為可行的目標。
- ▷ 確定職業興趣、理想職位和適宜工作氛圍。
- ▷ 確定達到理想職業的可行性方案，制定短、中、長期職業目標。
- ▷ 確定目前狀態和短期目標間的差距，尋找切入點，開始執行職業生涯規劃。
- ▷ 階段性小結、反思，並對自己的職業生涯設計進行修訂。

好的心態，成功了一半

在工作中，有時總會因為各種的原因而心情煩躁，時而久之易養成易怒的脾氣，怒髮衝冠卻於事無補，反而傷人傷己還傷身，甚至會變得神經

質。其實有時想想，有時真的不需要做一個太耿直的人，並不是事事皆能如願，也非人人定能勝天，有時更多的是需要適應這個環境，有時更需要低下你自認為高貴的頭，其實低頭又何妨，只當是對別人的一種尊敬和禮貌罷了，況且這種禮貌能換來你需要的東西。

其實，當你心有怨氣時，當你自以為懷才不遇時，當你痛恨周圍的環境時，你的心態已經發生了變化。想當年誰不曾是熱血澎湃，叫喊著衝出學校殺進職場。但幾年下來，有很多人已經覺得心累了，回頭看看是因為我們沒有認知到現實就是現實，就像比爾蓋茲說的人生就是不公平的，所以不要每天生活在要求公平的日子裡，也並非事事都能做到問心無愧，但求心平氣和足以。面對工作少一份浩然正氣，多一份人生的成熟和大氣，大肚能容天下之事，那麼還有什麼過不去呢，其實產生心態不穩是因為我們經歷的坎坷太少，面對工作中的無奈，缺乏以生活的智慧去笑談人生。

有人說「心態決定命運」，良好的心態意味著美好的未來，而在這樣一個競爭激烈的社會中，要想保持一個良好的心態，實在不是一件容易的事情。

一、心態的定義

心態就是性格加態度。性格就是一個人獨特而穩定的個性特徵，表現一個人對現實的心理認知和對應的習慣的行為方式。態度是一個人對客觀事物的心理反應。在一定的社會環境條件下和一定的個人能力基礎上心態決定命運，但什麼決定心態，那就是個人的綜合素養決定心態，個人的綜合素養就是個人的脾氣、性格、能力的總和。個人的綜合素養對每個人的健康、工作、學習、家庭等各個方面都有著重要的作用。

二、為何要保持良好心態

保持良好的心態是戰勝困難的前提，是積極向上的表現，能促使一個人不畏困難，勇往直前。

在工作中，具備一個良好的心態尤為重要，只有保持良好的心態，才會產生積極性，才能對你的工作造成推波助瀾的作用，如果你沒有一個良好的心態，它將產生消極意志，必將成為你人生路上的一個絆腳石。

三、如何保持良好的心態

（一）首先要樹立起正確的「三觀」

市場經濟的衝擊，使很多人原來的三觀（世界觀、人生觀、價值觀）體系逐漸崩潰了，而在當今這個物質橫流的時代，如果沒有樹立正確的世界觀、人生觀和價值觀，在經濟、物質浪潮的衝擊下，有些人的世界觀、人生觀、和價值觀就會發生偏離，面對一些極具誘惑力的事或物時，他們會給自己找更多更好的理由和藉口：認為別人擁有的，我為什麼不能擁有？別人能享受的，我為什麼不能享受？更有甚者還會有「不得白不得」的思想。一個人如果一旦產生這樣的心理和態度，就會在一些事或物的誘惑下心態失去原有的平衡，就會為之蠢蠢欲動，此時他們的意志會不堅強，立場更不堅定了，甚至為了得到某些「好處」鋌而走險，結果有可能是得不償失，這樣的事例在古今中外都是屢見不鮮的。所以說，樹立正確的三觀，非常重要，它可以指導人進行積極的實踐活動，追求真正的價值。

（二）正確看待平凡工作

平凡的職位可以取得不平凡的成就，這已經被很多人證實過了，然而還是有很多人覺得在平凡的職位上，展現不出自己的人生價值，總是有「英雄無用武之地」的感慨，進而產生消極的思想，養成了大事做不來，小事又不做的壞習慣。因為各行各業都需要人才，如果人人都去當官，這是不可能的。所以不管做什麼工作，只要保持一個良好的心態去對待，就不存在工作的高貴與低賤了。在平時的工作中，如果你是服務生，千萬不要認為這是低下的工作，因為你是在為人服務，服務本就是一件光榮的事，別人會因為喝到你倒的水而解渴，他會感激不盡；如果你是清潔員，也不要認為這是低階的工作，因為，有了你的辛勤勞動，才換來一塊淨土，別人和自己都能在乾淨的環境中生活和工作，這又何嘗不是一件愉快的事呢。所以，如何才叫展現一個人的人生價值呢？其實，並非在工作職位上做得轟轟烈烈才叫展現人生價值，只要自己做的是有利於社會發展，而且盡心盡職地做好每一件事，從平凡中見到不平凡，這就叫做人生價值的真正展現。所以，任何平凡的職位，都是展現人生價值的平臺。

（三）消除妒忌的心理

妒忌就是對他人的成功或優勢感到怨恨。哲學家培根曾說過：「德行不好的人必要妒忌有道德的人。因為人的心靈如若不能從自身的優點中取得養分，就必定要找別人的缺點來作為養分。而妒忌者往往是自己既沒有優點，又找不到別人的缺點的，因此他只能用敗壞別人的幸福的辦法來安慰自己。當一個人自身缺乏某種美德的時候，他就一定要貶低別人的這種美德，以求實現兩者的平衡。」他還說：「其實每一個埋頭沉入自己事業的人，是沒有功夫去妒忌別人的。因為妒忌是一種四處遊蕩的情慾，能享有它的只能是閒人。」所以，只要我們是品德好的人、有道德的人、一心工作的人就不會存在妒忌別人了，而且也沒時間去妒忌或評價別人。在工作中，如果一些同事平時工作你認為不如你，但卻被主管提拔時，你也不要去怨恨主管和妒忌別人，因為你認為別人不如你時，或許你看到的只別人的短處而沒看到別人的長處，對自己卻只看到長處而看不見短處罷了。只要你始終堅信是金子在哪兒都會發光，你就不會對一些得失而失去心理上的平衡。消除自己的妒忌心理，你會發現自己也會輕鬆許多。

為未來儲備「基金」

一方面，很多人在為自己的第一份工作機會而苦苦尋覓，另一方面，還有很多人在為是否放棄第一份工作而踟躕不已，工作難找，找滿意地工作更是難上加難，所以已經得到第一份工作的人一定要珍惜自己的工作機會，不能輕言放棄。無論這個工作是否符合你最初的設想，是否符合你的興趣，是否滿足你的要求，都應該盡量堅持，因為第一份工作是踏入社會的第一所學校，在社會上，在不同的職位、甚至產業中，許多東西是共通的，比如人際溝通的能力、團隊合作的意識、執行能力、創新能力、責任意識等等，珍惜自己的第一份工作，就是珍惜學習在社會上安身立命的法寶的好機會；除此之外，只要用心，職場的所見所聞，都能成為提高自己綜合素養的籌碼。也許你的理想是當管理者，卻找了份祕書的工作，那你可以充分利用這個職位的優勢，鍛鍊自己的協調能力，從你所接觸到的大量的檔案中學會、從你所參加的會議上學習、從你所協助的管理者身上學習，所有從這些機會中學到的知識都會對你今後的夢想打下基礎。重要的是，做個有心人，有堅定的理想、有沉澱的耐心、有善於學習的特質。

總而言之，做好第一份工作其實是為了將來儲備「基金」，所以應珍惜自己的第一份工作，在工作實踐中累積經驗，發展自己，以便為以後的發展打下一個良好的基礎。

一、第一份工作，累積自己的人脈資源

23 歲，很多年輕的女孩子剛剛走出大學進入職場的時候，小朱已經是某飯店的公關部經理了。當時的她對自己所扮演的角色還有些懵懂。每天都是在忙碌中度過的，「比如說我們要把歷史文化介紹給外國客人，聖誕節的時候舉辦餐會，舉辦各種新聞發布會」，工作的範圍很廣，從舉辦各類宴會到媒體聯繫，從企業關係維護到政府關係，幾年的歷練帶給小朱的除了成熟和自信外，還有一張無所不包的關係網絡。

各類媒體裡，她擁有一大幫記者編輯朋友，娛樂、經濟、體育記者一應俱全，辦宴會展會，她的人脈資源可以一直從主持人、明星延伸到諸如食物安排之類的所有細節，還有政府部門上上下下的工作人員，小朱也都熟門熟路。

就這樣，人生中的第一份工作，為小朱開啟了一扇門，也為她累積了第一桶「金」—— 人脈的無形資產。

人脈資源是職場人士的一筆寶貴的財富，對於職場新人來說，第一份工作或許不能給你帶來多少金錢，但如果你是個有心人，卻可以利用第一次的工作機會，為自己建立起一個人脈關係網絡。人脈同樣是一種財富，在某種意義上講，對於你它比金錢更重要。

二、第一份工作，累積自己的工作經驗

工作經驗包括產業知識、業務知識等多方面因素。對於職場新人來說，工作經驗是最缺乏的。所以，初涉職場的人，要有意識地在工作中累積工作經驗。累積工作經驗沒有特定的方法，主要靠工作實踐。實踐出真知，沒有工作實踐就不可能累積工作經驗。

雖說累積工作經驗沒有一定的方法，但還是有一些小的竅門的。很多在職場裡已經奮鬥了幾年的有經驗的老鳥都知道，在職場生涯中，上司是最重要的財富，沒有人會隨隨便便成功，上司一定有他的過人之處，有值得你「偷學」的絕招。所以，善於向自己的上司學習對於自己累積經驗非常有幫助。

小倩是一家公司的部門經理。「每個人都需要自己的權力空間——這是我從上司身上學到的最重要的一點。」——這是她在總結自己成功的原因時說的一句話。剛工作不久的時候，她作為經理助理，只知道上司吩咐什麼就做什麼。後來，來了一名新經理。新經理來了之後，馬上就交給她一項工作，只是簡單地吩咐她一些原則、目標和匯報的時間就去忙別的事情了，小倩只好硬著頭皮開始做了起來。剛開始步履維艱，心裡抱怨這個「偷懶」的經理，可一邊做一邊摸索出一些竅門，這是她第一次體會到工作創造的樂趣。

其實即使是最基層的員工，每個人都需要自己的工作空間和權力空間，如果上司管得太多太細，下屬會不自覺地放棄了思考，而上司又會事必躬親而疲憊不堪。隨著職位的不斷升高，小倩開始明白，不會激發下屬創造力的上司是沒有多少上升空間的。如今她也做了別人的上司，她非常注意合理地分配工作，既給自己留出了掌控大局的餘地，也讓下屬的工作積極性十足。

當你剛剛踏入職場的時候，無論是在大公司還是在小公司，都應該抱著一種學習的態度來面對你的第一份工作。因為，作為初入職場的你，工作經驗的缺乏將會極大地制約著你未來的發展，而工作經驗是必須在實踐當中去累積和彌補的。一定要記住，在日常工作中要學會向你的上司學習，因為他有資格做你職場上最好的老師。

讓工作熱情之火常燃

對於初涉職場的人來說，工作熱情是不缺乏的，關鍵在於怎樣保持一種工作熱情，很多剛剛開始工作的人，往往上班的頭幾天熱情澎湃，彷彿有用不完的力氣，但很快這種熱情便被工作中的許多現實問題打壓下去了，究其原因，在於先前對工作的想法太過單純和感性，一旦遇到與自己憧憬的工作狀態不相符時，便會覺得異常失望，工作熱情也就隨之消逝了。所以，對於剛工作的人來說，除了要有工作熱情外，還要對工作有一個理性的認知和評價，頭腦要保持清醒，不能光憑一腔熱血，沒有經過理性的思考而建立起來的熱情是很難長久維持的。

對待工作的熱情不是心血來潮、興之所至，而是一種覺悟、追求和境界。那麼怎樣才能在工作中保持一種熱情呢？長久的工作熱情，源於自身的不懈努力。全心全意做好自己的本職工作，工作出色了，有了業績，自然會產生成就感和優越感，也就有了工作的動力。工作做好了，還會贏得別人的尊重，也能更上一層樓。

一、充分理解人生，樹立正確的工作觀

人生就是戰鬥，與一切進行戰鬥。如果生活一切都很平淡順利，這樣的人生還有意思嗎？把工作場所當作是戰場，那麼就會有熱情了。

人生最有意義的就是工作，與同事相處是一種緣分，與客戶、生意夥伴見面是種樂趣。即使你的處境再不如人意，也不應該厭惡自己的工作，世界上再也找不出比這更糟糕的事情了。如果環境迫使你不得不做一些令人乏味的工作，你應該想方設法使之充滿樂趣。用這種積極的態度投入工作，無論做什麼，都很容易取得良好的效果。

人可以透過工作來學習，可以透過工作來獲取經驗、知識和信心。你對工作投入的熱情越多，決心越大，工作效率就越高。當你抱有這樣的熱情時，上班就不再是一件苦差事，工作就變成一種樂趣，就會有許多人願意聘請你來做你所喜歡的事。工作是為了自己更快樂！如果你每天工作八小時，你就等於在快樂的游泳，這是一個多麼划算的事情啊！

工作不僅是為了滿足生存的需要，同時也是實現個人人生價值的需要，一個人總不能無所事事的終老一生，應該試著將自己的愛好與所從事的工作結合起來，無論做什麼，都要樂在其中，而且要真心熱愛自己所做的事。

成功者樂於工作，並且能將這份喜悅傳遞給他人，使大家不由自主地接近他們，樂於與他們相處或共事。人生最有意義的就是工作，與同事相處是一種緣分，與客戶、生意夥伴見面是一種樂趣。

英國作家羅斯金（John Ruskin）說：「只有透過工作，才能保證精神的健康；在工作中進行思考，工作才是件快樂的事。兩者密不可分。」

二、分階段給自己確定目標

人們需要不斷地給自己樹立新的目標，這樣工作起來才會有方向、有動力、有希望，才有助於保持高漲的工作熱情。

在現實的工作和生活當中，我們做事情之所以經常會半途而廢，這其中的原因，往往不是因為難度較高，而是我們覺得成功離自己太過遙遠。確切地說，我們不是因為失敗而放棄，而是因為倦怠而失敗。其實，在人生的旅途中，只要稍微具備山田本一的智慧，一生中也許會少了許多懊悔和惋惜。在奔跑的過程中，我們經常會有這樣的體會：如果你的目的地太過遙遠，很容易就會喪失自信。的確，在現實生活中，有許多目標看起來一時難以實現，但你可以把它們分成若干個可以很快實現的小目標，然後集中精力想辦法逐一實現這些小目標。當這些小目標全部實現時，你的大目標也就實現了。

輝煌的人生不會一蹴而就，它是由一個個並不起眼的小目標堆砌起來的。讓我們把目標化整為零，用一個個小的勝利贏得最後的大勝利吧。有時候，某些人看似一夜成名，但是如果你仔細翻看他們的歷史，就會知道他們的成功並不是偶然得來的，他們早已投入無數心血，打好了堅固的基礎。那些大起大落的人物，聲名來得快，去得也快，他們的成功往往只是曇花一現而已，因為他們並沒有深厚的根基與雄厚的實力。富麗堂皇的建築物都是由一塊塊獨立的石塊砌成的。石塊本身並不美觀，但組合在一起卻是一個完美的整體。也許，我們無法一下子拯救或者改變自己，但我們可以一步一步地堅持下去，終有一天會有所收穫。

三、學會放棄

在工作中，要學會放棄。有人認為工作熱情從某種意義上說，就是一個人能夠心情愉悅地努力工作。不要為瑣碎的事情生氣，不要計較眼前利益。有些時候，該鬆手時就鬆手，同事之間、朋友之間，多多謙讓一點，大家的關係融洽了，也就創造了一個和諧的工作氛圍。快樂是最重要的，心情愉快了，做什麼事情都有精力和熱情，把工作當成一種享受，就能保持工作熱情。

四、正確看待工作中的挫折

首先要分析挫折的原因，如果自己工作中確有失誤應該積極改正，正視工作中的挫折。挫折是正常的，也是對自己人生的一種歷練。古今成大事都有過遭受挫折的經歷。試想，如果沒有挫折，成功變得簡單而平凡，那麼成功還能給人帶來那種熱情嗎？應該把挫折當成人生的一種財富。

從底層做起，不拒小事

一位人力資源經理曾經面試過一個交大人力資源管理的研究生，這位考官問這個科班出身的研究生，「你對人員考核有什麼理解呢？」他回答說考核關鍵是要公平，要定量與定性指標相結合。

考官又問：「那如何才能做到公平呢？如何設計定量的指標呢？」他就支支吾吾地開始打太極拳了。

實際上，按照目前大學的教育方法與師資，能從中得到一個觀念體系就不錯了，想學到解決實際問題的管理能力與技巧還是不現實的。那麼，作為這樣的教育體系下出來的產品，大學生一定要明白自己就是一名沒有經驗的新兵，是「人才」的「半成品」，進入企業後，要把自己當一張白紙來看，從頭學習各項工作技巧。因此，要抱著這樣一種空杯心態走入職場，擺正位置，不拒從底層開始做起。

小李是某大學畢業生，畢業兩年來只在一家公司待過一陣子，目前仍待業在家。小李兩年前大學畢業後，到一家食品公司當一名業務員。小李回憶說每天的工作就是到公司打卡，之後跟著老業務員到各超市推銷新產品或是補貨，除了市區，還得到郊區等地走動，每週只休息一天，遇到缺貨時，還得加班，一個月下來，薪資差不多 4 萬元。在上了 4 個月班後，小李覺得太累而辭職。自此之後，每逢有徵才，他都去投履歷，但不是嫌對方工作環境較差或是薪水不高，一轉眼又是一年多過去，小李仍無所事事待在家中。「我學的是商務祕書，很難找到合適的職位！」小李搖搖頭說，「不是當不了業務員，而是和那些只有國、高中學歷的人一起工作，甚至被他們呼來喚去有點不甘心，畢竟自己讀了 4 年大學，到頭來卻做這不花腦力的工作！」小李承認，在他的同學中，有相當一部分人都期盼能考上公務員，不屑於到其他企業上班，所以睡覺滑手機成了他們日常生活的主要「節目」。

就業觀念沒有適時而變是造成大學生就業難的一大重要因素。不少大學生不願進工廠工作，只注重工作環境和薪資福利等外在的東西，根本不願從底層做起。像一家公司曾招聘了 20 多名大學生，但當他們知道將到產線當作業員時，最後報到者只有六七人。

大學生在找到自己的第一份工作後，應該放下天之驕子的架子，從底層工作做起，從小事做起，工作不分貴賤，但有難易之分，從事底層工作是一個學習累積的過程，隨著自己工作經驗的增加，再加上受過高等教育的先天優勢，必定會在以後的工作中，逐漸顯露出自己的價值。只有踏踏實實地從底層做起，才談得上發展，總是眼高手低，看不起底層工作，不從底層工作做起，那你的理想恐怕就會變成空中樓閣了。

小趙大學畢業後在一家建材公司工作，經過一年多的努力，現在他已經是工廠的主管了，薪資待遇也比剛進來時增加了一倍多。

2006 年 5 月，小趙到一家建材公司應徵，由於該公司剛剛成立不久，需要派部分員工出去培訓，小趙幸運地被送到韓國學習了 3 個月的技術和生產管理。回國後，他和一起去韓國學習的十幾個人都被安排在工廠工作，但此時單位主管卻在暗地裡觀察這些員工的表現，想從他們當中發掘有潛力的人，擔當基層的管理工作。剛進入企業，技術上沒有什麼優勢，學歷又是大學，這讓小趙不敢有太多的想法（比如薪資待遇等），只是專心想要多學點東西提升自己。在生產線上除了完成自己的任務，他還利用休息時間細心觀察和學習其他人負責的部分。剛開始學習開堆高機時，總是掌握不好要領，搬運的貨物不能準確地擺放在指定地點，小趙就利用週末休息的時間到工廠裡，一遍一遍地重複練習裝卸貨物，幾週之後便可自如駕駛了。

公司的工時是 8 小時，可是小趙幾乎每天都會晚走一兩個小時，有時工程師在工廠研究技術問題，他就在一旁邊看邊學習；沒有工程師的時候，他也會在工廠裡走一走，把各個生產環節在腦子裡想一遍，總結一下當天的收穫。小趙的表現讓主管們看在眼裡，幾個月後，他便被任命為工廠的代理組長。小趙並不覺得「我上一天班，就是賺公司一天錢」，而是把公司的事當成自己的事，主管分配的任務，一定要做到最好，打掃也要當作清掃自己家一樣認真負責。正是因為小趙的這種責任心和踏實肯做的敬業精神，在短短的一年多時間裡，他先後擔任了組長、班長，現在已經是工廠的廠長，成為同批去韓國培訓的員工中的佼佼者。

大學畢業生擁有最大的資本就是年輕，所以應該趁著年輕和精力旺盛，從實際工作中一點一滴的累積自己的能力，隨著時間的推移，必將會有一個更為廣闊的舞臺。

牢騷不是個好夥伴

初涉職場的你是不是常常抱怨、發牢騷？其實，「怨」是一種合情合理的情緒，當心裡怨氣堆成小山，不怨反而會內傷，怨完心裡才會舒坦些。從這個角度說，抱怨是一帖心理止痛藥。但你可以抱怨一時，卻不能抱怨一世。如若看什麼都不順眼，什麼都不順心，抱怨過了頭，就會讓人望而生畏，退避三舍。

職場人士應該積極向上，以樂觀進取的精神面貌示人，而不應消極怠工、牢騷滿腹，這也是職場文明的要求之一。可是我們發現，總有一些人在辦公室裡發牢騷。牢騷大體可以分為三種：一是發主管的牢騷，說某某主管對他不公正啦、某某主管不為群眾謀福利啦等等；二是發同事的牢騷，說某某拿錢多工作少啦、某某只會拍主管馬屁而瞧不起同事等等；三是發社會的牢騷，說薪資水準跟不上物價上漲啦、某某地方髒亂不好等等。

在日常生活中，人們難免會發些牢騷以緩解各方面的壓力。在如今，許多社會矛盾變得突出和尖銳，人們的牢騷也隨之逐步升級，不少人似乎對什麼都看不順眼。從情緒活動的角度來分析，發牢騷是由於不愉快的心情所引起的，並又導致新的不愉快。因此，它是屬於一種不良的、需要加以控制的情緒活動。否則，不僅不利於個人的心理健康，對身體也會帶來不利的影響。人遇到不平和不快的事情，發點牢騷是常有的事。尤其是青年人，自制力比較弱，感情容易衝動，要想完全避免牢騷是比較困難的。所以要求年輕人應該放寬胸懷，開寬眼界，避免鑽牛角尖，放棄種種偏激之見。再者，就是學會轉移壓力，有意識地培養自己多方面的愛好。

不良的情緒會給自己的身心帶來危害，所以要控制。當自己有牢騷要發時，首先應該充分認識發牢騷的危害性，不要圖一時的痛快而不顧一切後果地亂發一氣。有牢騷的時候，要積極的進行自我消解。再者，當自己遇到不愉快的人或事，怨氣即將湧上心頭時，趕緊進行迴避和轉移，多想些使人高興的事，避免消極情緒進一步惡化。不少人出於憂國憂民之心，對一些腐敗的社會現象看不慣，往往容易表現出強烈的牢騷不滿情緒。這時，就需要對牢騷加以「昇華」而不僅僅是「消解」了，魯迅說過：「不滿是向上的車輪。」意思是說，不滿與安於現狀相比，還是有其積極意義的。但僅僅是情緒上的不滿和埋怨還是不夠的，必須從思想上進行昇華，把牢騷中的「不滿」轉化為激勵自己「向上的車輪」，以實際行動做好各項本職工作，盡自己最大的努力克服客觀條件中的不利因素。當你能夠做到這一點之後，你會發現，其實遇事發牢騷的做法是毫無用處且很愚蠢的行為。

那麼如何在壓力面前保持良好的心態，避免用發牢騷的方式來緩解內心的緊張呢？

一、要有一顆感恩的心

四年之前，小程進入一家大型的廣告公司，在公關部門做客服、對外聯繫的工作。由於小程形象不錯、談吐也得章法，很快就贏得了客戶很好的口碑。半年後，公司為了拿下一家世界五百強的廣告訂單，特別成立一支團隊。訊息從主管階層傳出後，大家都躍躍欲試，作為新人，誰不想利用這個機會好好鍛鍊鍛鍊自己呢？最後還是小程如願以償，憑藉著自己的外語能力和良好的客戶口碑，小程榮幸地擠進了這個「七人小組」。經過半年的魔鬼工作，團隊終於拿下這筆單子，而小程的能力也得到了很大的提高，在自信的同時，也比以前自視甚高了。

重新回到以前的部門，小程更加受到經理的器重，工作也越來越得心應手，可是同事們卻對小程越來越「敬而遠之」。那天，小程讓小木幫自己整理一家啤酒客戶的資料，誰知她粗心大意，竟拿了份奶粉客戶的資料給小程，小程立刻翻臉不認人，「像妳這種工作態度，永遠都別想成為 NO.1 ！請妳幫個忙，妳都想偷懶，這要是傳到客戶耳朵裡，怎麼看我們公司？」

終於有一天，小程無意中聽到同事們這樣議論自己：「她啊，你幫她多少都是應該的，不幫她吧，她能對著空氣抱怨沒完，搞得大家心情都不好。幫完了呢，她又重新耍起威風來，不知道一天到晚，怎麼有那麼多怨氣⋯⋯」

小程真的感覺自己十分的委屈，難道深得客戶好評的自己就是他們嘴裡的那個「怨婦」嗎？從小，小程就是家裡的「小太陽」，一家人圍著小程團團轉，早已習慣了「有求必應」的生活，難道小程把這種情緒也帶到了工作中，在潛意識裡也認為同事理所應該地幫助自己嗎？小程陷入深深的苦惱中。

當我們在工作中遇到不順心的時候，往往會產生一些抱怨的情緒。「怨」是一種合情合理的情緒，當心中怨氣堆積成山，不怨反而憋得慌。這個時候，怨是一種心理止痛藥，但我們可以抱怨一時，卻不能抱怨一世。人生有三分之一的時間都是在工作中度過的，與其整天讓腦細胞受損，不如來修整一下自己的心態，凡事想開點，用一顆感恩的心來對待工作，對待同事，對待主管。

我們不僅要用一顆感恩的心來對待工作，對待生活、對待朋友、對待所有的一切都要有一顆感恩的心。英國作家薩克雷（William Thackeray）說：「生活就像一面鏡子，你笑，它也笑；你哭，它也哭。」一個人只有懷揣一顆感恩的心，才會體會到生活的幸福與樂趣，只有學會了感恩，才是學會了生活和工作。

二、正確對待工作中的不公平現象

小梁和小麗是同一家大學醫學院的教授。醫學院沒有把員工的薪資和福利公開。小麗已經在醫學院工作了 14 年，她是按照大學教師的等級一步一步升上來的，後來嫁給了一位成功的商人，育有 3 個孩子。她的研究和教學，貢獻廣泛而且贏得了獎勵。小梁 3 年前進入醫學院，招募他的原因是他在一個創新性研究方面做出了貢獻。小麗認為，他很可能是被優渥的福利方案吸引來的，但她並不知道細節情況。直到一個月前，有一個行政助理向她透露了一些關於薪資和福利方面的資訊。小麗得知小梁的薪資比她高出 16%（250,000 元比 215,000 元）。他還因其創新研究的商業價值而得到一定比例的獎勵津貼，而且，他還獲得了每年 35,000 元的旅遊補助和一個高階私人俱樂部的會員資格。小麗覺得這很不公平，可是她不知道能怎麼辦，而且，她還面臨著學校董事會要求縮減費用的壓力和社會輿論要求保持學費低漲的壓力。在這種情況下，小麗想知道，怎麼才能拉平這 70,000 多元的不公平的差距。

很多人會覺得生活和工作中有很多不公平的事情，特別是對自己而言。其實，喜歡強調不公的人，往往會高估自己的水準和付出。而實際上，可能你確實做得不錯，但別人也未必就差到哪裡去。如果只看到自己的付出，你就會覺得不管公司怎樣對待自己，也是不夠，也是不公的。向別人抱怨自己遭受的不公，剛開始有人表示同情，但往往愛莫能助，最終怨氣還會熏走他們。所以，別人可能對你不公，但不要自己對自己不公。多看到別的同事的長處和付出，心態就能平和許多。記住小羅斯福總統夫人（Eleanor Roosevelt）的話，未經你的許可，沒有任何人能夠傷害你。所以，即使遇到對自己不公平的事情，還是應該放寬心態去看待。

三、知足者常樂，不要和別人比較

「做辦公室工作，輕閒倒是輕閒，可沒有什麼油水，不像你們做業務的，一筆訂單子的抽成是我一年的薪水……」

「什麼？你的年終獎金有 10 萬啊？你們公司這麼大方啊？我跟你的工作性質也差不多，可是我的年終獎金連 5 萬都沒有。還是你們公司好，真大方……」

「你們部門真好，多做多得，不像我們部門，做多做少都一樣。我最年輕，做得最多，也最不討好，偏偏主任還偏心，不知道體諒人……」

「你男朋友真有本事，都自己開公司了，唉，不像我那位，當員工的命……」

在辦公室裡，小蘭的嘴巴難得有輕閒的時候。她喜歡比較，從以前的同學，到現在的同事，誰都要被她拉到「公平秤」上秤一秤，「比我強？

憑什麼？」絮絮叨叨的抱怨也就不休不止。

後來，同事們知道了她的脾氣，平時也就減少和她聊天的機會，一切來往都公事公辦。中午大家在員工餐廳吃飯，只要是小蘭在場，有的同事會主動說一些自己遇到的糗事，「哎呀，昨天剛剛丟了一張大單，損失不小……」大家覺得，這樣子相處會降低她的敏感度。

時間長了，小蘭也漸漸知道大家的用心，她也會這樣問自己：「我才工作一年，工作穩定，衣食無憂，還有什麼不滿的？」好心的同事也這樣寬慰她，「妳瞧妳，這麼年輕就出來闖蕩，多不容易啊……」每當聽到這樣的讚美，小蘭愛「比較」的「敏感之心」便降低一點。可是以後的日子還長著呢，「刀光劍影」的職場生涯，誰會老這麼遷就你呢？每當心情不爽的時候，小蘭還是會抱怨……

可能我們每一個人都聽過父母這樣的話：「你看隔壁的某某考了多少分……」考上大學後，父母依然用羨慕的口吻說「誰家的孩子一個月賺多少錢」。亞洲教育的弊端之一，便是過分地去比較，而忽視了自身價值的認同。從大學校園出來，這種「比較」價值觀被帶到了職場，拿社會或者別人的標準來定義成功。但成功不是為了炫耀，就像是穿鞋子，適合自己的成功標準才是最好的。適當地把目光轉向自己，思考一下自己內心的真實需要，我到底要什麼樣的職業訴求才是自己最渴望的，又可以用什麼方式來實現它，從而滿足自己。對於每一個人來說，成功的含義都是不相同，你又何必和別人比來比去呢？

勇於承擔責任的人才是能做大事的人

現在的企業部門，在選拔人才時，除了要看工作能力外，越來越重視人才的責任心問題，沒有責任心的人才，對於企業來說只是個空頭支票，沒有任何價值。所以，對於剛剛工作的人來說，在工作中，要積極主動，遇到問題，要勇於承擔責任，即使發生了過錯，只要你勇敢的承認了錯誤，是會得到上司的原諒和認可的。所以，培養責任心非常的重要，尤其是對身處職場的人。

一、為什麼要樹立職場責任心

（一）負責是職場人最應有的特質

「沒有責任感的軍官不是合格的軍官，沒有責任感的員工不是優秀的員工。責任感是簡單而無價的。工作就意味著責任，責任意識會讓我們表現得更加卓越。」這是《沒有任何藉口》（作者：費拉爾·凱普，Ferrar Cape）一書中的一段話。微軟創始人比爾蓋茲也曾對他的員工說：「人可以不偉大，但不可以沒有責任心」。比爾蓋茲說這句話，是建立在他對執行力重要性認知的基礎上的。因為一個人只有具有高度的責任感，才能在執行中勇於負責，在每一個環節中力求完美，及時、準確地完成計畫或任務。所以微軟非常重視對員工責任感的培養，責任感也成為微軟錄取員工的重要標準。正是基於這種做法，成就了微軟一流的執行力，打造出了聲名顯赫、富可敵國的微軟商業帝國。從中我們可以看出，責任在工作中有著多麼重要的作用，好的員工最應該具備的素養就應該是責任感。

「我是一個有責任感的人嗎？」這是每一個職場中人都應該向自己提

出的問題。你是否犯錯不找藉口？是否自動自發、盡善盡美地完成工作？是否為了團隊的利益而甘願犧牲個人利益？是否面對失誤勇於承擔起自己的責任？有些人可能會情不自禁地臉紅。在實際工作中，一項計畫執行不力，很多時候是參與人員缺乏責任感造成的。這些人責任意識淡薄，做一天和尚撞一天鐘 —— 得過且過，甚至接受任務後，只要上司不查核，就不了了之。他們對「責任」這兩個字很陌生，甚至會想：責任關我什麼事？這樣的人是不可能在人生道路上取得任何成就的，任何企業也不會給這樣的人更多的機會。

實際上，責任感是應該與生命同在的，一個人生存在社會上，就對社會負有責任，就對家庭負有責任，當然，更對工作負有責任。一旦你接受執行某項任務，你就對這項任務負有不可推卸的責任，它就像血液一樣融入到你的身體裡，即使你不想承擔，也無法把它與你分開。如果你假裝視而不見，那你的工作肯定一塌糊塗，你也肯定會成為整項計畫執行的絆腳石。你的下場必然會遭到同事的蔑視、老闆的唾棄，並最終被淘汰出局。如果不樹立起勇於負責的職業精神，無論你到了哪個公司，都不會得到老闆的賞識，自然不會有好的發展，永遠與成功無緣。人活著就要有責任感。否則，你的生命注定一文不值。

（二）沒有責任感何敢談執行力

工作就意味著責任。每一個職位所規定的工作內容就是一份責任。你做了這份工作就應該擔負起這份責任。我們每個人都應該對所擔負的責任充滿責任感。有的人缺乏責任感，是因為這樣一種思想在作祟：「負責是有權力的人的事情，我只是一個小兵，責任與我什麼事？」這種觀點是大錯特錯、極為害人的。不同的職位有不同的職責，從來就沒有一種職位不需要負責，即使職位再渺小、工作再平凡，也伴有不可推卸的責任。沒有責任，即使是再小、再簡單的工作也不可能做好。

有這樣一位年輕護理師，第一次擔任手術室責任護理師。傷口就要開始縫合了，她對外科醫師說：「醫師，你只取出了 11 塊紗布，可是我們用了 12 塊。」「我已經都取出來了，」外科醫師斷言說，「我們現在就開始縫合傷口。」「不行！」年輕護理師阻止說，「我們用了 12 塊。」「由我負責好了，」醫師嚴厲地說，「縫合！」年輕護理師激烈地抗議說：「你不能這樣做，我們要為病人負責！」醫師微微一笑，舉起他的手讓年輕護理師看了看第 12 塊紗布，然後稱讚說：「你是一位合格的護理師。」顯然，他是在考驗年輕護理師是否具備強烈的責任感。

護理師工作是一般的工作，然而，如果這個護理師沒有責任感的話，同樣有可能造成嚴重的後果。責任不會因為職位渺小而變得無足輕重，更不會因為受到權力的干擾而躲藏起來。責任面前，人人平等。只要是你的責任，你就要勇敢地承擔。在執行的過程中，你是否像年輕護理師那樣勇擔責任？還是順水推舟，把本該由你承擔的責任推卸給別人，而不管造成多麼嚴重的後果？只有像年輕護理師那樣勇於負責，一項策略或計畫才可能得到切實執行，並取得好的績效。一旦丟棄了應有的責任感，有時可以保自己一時平安，但長此以往，不但工作會受到影響，自己也會自毀前程。

（三）負責任是一種自覺行為

當我們對工作充滿責任感時，就能從中學到更多的知識，累積更多的經驗，就能從全身心投入工作的過程中找到快樂。這種習慣或許不會有立竿見影的效果，但可以肯定的是，當懶散敷衍成為一種習慣時，做起事來往往就會不誠實。這樣，人們最終必定會輕視你的工作，從而輕視你的人品。粗劣的工作，就會造成粗劣的生活。工作是人們生活的一部分，做著粗劣的工作，不但使工作的效能降低，而且還會使人喪失做事的才能。工作上投機取巧也許只給你的老闆帶來一點點的經濟損失，但是卻可以毀掉你的一生。翻閱歷史，那些事業有成的人士，無不具有勇於負責的特質。阿爾伯特·哈伯德（Elbert Hubbard）為此曾說：「所有成功者的特質都是他們對自己所說的和所做的一切負全部責任。」

在職場裡，還能見到這樣的一些人，他們對工作負責是分時間和地點的，在上班時間，在公司裡，甚至在上司的監控之下，他們表現得很有責任感，能夠認真地執行任務。但是當上司不在眼前，他們就開始摸魚，甚至偷偷跑出去辦私事；一到下班時間，立即忙著收拾東西，就連還有幾分鐘就能完成的工作也拖到第二天；當離開公司後，什麼工作責任感，立即拋到了九霄雲外，即使碰到與工作或者與公司有關的事情，也拂袖而去。這樣人的責任感是有限的，有條件的，而有條件的責任感不是真正的責任感。這些人把責任感看成是一種負擔，只有在萬不得已的情況下才能保持一些表面的責任，這種員工身上的責任意識其實是很淡薄的，他們的行為稱不上真正的負責。真正的負責不需要上司的監控，他們是為工作而工作，而不是為上司而工作，無論上司在不在身邊，他們都一樣埋頭認真工作。任何時候都對工作負責，才是真正的負責。一個人具備了這種高度負責的精神，就沒有什麼任務執行不下去，就沒有什麼工作不能盡善盡美地完成。一個公司形成了這種高度負責的企業文化，就沒有什麼策略執行不下去，就不可能實現不了好的績效。真正的負責是不分時間、不分地點的，真正的負責是一種自覺地意識。

負責任不是負擔，培養自己高度的責任感，你會受益一生的。所以勇敢地承擔起你的責任吧，責任與生命同在！即使職位再渺小、工作再平凡，也伴有不可推卸的責任！你放棄了責任，成功也會放棄你。

二、如何培養職場責任心

(一) 負責任就要拋棄自私的觀念

不自私不代表不計個人得失，工作的目的一是為了生存需要，二是為了實現個人價值。不自私的意思是，不要光想著個人一時的得失，而要有長遠的眼光。現在市場競爭日趨激烈，一項任務在執行的過程中，可能時間會很緊迫，需要你能不計較時間和地點，堅定地執行下去。試想，當一項任務需要加班時，你能對老闆說「對不起，我已經下班了」嗎？當老闆安排你出差作一項調查，你就能心安理得地假公濟私嗎？而對工作高度負責的員工，是不需要老闆安排或者上司叮囑的，他們會自覺加班，搶在對手前面將計畫完成，即使在上下班的路上，在家裡休息時，都在考慮怎樣盡善盡美地完成工作。在這個過程中，表面上看，員工損失了自己的休息時間，但還應看到這樣做的結果是為公司做出了重要的貢獻，公司是不會對做出貢獻的員工不加重視，不給回報的。所以，到最後的結果是一個雙贏的結果。

以個人利益為出發點的責任感是假責任感。真正的責任感是不以個人私利為唯一目的的。在執行一項任務之前，如果你首先想到的是自己的個人利益會得到怎樣的回報，就很難保證你的執行不會扭曲和變形，就很難保證如期達到目標。因為一個人的私心雜念難免會影響到工作時的心態。只有摒棄了私心雜念，把整個身心投入到工作中去，才會發揮出全部的能力和智慧，才會盡善盡美地完成任務。其實，聰明的老闆不會只看員工表面上的表現，更看重的是員工的業績。雖然老闆不在現場，只要你作出了對公司有益的事情，這些事情遲早會傳到老闆的耳朵裡，老闆就會了解並清楚你當時的表現。你對工作負責，老闆自然會信賴你，器重你。

（二）處理好個人利益與團隊利益的關係

缺乏責任感的員工，不會視企業團隊的利益為自己的利益，也就不會因為自己的所作所為影響到企業的利益而感到不安，更不會處處為企業著想，為企業留住忠誠的客戶，讓企業有穩定的客戶群，他們總是推卸責任。這樣的人在老闆眼裡是一個不可靠的、不可以委以重任的人，一旦傷害公司和客戶的利益，老闆會毫不猶豫地將其解僱掉。一項策略計畫最終是要靠公司這樣一個團隊來實現的，而不是僅僅靠一兩個人的力量。作為相對實際、更加清晰的營運計畫，更是要下放到各個部門，甚至是每一個人來執行完成的。公司的每一位員工，既是一個相對獨立的個體，執行計畫時必須對自己的工作負責，又是公司團隊的一員，至少屬於由幾個人組成的專案團隊，又應該對團隊負責。然而，有的員工認為，要照顧團隊的利益，自己的工作就會受到影響，也就是說，要對團隊負責，就不能對自己負責。在這種思想的支配下，執行任務時各行其是，拒絕合作，眼看著同事需要幫助，卻置之不理，當同事求助時，又裝出一副愛莫能助的樣子。這種思想蔓延到一個部門，就是各自為政，為了部門利益而不惜推諉、賴皮，甚至牽制對方，使得執行本來行駛在一條寬闊的大道上，結果硬是擠到了一條羊腸小道上，甚至逼到了懸崖邊上，最後的結果就是事情做不好，團隊利益受到了損害，而個人利益更是得不到。

實際上，在一個團隊當中，個人利益與團隊利益總體上是一致的，所以對團隊負責就是對自己負責。一個人只有對團隊負責，才能保證自己的工作與團隊的工作方向不相違背，才不會為了個人利益而扯團隊的後腿，才不會徒勞無功，費力不少卻對公司沒一點用處。如果你完成一項工作後，對於公司整個計畫沒有幫助，甚至因為你而影響到團隊執行力的發揮，那你稱得上是對自己的工作負責嗎？顯然不是，應該是失職，嚴重了就是瀆職。要對團隊負責，自然要先樹立團隊精神。欣賞每個人的優點並互相提供幫助，是團隊精神的基石。所以，即使你非常優秀，也不要太自戀瞧不起別人。實際上，現代社會人才濟濟，每個團隊成員都很優秀，都有自己獨特的一面。成員之間取長補短、互相合作產生的合力，要遠大於兩個成員之間的能力總和，這就是「1＋1＞2」的道理。團隊精神就是欣賞每個人的優點並互相提供幫助，為了一個共同的目標而彼此合作，無私奉獻！有了團隊精神才有戰鬥力，有了團隊精神才有無往不勝的理由。

（三）忠實於團隊是最大的責任

試想一下，一個公司是願意要一個有著卓越的工作能力卻對公司缺乏忠誠的員工，還是願意要一個工作能力平平但對公司很忠誠的員工呢？我想是後者，因為對公司不忠誠的人，即使有著很強的執行力，也不會給公司帶來好處，反而可能帶來意想不到的災難，這些人在執行任務時，一遇到困難就落跑，即使迫於上司查核的壓力，也會推諉、拖延，並處心積慮地尋找藉口。更有甚者，面對巨大利益的誘惑，他會置公司的利益和職業道德於不顧，出賣公司的機密。而工作能力一般卻對公司無比忠誠的人，也許給公司帶來的貢獻很少，但至少不會危害公司利益，況且一個人的工作能力可以靠後天的培養，而逐步得到提升的。最重要的是，這些人絕不會在公司經營陷入困境時，一走了之。

實際上，忠誠和責任感是相輔相成，互為因果的，沒有忠誠便沒有責任感，而沒有責任感，又何談忠誠呢？只有那些把忠誠視為最大責任的人，才會抵禦住形形色色的誘惑，才會時刻想到公司的利益而不遺餘力地執行任務，才會在公司遭遇困境的時候選擇留下來，幫公司度過難關。忠誠之所以為廣大的企業家所看重，是因為忠誠會讓一個人保持執行的連續性和完美性。強烈的責任感可以造就一個人忠誠，忠誠又會增強一個人的責任感，無論發生什麼情況，誘惑或者困難，都會一如既往地把任務執行下去，都會盡職盡責地將工作做到盡善盡美。有人會說：「我對公司忠誠，可是老闆似乎看不到。不但不重用我，還讓我受了委屈。」忠誠不是交換的籌碼，也不是完美的護身符。員工對公司忠誠，是最基本的職業道德，老闆不會因為一個人忠誠就忽略了他的其他的缺點，就會對執行中出現的問題不聞不問。甚至老闆也有做錯的時候，也有戴著有色眼鏡看人的時候。這個時候你也許會受到委屈，這在職場上是很正常的事情。倘若你連這麼一點打擊都承受不住，作出對公司不忠的事情，你將會為自己的草率和莽撞付出極大的代價，那時你將真的被老闆冷落，或者被公司辭退。真正的忠誠是經得起考驗的，忠誠是一種信仰，而信仰是需要堅持的。

（四）不要怕承擔責任而畏首畏尾

在現實工作中，常常有這樣的員工，他們在面對一項艱鉅的任務，或者在執行過程中碰到棘手的問題時，總是擔心出現差錯被追究責任而畏首畏尾，不是找藉口將任務推掉，就是事事請教上司，讓上司作決定，一旦出現差錯，就竭力推卸責任。他們只做一些沒有挑戰性的、約定俗成的工作，這些工作簡單得幾乎不可能犯錯，似乎這樣他們展示給老闆以及同事的形象就是完美無缺的了。實際上恰恰相反，沒有一個老闆敢把任務放心地交給這樣的員工，沒有一個同事願意跟這樣的員工合作。因為不敢承擔責任的人，或者缺乏自信心和進取心，缺乏開拓精神；或者對公司缺乏責任感，對公司的前途缺乏使命感。

（五）有了責任不要逃避

有很多員工經常在工作做不好的情況下，尋找一些藉口來逃避責任。下面這些話，你或許就聽到過：「要不是我身體不舒服，我會按時完成任務的。」「您交代工作的時候我沒有聽清楚，不然我會達到您的要求的。」「這不屬於我的工作範圍。」「我盡力了，但還是沒有查到相關的資料。」「都是因為小王……」「那個客戶太刁難了，除非老闆親自出馬……」說這些話的人，自以為很聰明，似乎這樣就能把責任推卸掉了。其實，即使那些看似合理的藉口，也無法掩藏一個人責任感的喪失。尋找藉口雖然可以一時推卸掉責任，但是卻因影響了結果而給他人留下了不好的印象。並且在困難面前消極逃避，你的工作能力自然得不到提高，長此以往，執行力也將大打折扣。只有迎難而上，積極應對，認真分析問題，找出解決的方法，並堅定不移地執行下去，才是正確的工作態度。當然，這需要你花費很大的精力，你可能要查閱大量的資料，可能要進行大量的市場調查，可能要加班坐在電腦前苦思冥想，可能要虛心向上司及有經驗的同事請教，但這些都是你必須要做的。在一次又一次的攻克難關的過程中，你會累積豐富的實踐經驗，個人的執行力自然會隨之大為提高。所以，經常逃避責任的人，不但會成為公司前進的絆腳石，自己的能力也不會在鍛鍊當中得到提高。

除了尋找藉口來推卸責任外，還有這樣一種人，他們為了逃避責任，在問題面前不作任何決定，事事請教上司。一旦出現差錯，他們就會理直氣壯地說，是上司讓我這麼做的，言外之意我可是服從主管、絕對執行的好員工，一切責任都應該由上司負責，至少也應該由上司負主要責任。持有這種觀點的人是非常可笑的，再自以為是，付諸實施就是可悲的了。巴頓將軍（George Patton, Jr.）為此說過：「自以為是而忘了自己責任的人，一文不值，遇到這種軍官，我會馬上調換他的職務。一個人一旦自以為是，不負責任，就會遠離前線作戰，這是一種典型的膽小鬼的表現。唯有負責任的人，才會為自己從事的事業心甘情願地獻身！」你有沒有想過，在所謂的服從主管、絕對執行的背後，就是能力低下和缺乏主動工作的精神。沒有一個上司喜歡這樣的員工，如果你是一個初入職場的新人，對於你的不恥下問，上司一般會不厭其煩地指導你；如果你老是事事請教，會浪費上司的時間和精力，打亂上司的工作安排，難免會引起上司反感，當你再把責任推到他頭上時，你自然會為你不負責任的行為付出沉重的代價。所以，只有那些勇於承擔責任的人，才是真正有責任心的人，才能得到主管的喜愛和重用。

（六）承擔責任前首先確立責任

對於剛剛進入公司的新員工來說，首先要做的就是了解公司制定的規章制度和職位職責，認真學習領會，明確知道自己的工作應該承擔什麼樣的責任，這樣就會有效防止因懈怠責任導致發生本可避免的問題，自然也就不會為承擔莫名的責任而感到委屈，更不會以不清楚責任為由而推卸責任。也只有認清了自己的責任，才能知道自己究竟能不能承擔責任。一旦發覺自己力所不及，就要想方設法彌補自己的缺點，提升自己的能力，才能真正地把責任承擔起來。當發覺自己的差距較大，短時間內無法達到承擔責任的要求，就應開誠布公地向老闆或者上司說明情況，重新安排一項你能承擔起責任的工作。這樣才不會影響到一項計畫的執行，不會給公司造成損失。從這個角度講，這也是負責任的表現。其實，老闆對員工的能力一般都很清楚，有時一項看似不可能完成的任務，只要你發揮主動性和聰明才智，完全能夠克服困難，圓滿完成任務。當老闆看清你推脫的本質時，你在老闆心目中的地位立刻會一落千丈，即使不辭退你，也會將你打入冷宮，不再重用。所以只有確立了哪些是屬於自己的責任，才能承擔起自己的責任。

（七）消除分內分外的界線

一個有責任感的員工，不僅僅要完成他自己分內的工作，而且他會時時刻刻為企業著想。老闆也會為擁有能夠如此關愛自己的企業，關注著企業的發展的員工感到驕傲，也只有這樣的員工才能夠得到企業的信任。事實上，只有那些能夠勇於承擔責任、具有很強責任感的人，才有可能被賦予更多的使命，才有資格獲得更大的榮譽。在工作中經常碰到這樣的情況：同事向你請求幫助，或者上司安排你做一件超出你工作範圍的事，你該怎麼辦？也許你會理直氣壯地說：「對不起，這不是我分內的事，我沒有責任去做。」也許你會迫於情面或者壓力，心不甘情不願地敷衍了事地應付，出了問題還振振有辭地推卸責任：「這本來就不是我分內的事，我不該承擔責任。」支持這些人不肯承擔分外責任的動力，是他們認為會影響自己的本職工作，甚至會承擔風險，他們的付出與收益不成正比。真正具有責任感的人，會自覺消除分內分外的界線，主動承擔更多的責任和風險。著名的美國貝爾實驗室（Bell Labs）和 3M 等公司透過研究發現，一個優秀的工作者是從以下五個方面來展現主動性的：

▷ 承擔自己工作以外的責任；

▷ 為同事和團體做更多的努力；

▷ 能夠堅持自己的想法或專案，並很好地完成它；

▷ 願意承擔一些個人風險來接受新任務；

▷ 他們總站在核心路線旁（核心路線是公司為獲得收益和取得市場成功所必須做的直接的重要的行為，工作人員首先必須踏上這條路線，然後才能為公司作出貢獻）。

在上面的五點當中，有三點是表明優秀的工作者必須要承擔更多的責任。承擔更多的責任，就意味著承擔起分外的責任和面臨著更多的風險。這是負責的延伸和昇華。其實，真正具有責任感的人，從不以個人得失為工作的出發點，他們樂意為同事提供幫助，樂意接受新任務，因為他們信奉的宗旨是對同事負責就是對自己負責，對公司負責就是對自己負責。所以他們心中根本不存在分內分外的界線，只要是對公司有益的事，就負有不可推卸的責任，就應該積極主動地去做。毫無疑問，成功是應該屬於這類人的，而那些堅持只對分內的事負責的人最終只能成為被關在成功門外的過客。

對待工作，是充滿責任感、儘自己最大的努力，還是敷衍了事，這一點正是事業成功者和事業失敗者的分水嶺。事業有成者無論做什麼，都力求盡心盡責，絲毫不會放鬆；成功者無論做什麼職業，都不會輕率疏忽。

讓周圍的人說你的「好」

初入職場的人首先要面對的一個問題就是與同事相處的問題，如果這個問題處理不好的話，必定會影響你工作的進行。要想獲得職場好人緣，首先要學會與周圍同事相處的技巧，其次，還要注意一些問題的處理。

一、與同事相處的技巧

◆正確看待與同事的競爭

同事之間既然存在競爭，那麼必然有好壞之分。做得不夠好或較差的一方心理上一時不平衡是完全可以理解的。做得較好的一方一定要照顧到對方的這種微妙心理，在對方面前注意放低姿態，盡可能幫助對方提高業務能力。切忌趾高氣揚，給對方製造更大的刺激。

◆與同事相處要保持適當距離

與普通朋友相處，尚且需要保持適當的距離，跟同事朋友相處，更要有「距離」意識。盡量少在同事面前抱怨單位主管，指責其他同事。如果一時忍不住，非得抱怨、指責幾句才能消氣，也要注意說話的方式。

◆與同事相處要有誠意

和諧的同事關係對你的工作不無裨益，不妨將同事看作工作上的伴侶、生活中的朋友，千萬別在辦公室中板著一張臉，讓人們覺得你自命清高，不屑於和大家共處。用誠心去和同事做朋友，不但可以多了朋友，還多了一個工作上的好幫手。

二、細節處理讓你獲得職場好人緣

▷ 長相不令人討厭，如果長得不好，就讓自己有才氣；如果才氣也沒有，那就總是微笑。

▷ 氣質是關鍵。如果對流行沒有研究，寧願純樸。

▷ 與人握手時，可多握一會兒。真誠是寶。

▷ 不必什麼都用「我」做主語。

▷ 新到一個地方，不要急於融入到其中哪個圈子裡去。等到有了足夠的時間，屬於你的那個圈子會自動接納你。

▷ 想方設法讓自己去適應環境。即使這是一個非常痛苦的過程都必須堅持適應，因為環境永遠不會來適應你。

▷ 大方一點。如果不會大方就學大方一點；如果大方真的會讓你很心疼，那就假裝大方一點。

▷ 低調一點，低調一點，再低調一點。要比臨時工還要低調，可能在別人眼中你還不如一個做了幾年的臨時工呢。

▷ 不要把別人的好視為理所當然，要知道感恩。

▷ 要手高眼低，不要眼高手低。

▷ 遵守時間，但不要期望別人也會遵守時間。

▷ 信守諾言，但不要輕易許諾。不要把別人對你的承諾一直記在心上並信以為真。

▷ 要有一顆平常心。只要天不塌下來，就沒什麼大不了的。好事要往壞處想，壞事要往好處想。

▷ 不要發生辦公室感情糾葛。如果無法避免，那就在辦公室裡避免任何形式的接觸，包括眼神。

▷ 不要推脫責任。即使真的是別人的責任，偶爾也試著承擔一次。

▷ 不要在一個同事的背後說另一個同事的壞話。要堅持在背後說別人的好話，不要擔心這好話傳不到當事人耳朵裡。如果有人在你面前說同事的壞話時，你要微笑。

▷ 避免和同事公開對立，包括公開提出反對意見，激烈的反對意見更不可取。

▷ 經常幫助別人，但是不能讓被幫助的人覺得是理所應該。

▷ 有時候說實話會讓你倒大楣。

▷ 對事不對人。對事無情，對人要有情；或者做人第一，做事其次。

▷ 經常檢查自己是不是又自負了、驕傲了、看不起別人了。即使你有通天的才能，如果沒有別人的合作和幫助也是白搭。

▷ 忍耐是人生的必修課。有時候要忍耐一生。有些人一輩子到死這門課也不及格！

▷ 無論發生什麼事情，都要首先想到自己是不是做錯了。如果自己沒錯——那是不可能的——那麼就站在對方的角度，體驗一下對方的感覺。

過好主管這一「關」

對於剛剛進入職場的人來說，最先應該做到的就是與主管打好關係，而與主管打好關係的關鍵就是做好分內的工作。

打好和主管的關係的重要性是不言而喻的，因為這直接涉及到個人前途。所以職場裡的人要學會與主管相處的技巧：

一、絕對服從主管安排

身為職場人，特別是初入職場的人，切不可目無主管，應該恪守本份，服從命令，支持主管的工作。對於工作，必須要服從安排，不能過分計較做多做少。遵從主管就是維護團隊，因為整體團隊做好了工作才是真正作好了，沒有任何企業歡迎個人英雄主義。那種對主管的安排陰奉陽違，甚至有意抵制的做法，是任何企業都不能許可的。

二、注意維護主管威信

主管是掌握全局的人，所以不管自己和主管的個人關係怎樣，或者對他的看法怎樣，在工作場合主管就是主管，要以實際行動維護主管的威信，不能當眾頂撞、背後議論主管。特別是在外人面前，對主管一定要以禮相待，不能放肆囂張。

在工作場合，不能和主管過於親暱，在稱呼上，必須稱呼姓氏加職稱；舉止上要對主管表示出敬意，不要顯得隨便、親密，比如在工作場合和主管勾肩搭背等。良好的行為舉止，也是高修養的表現。

不能做到時時刻刻維護主管的威信，在企業內部看來，是缺乏團隊意識和合作精神的表現；在商務夥伴看來，不會維護自己企業利益、連主管都不懂得尊重的人，很難想像他會懂得尊重商務夥伴。維護主管威信與維護企業利益是一致的，所以在這個意義上說，不能維護主管的威信，就是危害企業利益的表現。

三、在主管面前不做是非人

很多主管是很反感員工經常說人是非的，因為愛搬弄是非的人，通常會給企業帶來危害。俗話說：「來說是非者，必是是非人。」工作場合應該多努力工作，而不是把精力放到了別人的是是非非上，比如當著主管的面批評同事，甚至是評判同級、其他部門的主管等。很多人都習慣於換拉思考：你現在在他面前說其他主管、同事的壞話，或許明天又在其他主管或同事面前說他的壞話，在主管看來，這樣的人不僅會使企業內部的凝聚力受到損害，還會危害到企業的外部形象。

四、對主管的錯誤要合理指正

人都會犯錯，當然你的主管也不例外。不過，要想讓犯了錯卻渾然不知的主管明白自己的錯誤，這裡面可是大有學問。相信你對「我是一個很豁達的人」這句話早已不陌生，但當這句話出自主管之口時請千萬別輕易相信。或許，你可能會因為直言指出主管的錯誤而受到賞識，或者是給主管留下不錯的印象，但這種美好的事情一般只能在書上看到，現實中沒有十足把握時千萬不要隨意冒這個險，否則後悔都來不及。

不過也不能對主管的所有錯誤都不聞不問，特別是這種錯誤危及到你所在的團體，或你個人的利益時。聰明的你應該知道要「背著一把梯子」，即在向主管指出他的錯誤時要講究策略，給他一個臺階下。比如公司開會討論的時候，對於主管的意見你有更好的建議，就要先引述、認同主管的某些觀點，然後再發表自己的看法。這樣做，一方面表示已經理解了主管的意思、認同了他的某些見解；另一方面也是一種尊重，當然就容易獲得認同。如果對主管的意見上來就全盤否定，就會讓主管下不了臺，也會危害到主管的威信。

在指正主管錯誤時，切忌站在主管的對立面說話。有些人指正主管的錯誤，往往一下子跳出來，把主管的意思全都否定掉。這種對立的做法過於激烈，不要說主管，恐怕連同事之間遇到這個情況都難以接受。所以，要選擇適當的時機說出來。方案或指示剛一出口，就立即表示反對會使主管產生反抗心理；不要當眾指出主管的錯誤，也不要當場迫使主管表態，尋求和主管單獨相處的機會並在適合個人單獨交談的場合對主管提出不同意見。可以在主管心情平靜的時候，或是靜觀事態發展，等主管的錯誤使他陷入困境的時候再提出不同意見。既使是說自己的想法，也一定要以事實為依據，以增強可行性、合理性，做到以理服人，這樣不僅可以很容易說服主管，而且能夠表現出自己的很高的涵養與工作能力。

還有一點，如果你的同事都對主管的錯誤表示不滿，也不建議你用團體的名義與主管交流，因為這很容易讓主管覺得你們是一起來攤牌的，而你就是那個「出頭鳥」。

一般情況下，聰明的主管會聽懂你的暗示，並且還會感謝你的誠懇與體諒。至於遇到犯錯卻不肯承認，或者是笨到聽不懂你暗示的主管，你也許該考慮「擇良木而棲」了。當然，天底下沒有完美的主管，所以你也可以試著保持一種「視而不見」的心態。更何況，這位聽不進逆耳之言的主管，不會永遠都是你的主管，你或許會因此而成長的更快。

主管每天要處理的事情是很繁雜的，所以在平時的工作安排上，難免也有失誤甚至是有損公司利益的錯誤發生。作為下級，在指正主管的錯誤時，應該採用正確的方法。

［小測驗］第一份工作你能得多少分

1. 你對自己在第一份工作裡的表現總體感覺如何？

A. 優秀

B. 良好

C. 一般

D. 較差

E. 很失敗

2. 你對自己的第一份工作很滿意嗎？

A. 滿意

B. 稍微滿意

C. 一般

D. 不太滿意

E. 很不滿意

3. 你和主管、同事間的關係如何？

A. 很好

B. 還好

C. 一般

D. 有點緊張

E. 很緊張

4. 你做那些負擔很重的工作時是什麼心情？

A. 坦然

B. 相對坦然

C. 感覺一般

D. 有點抱怨

E. 很抱怨

5. 工作中，你的抱怨很多嗎？

A. 沒有

B. 很少

C. 一般

D. 有點多

E. 很多

6. 你經常很樂意接受主管分配的工作嗎？

A. 很樂意

B. 稍微樂意

C. 一般

D. 有點煩

E. 很煩

7. 你願意做那些需要的但很小的事情嗎？

A. 很願意

B. 願意

C. 一般

D. 有點反感

E. 很反感

8. 你願意去主動擔當一些有難度收益不大的工作嗎？

A. 很願意

B. 願意

C. 一般

D. 不太願意

E. 很不願意

9. 每件工作完成後，你的心情如何？

A. 很愉快

B. 相對愉快

C. 沒有感覺

D. 有點煩惱

E. 很痛苦

10. 你對工作的熱情如何？

A. 總是高漲

B. 相對飽滿

C. 時高漲時低落

D. 有點低落

E. 很低落

答案：A 5 分；B 4 分；C 3 分；D 2 分；E 1 分

總分：50分優秀；50－40分良好；40－30分及格；30－20分有點差；20－10分很差。

入職第一天，你該怎樣表現自己

一般情況下，人們很容易以先入為主的觀點，評判初次見面的人。例如他大概很難溝通，他是個自視很高的人、他的能力很強等等，換句話說，人們會因知覺判斷選擇親近或疏遠某人，即使很多人不用言語表示，但行動還是會暴露他們的想法。好比相親時，要是你發現對方其貌不揚，即使面上不能表現出來，心中一定非常的失望。

所以，作為一個職場新人，在入職的第一天，一定要盡力表現出自己好的一面，因為你的主管和周圍的同事在看著你，在對你進行初次的認知，如果你能夠給公司的人一個良好的第一印象，那對於你融入公司，融入一個新的團隊是很有利的。

決定你未來形象的第一天

給人留下第一印象並不需要太長的時間。只需三五秒鐘，也就是一眨眼的工夫，我們就可以記住對方的整體形象。您知道，別人的目光從上到下一打量，對我們的第一印象就已經扎根心中了。如果你認為這麼快就記住的東西，也會很快變得模糊的話，那就錯了，第一印象絕對可以存留很長時間。想改變別人的這種印象是需要很長時間和付出艱苦努力的。

設想一下，一位新來的女員工正站在上司辦公室的候客廳，然後上司走出房間祝賀她第一天上班，但看到的卻是一個散漫地將雙手插在口袋裡、一臉無聊地閒在那裡的小姐，而且她顯得不怎麼積極、對新工作也沒什麼興趣。至於上司對她的這種第一印象會不會很快改變，就很難說了。所以，新員工在入職的第一天，一定要注意自己的形象，因為這決定著你的未來。

通常情況下，新員工第一天上班都要接受入職培訓，比如英特爾公司就有專門的新員工培訓計畫，在英特爾上班的第一天會有公司規範的培訓：各部門的規章制度，在什麼地方可以找到你要的東西等等。然後由經理分給你一個「夥伴」，你不方便問經理的隨時都可以問他，這是很有人情味的一種幫助。英特爾會給每位員工一個詳細的計畫，考慮每一個新入職員工可能需要的支持，然後提供幫助，公司也會隨時追蹤員工的各種表現。此外，新員工還要接受關於英特爾文化和在英特爾怎樣成功的培訓。另外，公司會有意安排許多一對一的會議，讓新員工與自己的老闆、同事、客戶有機會進行面對面的交流。尤其是和高層經理的面談，給了新員工直接表現自己的機會。

入職的第一天對於每一位新員工來說，都非常的重要，因為公司在這一天會對你有很多的考察項目，比如你對新環境的適應能力、你的學習能力和溝通能力、工作協調能力及對公司文化的認同程度等等，所以，新員工入職的第一天要積極的表現出自己的優點，打好與同事、主管的關係，工作積極主動，不懂的要及時請教同事或者主管，切忌不懂裝懂，那樣不僅會把工作做糟，還會給予人不虛心或學習能力差的壞印象。另外，在工作中得到別人的指教或者幫助時，要禮貌的表示感謝。

毫不誇張地說，入職的第一天關係到一個新員工未來的發展走向，所以一定要重視第一天的表現。

帶著陽光去上班

帶著陽光去上班，有兩層含義，一是以陽光般的笑臉面對同事和主管，二是以陽光般的心態面對工作。這一點對於新入職的員工非常重要。

一、上班時，露出你陽光般的笑臉

上班，尤其是上班的第一天，絕不能帶著一副苦瓜臉，否則會在公司的團隊中留下不好相處的印象，這樣不利於與同事打好關係，更不利於與主管打好關係。如果你總是笑臉迎人，總是能和別人熱情的打招呼，就很容易拉近與同事間的距離。陽光般的笑臉表明你對於能夠加入這個團隊感到高興，這是對公司、對同事、對主管的一種內心的認可，只有你認可了別人，別人才會認可你。另外，陽光般的笑臉也是自信的展現，讓同事和主管看到你的自信，你就更容易被這個團隊真正的接納。

二、上班時，保持你陽光般的心態

人有九類基本情緒：興趣、愉快、驚奇、悲傷、厭惡、憤怒、恐懼、輕蔑、羞愧。興趣和愉快是正面的，第三個驚奇是中性的，其餘六個都是負面的。在這九類基本情緒中，兩類是好的，六類是不好的。由於人的負面情緒占絕對多數，因此人不知不覺就會進入不良情緒狀態。而不良的情緒狀態是不利於一個人的工作和生活的。尤其是在工作當中，保持陽光般的心態是做好工作的前提。

（一）什麼是陽光心態

陽光般的心態就是像陽光一樣積極向上，把握現在，成就未來，不僅激勵自己，而且照亮他人，使人生更加燦爛的心態。

塑造並保持陽光心態，對一個人的一生是至關重要的，它會影響到一個人的生活和工作的各個方面。

懷著不同的心態的人，看待食物會有不同的觀點和感受。有這樣一個故事：一位心理學家為了了解人們對同一件事情在心理上的不同反應，來到一所正在建築的大教堂，訪問現場忙碌的工人。心理學家問第一位工人在做什麼？工人沒好氣地說：「我正在用這個重得要命的鐵錘，來敲碎這些該死的石頭。而這些石頭又特別硬，害的我手痠麻不已，這真不是人做的工作。」心理學家又問第二位工人在做什麼？第二位工人無奈地答道：「為了每天 500 美元的薪資，我才會做這件事，若不是為了一家人的溫飽，誰願意做這份粗活？」心理學家問到第三位工人在幹什麼？第三位工人眼中閃爍著喜悅的神采：「我正參與興建這座雄偉華麗的大教堂。落成之後，這裡可以容納許多人來做禮拜。雖然敲石頭的工作並不輕鬆，但當我想到，將來會有無數的人來到這裡，再次接受上帝的愛，心中便常為這份工作獻上感恩。」

從這個故事中我們可以看出來，同樣一份工作，由於每個人心態的不同，認知卻有著如此大的差距。在我們的工作中，當主管交代我們一項新工作時，是不是會出現這兩種情形。有的員工會想：「現在我的工作量已經很重了，主管還增加新的工作，簡直沒辦法接。」因而工作推三擋四，牢騷滿腹。而有的員工卻會想：「主管把這個工作交給我，是對我的信任和培養，透過完成這項工作，我可以學習到新的知識，接觸新的業務，從而使個人的能力得到提高。」顯而易見，第一種員工思想消極，工作得過且過，整日怨天尤人，這種人如果不能及時轉變態度，必將被企業所淘汰。而抱著第二種想法的人才會積極主動的去工作，才能在工作中努力去克服各式各樣的困難，把工作負責任的做好。

（二）如何塑造陽光心態

1. 善於調整心態

在一個競爭環境裡，工作壓力很大，所以，身處職場的人要保持一種良好的心態實屬不易之事，必須具備很強的自我調整能力，良好的心態來源於對周圍事物的觀點，所以，自我心理調節，要從改變對周圍事物的看法開始。如果改變不了事情，就改變對這個事情的態度；如果改變不了別人，就改變自己。一個人因為發生的事情所受到的傷害不如他對這個事情的看法更嚴重。事情本身不重要，重要的是人對這個事情的態度。態度變了，事情就變了。有一個民間故事，從前阿西有 5 個兒子，老大老實，老二機靈，老三瞎眼，老四駝背，老五跛足。這一家真夠悽慘的。但這位阿西卻很懂得改變對現實的態度和看法，他讓老實者務農，機靈者經商，眼瞎者按摩，背駝者搓繩，足跛者紡線。結果全家衣食無憂，其樂融融。這個故事的題目就叫「阿西五子食不愁」。從中我們可以看出，「禍兮福所倚，福兮禍所伏」，沒有什麼事情是絕對好或絕對壞的，如果你肯換個角度去看待問題，也許壞的事情也會變成好的事情。

再比如，古時候有兩個兄弟進京趕考，路上遇到了一口棺材。哥哥說，真倒楣，碰上了棺材，這次考試死定了；弟弟說，棺材，升官發財，看來我的運氣來了，這次一定能考上。當他們答題的時候，兩人的努力程度就不一樣，結果弟弟考上了。回家以後他們都跟自己的母親說，那口棺材可真靈啊。心態往往會影響到人的執行力，從而影響到最後的結果，工作中，如果，對遇到的困難，採取積極的態度應對，解決問題的可能性就會越大。

2. 放下好高騖遠的心態

理想是一步一步實現的，所以職場之人，應該學會享受過程，在追尋理想的過程中，要適當放慢你的腳步，腳踏實地，不能好高騖遠。理想是你前進的動力，可不要讓它成為你的思想負擔。

享受過程就要有活在當下的意識，活在當下的真正涵義來自禪，禪師知道什麼是活在當下。有人問一個禪師，什麼是活在當下？禪師回答，吃飯就是吃飯，睡覺就是睡覺，這就叫活在當下。一個人被老虎追趕，他拚命地跑，一不小心掉下懸崖，他眼疾手快抓住了一根籐條，身體懸掛在空中。他抬頭向上看，老虎在上面盯著他；他往下看，萬丈深淵在等著他；他往中間看，突然發現籐條旁有一顆熟透的草莓。現在這個人有上去、下去、懸掛在空中和吃草莓四種選擇，你說他選擇做什麼？——吃草莓。

他吃草莓這種心態就是活在當下。你現在有把握的只有那顆草莓，就要把它吃了。你把這個問題問幼稚園的孩子，孩子一定毫不猶豫回答，吃草莓。孩子比我們大人快樂，因為他們活在當下。活在當下是一種生活哲學，它的意義在於告訴人們可以把生活或者工作當成一次旅遊，要學會觀賞眼前的美景，不要急著趕路，而把美好的景色忽略掉了。但是，活在當下不等於今朝有酒今朝醉，完全丟棄了自己的理想，從而變成一個樂不思蜀的庸碌之人。

3. 學會放下歷史包袱，沉沒你的消極成本

帶著包袱上路，與輕裝前行的人，哪個走得更快？我想是後者；那麼，又是哪個走得最輕鬆呢？毫無疑問，還是後者。所以，在我們的日常工作或者生活中，要學會放下心理包袱，用輕鬆的心態迎接每一天，這樣，你的每一天都是新鮮的、快樂的。

在經濟學領域有沉沒成本的說法。沉沒成本是指業已發生或承諾、無法回收的成本支出，如因失誤造成的不可收回的投資。沉沒成本是一種歷史成本，對現有決策而言是不可控成本，不會影響當前行為或未來決策。從這個意義上說，在投資決策時應排除沉沒成本的干擾。由此我們可以這樣認為，當一件失敗的事情不可避免地發生之後，明智的人會當它沒有發生。比如你去看電影，發現忘記帶票，你應該重新買一張而不是再回去找。因為前面你的一切準備都已經成了「沉沒成本」，不要把它浪費掉。再比如下棋，你可能下錯了一步棋，但這已屬於「沉沒成本」了，只要靜下心來，就算輸掉也不要緊，一個比賽有十幾盤棋呢，不要影響下一盤棋。歷史性的錯誤是要引以為戒的，但不能讓它成為你繼續前行的心理包袱，所以，在日常工作中也要學會沉沒你的消極成本，丟掉歷史包袱，輕裝前行。

4. 不要讓自己的思維走進死胡同

在一張白紙上畫上一個黑點，然後拿給人看，很多人都只是看到了其中的黑點，這是因為他們鑽進了黑點這個死胡同，黑點被擴大化，因此全然不覺周圍還有著大片的白紙，此時，若可以把眼界放開，把思維放開，不要只盯著黑點，就會發現，周圍是一大片白，而黑點在其中只占一小塊地方。

在現實的工作和生活中，有不少人在遭受到一次挫折或者失敗後，就開始懷疑自己的能力，在內心深處得出「我不行」、「我不是這塊料」、「我這輩子完了」的結論。當人陷於某種困難的時候，點狀思維和線狀思維的人便很不容易跳出那鬱悶、苦惱的情緒。而立體思維的人則不然，他們能在最困難、最不利的境遇中，用最短的時間，讓自己的大腦在廣闊的時間範圍內縱橫馳騁。上下幾千年，縱橫數萬里，有目的地，迅速地去選擇一大堆擺脫困境的方案，然後再在這些方案中篩選最佳方案。這種思維方式本身就是一種享受，一種勝利，所以這種人能對生活常持樂觀態度。有時候，換一種思維方式，對擺脫暫時的困惑很有幫助。有時思維走進一個死胡同，換個角度來分析，從圈圈外來看待問題，這時候視野開闊了，問題反而變得不那麼嚴重。放開你的思維，不要讓固有的思維方式禁錮住你的感知系統，遇到不順心的事，要多想想開心的事，這樣才能保持一種樂觀的心態。

5. 面對壓力要學會避讓

面對沉重的工作壓力，有時候越是迎難而上，越不容易達到你預想的結果。有這樣一個故事，兩隻候鳥要遷徙到南方去，飛著飛著，忽然刮起了大風，本來兩隻鳥已經飛了一段時間，都已經很疲憊了，所以其中的一隻就提議，先休息一會，等風小了再繼續趕路，另一隻卻表示反對，而非要繼續的向前飛，所以，兩隻鳥分開了。等風停了以後，停下的那隻鳥又重新搧動起翅膀，朝著自己的目的地飛去，可是還沒飛多遠，就看到了自己的那個夥伴，不過已經累死在了半路上。從這個故事中，我們可以看出，有時面對困難選擇避讓，未必是懦弱，反而是明智的選擇。

6. 試一試這些簡單的減壓方法

◆適當放慢工作節奏

如果你被緊張的工作壓得喘不過氣來，最好立即把工作放一下，輕鬆休息，這樣以後可能會做得更好。

◆規律安排作息時間

嚴格執行自己制定的作息制度，使生活、學習、工作都能有規律地進行，牢記「文武之道，一張一弛」的古訓。

◆處理好家庭與事業的關係

家庭的和睦與事業的成功絕非水火不容，它們的關係是互動的，正所謂「家和萬事興」。

◆有準備地面對壓力

要充分認知到現代社會的競爭性和挑戰性，對於由此產生的某些負面影響要有心理準備。同時心態要保持正常，樂觀豁達，不因身處逆境而心事重重，要善於適應環境變化，保持內心的安寧。

◆保持寬廣的胸懷

與人為善，大事清楚小事「糊塗」。清代縣令鄭板橋一句「難得糊塗」傳誦至今，就是因為道出了人生至理，避免了許多無謂的「閒氣」，於己於人都有好處。

◆培養自己的業餘愛好

繪畫、書法、下棋、運動、娛樂等能給人增添許多生活樂趣，調節生活節奏，使人從單調緊張的氛圍中擺脫出來，走向歡快和輕鬆。

儀容儀表第一關

「你的外表決定別人看你的眼神」這是爾·楚克邁爾的一句話。這句話說明了一個人的儀容儀表是多麼的重要，特別是在與人初次見面的時候。

保持良好的儀容儀表，是一種良好素養的表現，它表明了對同事及主管的尊重，對工作的重視，另外，很多公司或者企業對員工的儀容儀表都有著嚴格的要求。所以，身為員工，在工作場合，一定要注意自己的儀容儀表，特別是那些剛剛入職的新員工，上班第一天尤其要重視自己的儀容儀表規範。

儀容是一個人的外表，包括最引人注目的頭面部、手臂及腰身等易暴露的部位，還應該包括全身的衣著。在衣著中，主要是衣服的顏色，大小及搭配方式。

儀容中最重要的部位是臉部。評價一個人是不是漂亮，有否魅力，主要是他們的臉部是不是漂亮，有否魅力。組成臉部的主要成分是五官，在五官中最主要的是眼睛，眼睛是一個人儀表的重中之重，是人最核心的部位。人的身體如果有缺陷，經過化妝，可以造成一些掩蓋作用，但眼睛上的缺陷較難掩蓋。我們在生活中，要十分注意眼部的清潔和保養，給眼睛多一些保護，以免眼睛發生意外，從而引起儀表上的重大損失。

手臂也是十分重要和顯著的交際部位。手臂常常裸露在外，從而引起他人的注意。女性滑潤美麗的手臂或男性粗壯健美的手臂都給予人直觀上的美感，是人身體中最具吸引力的部位。其中在握手時，手掌還要和對方直接接觸，給予他人直接的觸覺，一雙用力相握的溫暖手掌給予人力量，會引起對方的信賴和好感。

服飾是我們展示自我的包裝。它的重要性在一句諺語中得到了充分的證明——「佛要金裝，人要衣裝」。衣著是很重要的。在任何情況下，人的穿著都應該與周圍的環境相吻合。當你為特定的場合選擇了相應的服飾時，那就表明，你懂得在什麼場合下穿什麼樣的衣服。相反，如果你繫著領帶、穿一身深色的西裝出現在一家小店裡，而且要在那裡工作，就說明你沒有正確地認知所處的環境。看看周圍的同事們，他們要麼穿著店裡規定的制服，要麼起碼穿著適合工作的服裝。恰當的衣著還會表現出你很有品味，另外，懂得穿著合適的服裝，也是對你要見面的人的一種尊重。比如，你應邀出席一家公司的紀念活動，在這種場合你卻穿著毛衣，外面配一件寬鬆的休閒外套，腳上穿一雙運動鞋，那麼邀請者就會感到你不是很尊重他。因此，要選擇好你第一天上班的服飾，你的穿著既要符合周圍環境，又要適合你本身的氣質。另外，對於職場中的人來說，適當的外貌修飾是必要的，會使自己容光煥發，充滿活力。不過這裡同時要指出，過分的打扮，濃妝豔抹是不適宜的。

人們都說，初步印象非常重要，「先入為主」。給人的第一印象確實非常重要，儘管我們反覆強調看人要看本質或者強調「內在美」等等，但永遠不能輕視給人的第一印象。「外表取人」、「衣帽取人」，迫使交往雙方要注重外在的美。

做好開場白，讓對方記住你

通常情況下，新員工第一天上班，都要先做自我介紹，但是很多人都不重視這次介紹，介紹自己時只是敷衍了事，這樣是不對的。其實，面對你即將加入的團隊，這是你融入這個團隊的開始，一個好的自我介紹，可以讓同事很快就接納你成為他們中的一員，反之，如果對這次介紹不重視，便沒有表現出你要加入這個團隊的誠意，別人自然也不願意接受你。

新員工入職第一天不僅要重視第一次向同事和主管做自我介紹的機會，在介紹自己時還要掌握一定的技巧，這些技巧可以幫助你很好地把自己介紹給大家。

◆保持高度自信

自信的人，往往渾身散發著迷人的魅力，新員工在介紹自己時，要充分展現自己的魅力，這樣很容易讓對方記住你，欣賞你。

◆充分尊重對方

人人都喜歡被尊重的感覺，所以，新員工在進行自我介紹時，要特別表示出自己渴望認識對方，使對方覺得他自己很重要。如果你知道對方的職務，可以多重複一二次地稱呼對方「某處長」、「某主任」千萬不要直呼其名，以表示自己對對方很尊重，且很榮幸結識對方。謙遜有禮的人，不會得不到別人的歡迎。

◆做好自我定位

評價自己時，給自己一個恰當的定位，不要過分誇耀自己，更不要過分謙虛。

◆掌握介紹順序

介紹自己時，要介紹的內容順序很重要，是否能緊握聽眾的注意力，全在於事件的編排方式。所以排在首位的，應是你最要想他記住的事情。而這些事情，一般都是你最得意之處。

◆運用身體語言

不管內容如何精采絕倫，若沒有美麗的包裝，還是不成的。所以在自我介紹當中，必須留意自己在各方面的表現，尤其是聲音。切忌以背誦朗讀的口吻介紹自己。最好事前找些朋友當作練習對象，盡量令聲音聽來流暢自然，充滿自信。身體語言也是重要的一環，尤其是眼神接觸。這不但令聽眾的專心，也可表現自信。

◆注意時間

要抓住時機，在適當的場合進行自我介紹，對方有空閒，而且情緒較好，又有興趣時，這樣就不會打擾對方。自我介紹時還要簡潔，盡可能地節省時間，以半分鐘左右為佳。為了節省時間，作自我介紹時，還可利用名片、介紹信加以輔助。

◆講究態度

進行自我介紹，態度一定要自然、友善、親切、隨和。應落落大方，彬彬有禮。既不能畏畏懦懦，又不能虛張聲勢，輕浮誇張。語氣要自然，語速要正常，語音要清晰。

◆真實誠懇

進行自我介紹要實事求是，真實可信，不可自吹自擂，誇大其辭。

快速適應環境，融入團隊

現代人才的一個標準就是看能不能快速的適應新的環境，是否能夠盡快融入到新的團隊當中，因為，在一個講求效率的社會裡，時間代表了一切，如果一個人不能做到這一點，就不能快速順利地進入工作狀態，對於企業來講，人力資源的投資就是失敗的。

現在很多剛剛畢業的大學生在適應新環境的能力方面就很欠缺，這非常不利於大學生們的自我發展。一個新員工進入一個公司也要適應、融入公司的環境、制度、文化，最終才能夠成為公司不可或缺的力量，才能在工作中盡顯自己的價值。

那麼，大學生如何快速適應職場新環境呢？建議不妨從以下方面努力：

一、首先要調整好自己的心態

進入一個新的環境，及時轉變心態很重要。企業從其創立一直發展到現在這個狀態，都有其存在的理由，新員工進入這樣一個陌生的環境當中，往往需要一段時期的角色轉變，而在更短的時間內完成這種轉變的人往往成長更快。由於人們的思想不同、價值觀不同，對同一件事情的看法也是不同的，有的人可以看到正面，而有的人看到的是反面。「一個硬幣有兩面」，可以說不管什麼事情都是有兩方面的，對於同樣的壓力，悲觀的人逃避，樂觀的人則認為這是對自己的一種鍛鍊，是成長的階梯。要記住：「態度決定一切」，只有你有一個良好的心態，才能夠正確面對各種困難，並會採取措施來解決它，進而提高自己的能力。如果你的心態不是很好，帶著情緒工作，那樣你就會發現工作中到處都是問題，困難多的讓你吃不消。所以說，良好的心態是新員工能夠融入到新環境中的一個首要的條件。

二、給自己一個準確的定位

新員工要給自己一個準確的定位，因為融入企業實際上就是一個在新環境尋找位置的過程，不能夠正確的評價自己，就不能很好的融入到企業當中。新員工只有對自己有了一個清晰的了解、定位，知道自己能夠幹什麼，自己不能夠幹什麼，自己需要培養哪方面的能力，能夠為企業帶來什麼，才能夠發現企業中存在的機會，鍛鍊、提高自己的能力。新員工想成功的願望是好的，但要符合現實的情況，要丟掉不切實際的幻想，腳踏實地的工作，那樣才能夠真正的使自己成長。成功的機遇偏愛踏踏實實的工作者，只有你踏實的工作，準備充分，才能夠抓住成功的機會。如果總是好高騖遠，那結果只能是與成功無緣。

三、重視公司的新員工入職培訓

現在的很多公司對剛入職的新員工都會有一個入職培訓，讓新員工了解公司的歷史及現狀、公司的人事財務、生產銷售制度、公司文化等方面的內容，力求讓員工對公司有一個大致的了解。所以新進公司者應該將入職培訓作為適應公司環境的第一步，認真學習並積極參與，可以讓你盡快地了解公司的現狀和公司文化，為能快速適應這個新的環境做好充分的準備。

四、主動與同事和主管溝通

公司就是一個團體，要想成為這個團體中出色的一員，就必須善於溝通。要與你身邊的同事溝通，這樣可以幫助你熟悉工作規程，處理好與同事之間的關係；要與你的上級溝通，這樣可以確立你的工作職責，同時也會讓上司看到你的努力；要與管理階層的人員溝通，很多公司管理階層在員工試用期間都會與員工進行交流，員工應該主動地與其溝通，講述自己在公司的困惑與不解。透過主動的溝通，可以拉近人與人之間的心理距離，心理距離近了，也就說明你已經融入到了這個團隊當中了。

五、抱著學習的態度進入到工作當中

身為一名新員工，在工作過程中一定要抱著學習的態度，這並不完全出於謙虛的考慮，因為在漫長的試用期裡，你首先要保證的是不出差錯，而不是為公司做出驚天動地的貢獻。所以，一份學習的心態可以讓你在平穩的狀態下開始自己的工作，可以讓你在不被注意的情況下了解公司的狀況，從而在以後更有把握地闡述你的意見，這一點至關重要。很多公司對人才的定位首先就是具備較強的學習能力，一個不會學習的人在這個知識更新如此之快的社會很難有廣闊的發展空間。

切忌你之所以在眾多求職者中脫穎而出，是因為主管對你有信心，認為你能做好這份工作。所以，在進入新的環境中，一定要展現出自己的自信，因為自信的人才有魅力，才能讓團隊中的人樂於與你相處。

六、要學會換位思考

新員工要想更好的融入企業中，必須學會進行換位思考，站在企業的立場上來思考，「如果我是公司，我希望員工做到什麼程度？」要發揮自己的主角的心態，以公司為榮，維護企業的利益，這樣才能夠更好的被企業認可，融入企業之中。

別讓新鮮感亂了方寸

由於剛剛踏上社會，每一名新員工都會對職業產生莫大的新鮮感。職業的新奇讓他們處於一種興奮的狀態。同時這一階段是他們自身適應社會、培養職業素養、鍛鍊職業能力的重要階段。

然而，新鮮感只能維持你對工作短暫的興趣，一旦興奮點過去，很多職場新人就會慢慢開始厭倦自己的工作，然後就是無休止的不斷跳槽，以尋求下一次的興奮點。可是，這樣不但永遠也找不到能讓自己滿意的工作，還喪失了鍛鍊自己的機會，白白浪費了時間。比如下面事例中的小秦一樣。

資訊工程系畢業的小秦至今仍在尋找工作，畢業後的五年中，她連續換了八份工作，從縣政府裡的第一份職業，到某公司的銷售員，又轉而進入一家廣告公司任職……從國營到民營，從領薪水到自己創業，五年的工作生涯就是她不斷探索，不斷變化的職業之旅。每一次跳槽的理由不外乎

「不適合自己」、「工作沒意思很枯燥」等等。然而，當周圍朋友都已經晉升的事實又讓她不安起來。為什麼還沒找到適合的職業？

對於大多數職場人士來說，每個人都必須經過職業的探索階段，即畢業後的一至三年。由於剛剛踏上社會，每一名新員工都會對職業產生莫大的新鮮感。職業的新奇讓他們處於一種興奮的狀態。同時這一階段是他們自身適應社會、培養職業素養、鍛鍊職業能力的重要階段。小秦的頻頻跳槽雖然在她職業的探索階段和創新階段中發生，卻與一般的職業生涯不同。小秦的職業轉換沒有遵循一定的職業習慣，呈現跳躍的職業軌跡反映了她不斷變化、不停跳躍的思維模式。從她職業的選擇來看，公務員到銷售人員，上班族到創業，毫無穩定長期的計畫與安排。她對每一份工作的注意力僅僅能維持半年到一年。

這是「注意力缺失症」的緣故，「注意力缺失症」，又稱「注意力分散症」，是指對某一事情在長時間內無法集中自己的注意力。正是這種症狀導致了人們在職業中無法長時間集中注意力，大腦頻頻跳躍從而致使跳槽率不斷攀升。

小秦在剛剛接觸某一工作之初是帶有一定新鮮感，這是無疑的，可是因為她的這種新鮮感並不能保持很長的時間，所以才造成了她如此頻繁的跳槽。小秦在自己的職業探索階段，往往跟著自己的感覺走，而一旦新鮮感消失了，她便再去追求另外的新鮮感。

其實對於職場新人來說，新鮮感可以讓初入職場的人，保持一種工作熱情，但職場新人一定要注意，不要在這種新鮮感裡迷失方向。也就是說，身為職場新人首先要弄明白這種新鮮感的本質，然後能做到理性地對待這種初入職場時的新鮮感覺。

新鮮感來源於陌生的環境和陌生的生存狀態，有了新鮮感就有了求知的欲望，到了自己不了解的環境，就有了學習的理由，所以新員工在體驗新鮮的同時，要善於學習，以適應新的環境。來到工作場合不等於到了旅遊景點，可以盡情的觀賞美景，釋放心情，可以肆無忌憚的做一些私人的事情，工作場合就是工作場合，初入職場的人一定不要被新鮮感亂了方寸，而要時刻保持頭腦清醒。

不僅如此，還要理性地對待新鮮感，還須弄明白，你工作的熱情不能靠這種新鮮感維持，工作的目的是為了實現個人價值，所以當在熟悉了環境，新鮮感漸漸消失了以後，工作熱情才不會也隨之消失。

［小測驗］入職第一天表現你能得多少分

1. 入職第一天，你的總體表現如何？

A. 非常好

B. 好

C. 一般

D. 不好

E. 很不好

2. 入職第一天，你是否表現得熱情有活力？

A. 很有活力

B. 比較有活力

C. 一般

D. 沒有活力

E. 無精打采

3. 入職第一天，你對自己的儀容儀表滿意嗎？

A. 很滿意

B. 較滿意

C. 一般

D. 不滿意

E. 很不滿意

4. 入職第一天，你與同事的溝通多嗎？

A. 非常多

B. 比較多

C. 一般

D. 不太多

E. 沒有交流

5. 入職第一天，你與主管的溝通順利嗎？

A. 很順利

B. 較順利

C. 一般

D. 不順利

E. 無法溝通

6. 介紹自己時，你覺得同事和主管都記住你了嗎？

A. 都記住了

B. 大部分記住了

C. 有一些記住了

D. 小部分記住了

E. 都沒記住

7. 你喜歡自己將要加入的這個團隊嗎？

A. 很喜歡

B. 喜歡

C. 一般

D. 不喜歡

E. 很不喜歡

8. 你有信心能夠完全融入到這個團隊當中嗎？

A. 很有信心

B. 有信心

C. 一般

D. 沒信心

E. 很沒信心

9. 入職第一天，你是否有很高的工作熱情？

A. 熱情高漲

B. 有熱情

C. 一般

D. 沒熱情

E. 毫無熱情

10. 入職第一天，你對公司的入職培訓看法如何？

A. 培訓很有必要

B. 有收穫

C. 一般

D. 沒收穫

E. 不如不培訓

答案：A 5 分；B 4 分；C 3 分；D 2 分；E 1 分

總分：50分優秀；50－40分良好；40－30分及格；30－20分有點差；20－10分很差。

入職第一件事，打個漂亮仗

「萬事開頭難」，初入職場的人千萬不能被這句話所嚇倒。在你剛剛踏入職場的第一天，面對主管交辦的第一件事，一定不能畏首畏尾，而要勇敢的去面對。這裡說勇敢的面對絕對不是逞匹夫之勇的意思，而是要展現出一種開拓進取的精神，所以新員工在工作的過程中，一定要多學多問，既不能做一個不敢承擔責任的怕事者，也不能做一個有勇無謀的莽撞人。

成功，從第一件事開始

作為職場人的第一要務是對自已的職位負責，你上班後的第一件事就是確立自己的職位職責，了解你的上級和下屬，你的工作對誰負責。

孫子曰：「知己知彼，百戰不殆。」對於一個職場新人來說，更是如此。在進公司以前就要盡量地多了解公司的企業文化、經營理念等。進入公司後，天天和老闆或者上司在一起工作，為了保證你們的工作關係富有成效，並使你們雙方都獲益多多，首先你應該了解你的老闆，特別是你的頂頭上司。

首先，你要了解自己上司的特性。上司特性不同，也就會有不同的擇人標準，如上司工作責任感很強，也就不會喜歡舉止輕浮的下屬；一個性格內向、憂鬱的上司，就不會喜歡一個在他面前大大咧咧、誇誇其談的下屬；一個把自己私人利益看得很重的上司，其擇人首先就看是否對自己個人有利；一個辦事豪爽的上司就更喜歡聰穎敏捷、頭腦機智的下屬。其次，你要了解自己上司的工作作風。當你一接觸上司，從他言談舉止中可以得到比較準確的判斷，比如喜歡在說話時手舞足蹈、藉助強而有力的手勢者，一定具有專制的特徵，因為他要麼是習慣動作，要麼就是在你這個下屬面前故作聲勢；如果說話時總是平易近人、親切和藹者，他本身就沒有在你面前擺上司架子，一定是一個民主型上司，你若是在這樣的上司面前不注意說話的方式，自高自大，那你就必敗無疑。再次，你要了解自己上司的一些需求。上司個人的喜好、利益需求不同，也在一定程度上決定了擇人標準。比如有的上司會找一個互補型的助手，有的上司選擇一個同類型的下屬作為「知己」等等。最後，你要了解上司的好惡。無論是誰，都會喜歡聽一些話，而討厭聽一些話 , 喜歡聽的就容易聽進去，心理上就會覺得舒服，你的上司也不可能擺脫這種情緒。部下要掌握上司的特點，倘若在匯報中插入一些上級平時喜歡使用的詞，自會讓他另眼相看。

此外，對上司的工作習慣、業餘愛好等都要有所了解。如果你的上司是一個體育愛好者，你就不應在他的球隊比賽失敗後，去請示一個需要解決的其他問題。一個精明老練、有見識的上司是會很欣賞一個了解他，並能預知他的願望與心情的下屬的。

總之多多益善，越細越好。為了早日了解老闆的個性，可以先從側面打聽，這絕對不是拍馬屁，而是保證你們的合作愉快，否則會造成不必要的浪費，甚至誤會。

一個女大學生畢業後，剛剛被一家星級飯店錄取，她的職務是總經理辦公室祕書。她進辦公室的第一天，就聽見老闆在碎念另外一個祕書又在咖啡中加太多糖了。老闆聲音很輕，也沒有責備的口吻，也沒有讓祕書重新泡，將就著喝了。祕書向她吐了吐舌頭，扮了個鬼臉，但並沒有行動。第二週，輪到她泡咖啡，她就先用幾個小紙杯分別調製了幾種口味、純度的咖啡，讓老闆挑選。就這麼一個小小的細節，居然令老闆大為感動 —— 連他太太都沒有細心到如此地步。老闆有五十肩，她就到商場買了按摩機。老闆習慣在午餐後小憩一會，於是她就堅守在外間擋駕，不讓沒有急事的下屬或者拜訪者打擾。

有一位名人曾經說過：「只有在做好了第一件事情，才有可能做好第二件事情。當著我們去做好第一件事情的時候，我們的目的就是為了做好第二件事情。」

第一件事意味著什麼？意味著你職場生涯的真正開始，意味著職場的簾幕拉開後你的第一次表演，也許你會因為這次表演而一炮走紅，成為主管眼中的紅人，也可能會默默無聞，淹沒在眾人的身影裡，而不被主管所重視。

做好第一件事也許不意味著成功，但卻意味著成功的開始，良好的開端往往預示著美好的結局，所以職場新人對於主管交辦的第一件事必須要做好，給主管一個先入為主的好印象，為以後的發展鋪平道路。做好第一件事的意義絕不僅限於此，它還可以讓你在團隊中獲得更多的尊重和認同感，更可以增強自己的自信心。

通常情況下，對於新入職的新員工，主管不會交辦一些比較有難度的工作，而往往是一些很小的事情，就是為了考察新員工是不是一個踏實的人，所以新員工絕不能因為事情小就不願意去做，或者做的時候敷衍了事，因為在你做事情的時候，你的主管正在旁邊觀察著你的一舉一動呢。

漂亮仗不是吹出來的

初入職場的人，往往缺少工作經驗，所以更需要一種踏踏實實的精神，就像某學者說的，凡事都要腳踏實地地去工作，不馳於空想，不騖於虛聲，唯以求真的態度作踏實的工作。以此態度求學，則真理可明，以此態度作事，則功業可就。

前面說過進入公司的第一件事，一定要做好，所以，新員工在面對主管交辦的第一件工作時，一定不能掉以輕心。

要想把第一件事情做好，就不能眼高手低，更不要光說不練，這樣的人是任何一個主管都不會欣賞的。作為新員工，工作更要踏踏實實一步一步做起，對自己嚴格要求。在工作過程中，遇到不懂的問題要及時向同事或主管請教，只有這樣才能把工作做到位。

剛進入工作的新人，缺少工作經驗，如果再不肯動腦筋把工作做好，要想出頭就更難了。因此應做到以下幾點：

◆學勤快

上級交代的任何事都要盡力去做，不要偷懶；沒有交代的事只要對公司有利，也要主動去做。例如：主動接聽電話，跑跑腿，打掃環境，招呼客人等，不要擺架子。

◆多請教

遇到不懂的問題要向別人多請教，不要不懂裝懂，或放在一邊不管。

◆少請假

不要隨便請假，或盡可能不請假，否則會讓上司引起反感。

◆肯吃苦

單位一般都會將很單調的工作交給新手做，讓他鍛鍊，因此新人必須能任勞任怨，不管工作多單調，都要努力去做好，不要認為自己大材小用。

◆善相處

剛到一個新單位，「人和」最重要，只要能與同事和睦相處，任何困難都可找人幫忙，不致於孤立無援。

◆忌衝動

新人遇到問題容易感情衝動，愛單刀直入，態度生硬，處事簡單，易得罪人，因此，處理任何事都要三思而行。

◆莫頂撞

要跟上司建立良好的關係，凡事要克制，學會婉轉拒絕，切勿隨意頂撞。

◆少開口

所謂「禍從口出」，不懂的事不要亂發表意見，以免貽笑大方。

◆多學習

有機會和時間應多接受各種訓練，以提高自己的工作能力。

◆守紀律

不遲到早退，服裝儀容整潔，上班時間不聊天，不做私事。

沉住氣，不能自亂手腳

在做主管交辦的第一件事情的時候，由於不熟悉工作流程等因素，難免會出現手忙腳亂的狀況，此時，作為員工來講，手亂沒關係，心一定不能亂，否則，自亂陣腳，局面將無法收拾。

所以，新員工必須學會控制自己的情緒，沉著地面對一切。人在情緒激動時，往往關注範圍變窄，判斷能力下降，思維僵化，動作笨拙，不利於工作、學習及解決問題。另一方面，激動的情緒還會導致身體各器官和生理上的一系列變化，如心跳加快、血壓上升、消化不良等，對人的身心健康造成嚴重的影響，甚至引起疾病。

下面介紹一種穩定情緒的方法：

◆準備工作

請你穿著寬鬆柔軟的衣服獨自進入訓練小屋。基本姿勢；坐在椅子上，放鬆兩肩，肩膀低垂，目視前方，舒展一下身體和頭部，使全身呈優美姿勢。兩手放在大腿上互不相碰，兩腳稍微分開，使身體感到舒適。

◆訓練工作

開始時，手臂、兩腿用力伸展，兩手、兩腳同時用力，使之略有顫抖的感覺。之後一下子放鬆，全身的肌肉會立刻鬆弛下來，練習時要體會和抓住這個感覺。接下來，閉上雙目，重複一遍動作。在放鬆的一瞬間開始做腹式深呼吸，張開口吐盡腹中氣息，停止呼吸片刻，再從鼻孔慢慢吸入新鮮空氣，直至吸飽為止。此刻停止呼吸 1 ～ 2 秒。再張口收腹，慢慢將腹內氣息全部吐盡，腹式深呼吸做完後，呼吸平緩下來，頭腦裡靜靜地浮現出愉快的回憶（回憶在練習之前就要選好。這個回憶應該與自己最美好的經歷和感受連繫著）。在愉快形象浮現的同時，隨著口中念念有詞地複誦幾遍：「我的心裡很安靜。」這時，你會發現自己的情緒逐漸安靜下來。

◆訓練時間

每次訓練時間以 10 ～ 15 分鐘為宜，最好在早起、午飯後和睡覺前進行，掌握訓練要領之後，每遇情緒波動就可以用這種方法來自我調節。

工作中遇到難題並不可怕，怕的就是沉不住氣。面對困難要能夠保持頭腦清醒，還要對自己有信心，相信自己一定可以度過難關，把問題解決。如果問題透過自己的努力實在無法解決的話，還可以請教旁人。

作為職場新人，要有面對困難、挑戰困難的勇氣，要虛心求教，更要有堅強的心理素養，這是很多用人單位非常關注的員工特性之一。

給要做的事安排「順序」

做工作貴在有計畫、有條理，「凡事豫則立，不豫則廢」，這一至理名言十分貼切的表明了做事前，制定工作計畫的重要性。工作計畫制定得好與壞，對於計畫目標的實現有著至關重要的作用。

作為一個剛入職的新員工，更應該在做事前，制定出自己詳細的工作實施計畫，這樣才能保證工作能夠有條理的進行下去，而且對於累積工作經驗也非常有幫助。

制定工作計畫要遵循以下原則：

◆每一件工作都要有計畫

你可以選擇記事本、Microsoft Outlook、Microsoft Project……都是不錯的工具。

◆制定階段性目標

太籠統的計畫跟沒有計畫沒有太大的區別，制定詳細的階段目標可以很好的掌握進度，同時也可以降低風險，及時發現潛在的問題而修正計畫。每天下班前都能發現自己完成了一個目標的感覺應該是一件很好的事情，雖然可能是很小的階段目標，同樣可以鼓勵你把下面的計畫完成。

◆每個階段的持續時間要短

「時間」越長，逾期的可能性越大，這時可以繼續把階段目標細化成若干個更小的階段目標。

◆改變計畫要有充分理由

不要輕易改變計畫，否則手頭的專案將會引入太多的風險。萬不得已才能修訂你的計畫。

◆改變計畫要有適當的機動時間

開發者往往不是決策者，過程中會增加一些重要且無法回絕的需求變化，所以你只能額外設定一些機動時間。

◆保留溝通紀錄很重要

與人溝通時，最好留下備忘錄。

◆堅持實施最重要

沒有實施，計畫什麼都不是。

謙虛謹慎，多向老員工請教

許多初入職場的新人，往往恃才傲物不願請教他人，特別是不願意向公司中的老員工請教，不願意承認老員工比他懂得多，這是一種非常愚蠢的心理。成功者之所以成功，很重要的一點在於他們勤學好問，對不知道、不清楚的事總要問個為什麼。事實上，大學生在學校裡學的理論知識永遠無法替代實踐工作經驗，剛走出校門的你要想利用自己的專業知識獲得企業青睞幾乎不太可能。有一顆謙虛受教的心是非常必要的。

美國電力公司的老闆斯泰因麥茲（Charles Steinmentz）說：「如果一個人不停止問問題，世上就沒有愚蠢的問題和愚蠢的人。」他不斷告訴他的員工：能真正從工作中成長起來的唯一方法便是發問。我們只學我們要學的，你之所以問一個問題便是因為你想知道它的答案；因為你想知道，於是便在心裡牢記它。所以，一個時時產生問號的頭腦是一筆很大的財富，它可以讓平庸者走出事業的低谷，讓成功者更加成功。

作為一名職場新人，你是不是從來沒向上司或同事請教有關工作上的事？或是探討自身的問題？如果答案是肯定的，那麼從今天起，你就應該改變，盡量地發問。職場上，一個涉世未深的新手，向資深而成熟的同事求教，理所當然，絕非可恥的事。職場新人不要認為，像別人請教就是一種示弱的行為，其實，越是有自信的人，才勇於向別人請教問題，越勇於表達自己的問題，進步也就越快。

大學應屆畢業生小李，經過試用期考核，終於被一家保險公司錄取。問及試用期的感受，小李感嘆道：剛到公司的新人都是從跑業務開始，對英文系畢業的小李確實有點難，工作第一天，不知道怎麼拉業務，跑到大街見人就講保險。隨後，他虛心請教老員工，利用業餘時間學習保險知識，最終因為表現突出，被公司提前轉正。

對於老員工而言，你的請教，就表示你在工作上有不明之處，而他們卻能解答。這樣，這些老員工就會產生成就感。因此，聰明的員工都善於向老員工請示問題，徵求他們的意見和看法，把他們的意見融入到工作中去。這樣一來可以降低工作的錯誤率，二來又贏得了他們對你的好感。如此一舉兩得的美事，你何樂而不為呢？但值得一提的是，凡事有度。如果你做工作時，事事都要問過才去做，那就會給人一種缺乏主見的印象，這樣對你在以後的發展是很不利的。

把工作做好，不等於當「悶葫蘆」

「沉默是金」，很多人信奉這句話，也有很多人的確是按這句話去做的。然而置身現代資訊社會，及時溝通已經變得十分重要。在諸多人才輩出的現代組織中，信守「沉默是金」者，無異於慢性自殺。正確的工作態度和工作效果雖然重要，但充其量也只能讓你維持現狀，如果想真正地有所提高，必須主動與老闆溝通。話之所以如此說，就在於許多剛來的新員工，對老闆有生疏及恐懼感。他們見了老闆就噤若寒蟬，一舉一動都自然不起來。就是職責上的述職，也可免則免，或拜託同事代為轉述，或用書面形式報告，以免受老闆當面責難的難堪。長此以往，與老闆的隔閡肯定會越來越深，這樣就會很不利於今後職業的發展。

相互溝通可以調和增強人與人之間的感情，一個新員工，只有主動跟老闆作面對面的接觸，讓自己真實地呈現在老闆面前，才能令老闆直覺地認識到自己的工作才能，才會有被賞識的機會。在許多公司，特別是一些剛剛走上正軌或者有很多分支機構的公司裡，老闆必定要從各個單位物色一些新的幫手。此時，他所選擇的一定是那些有潛在能力，且懂得主動與自己溝通的人，而絕不是那種只知一味勤奮，卻怕事不主動出頭的員工。而肯主動與老闆溝通的員工，總能藉溝通管道，更快更好地領會老闆的意圖，把工作做得近乎完美，所以總能深得老闆歡心。所以，勇敢地把自己展現在老闆面前，才是一種明智的做法。

要與老闆進行溝通，就要學會把握機會。事實證明，很多與老闆匆匆一遇的場合，可能決定著你的未來。比如，電梯裡、走廊上、聚餐時，遇見你的老闆，走過去向他問聲好，或者和他談幾句工作上的事。千萬不要像其他同事那樣，極力避免讓老闆看見，哪怕與老闆擦肩而過也不肯主動說話。能不失時機地表明你與老闆興趣相投，是再好不過了，因為志趣相投的人總是能互相吸引的。

還有，不要把與老闆溝通看作是拍主管的馬屁，因為，你的主動溝通的行為，完全出自於對工作的負責，對自己的負責，而不是來源於齷齪的想法，所以要把與老闆溝通看成是一件積極而有意義的事情。

初入職場的人一定要記住，工作須努力，可千萬不要在工作中當一個「悶葫蘆」。

［小測驗］第一件事你能得多少分

1. 上司交辦的事，你做得如何？

   A. 上司很滿意

   B. 上司較滿意

   C. 一般

   D. 上司不滿意

   E. 上司很不滿意

2. 你認為上司交給你辦的第一件事有意義嗎？

   A. 很有意義

   B. 有意義

   C. 一般

   D. 沒意義

   E. 毫無意義

3. 你是怎麼對待上司交給你辦的第一件事的？

   A. 全力以赴

   B. 認真對待

   C. 一般

   D. 馬馬虎虎

   E. 敷衍了事

4. 你在做上司交辦的第一件事時，事先做了計畫嗎？

   A. 做了詳細的計畫

   B. 做了簡單的計畫

   C. 只是事先想了想

D. 沒做計畫

E. 根本沒把事情放在心上

5. 在做上司交辦的事情的時候，你常常向同事請教嗎？

A. 總是請教

B. 經常請教

C. 偶爾請教

D. 很少請教

E. 不願請教

6. 在向同事請教問題時，你的同事願意幫助你嗎？

A. 很願意

B. 願意

C. 一般

D. 不願意

E. 很不願意

7. 在你做上司交辦的第一件事時，同事對你的幫助大嗎？

A. 非常大

B. 大

C. 一般

D. 不大

E. 沒有幫助

8. 在你做上司交辦的第一件事遇到困難時，你沉住氣了嗎？

A. 泰然自若

B. 心緒很穩定

C. 一般

D. 有點沉不住氣

E. 完全亂了手腳

9. 在做上司交辦的第一件事時，你經常和上司溝通嗎？

A. 經常溝通

B. 會溝通

C. 偶爾溝通

D. 不怎麼溝通

E. 完全沒有溝通

10. 你覺得工作中與上司溝通有必要嗎？

A. 很有必要

B. 有必要

C. 一般

D. 沒必要

E. 完全沒必要

答案：A 5 分；B 4 分；C 3 分；D 2 分；E 1 分

總分：50分優秀；50－40分良好；40－30分及格；30－20分有點差；20－10分很差。

第一次和主管溝通，培植你的「貴人」

亞洲人相信「貴人相助」，也相信貴人是「命」定，有句俗話說「七分努力，三分機運」。人們一直相信「愛拚才會贏」，但偏偏有些人是拚了也不見得贏，關鍵可能在於缺少貴人相助。在攀上事業高峰的過程中，貴人相助往往是造成事半功倍的效果，有了貴人相助，不僅能替你加分，還能加大你的籌碼及成功機率。

有了「貴人」的提攜加之你個人的能力與努力，你的事業一定會步步高升，比別人早一步成功。

朝裡有人好做官

很多人沒有特別背景，自身能力也一般，過著看老闆臉色的日子，有時不免做做夢，盼望一朝得到貴人提攜，從此飛黃騰達。其實只要你留意建立好人脈關係，你會發現，生活中從來不缺貴人，他們可能就是你的朋友、同事，甚至是萍水相逢的人。

在你的事業中總會受到別人關係的影響，凡是能對你的事業施以援手，在某個適當的時候給你建議、幫你解圍，或是提點你，甚至讓你脫胎換骨、產生積極幫助的人，都可能是你的貴人。我們通常所說的「貴人」可能是指某位身居高位的人，也可能是指令你心儀欲模仿的對象，無論在經驗、專長、知識、技能等各方面都比你略勝一籌。因此，他們也許是你老師，也許是你的上司，或者推薦人。有貴人相助，對自己的事業或工作是極其有益的。

有研究顯示：你和世界上的任何一個人之間只隔著四個人，不管你和對方身處何處，哪個國家，哪類人種，何種膚色。不用驚奇，你和歐巴馬或普丁之間也只有四個人，而且構成這個奇妙六人鏈中的第二個人，竟是你認識的人，也許是你的父母，也許是你大學同學，更可能是辦公室裡每天幫你打掃清潔的阿姨……仔細想想，透過清潔阿姨的人際網絡竟可以讓你聯絡到拜登，這是不是很奇妙？

人際網絡好比一個八爪章魚，每一個八爪章魚在每一天每一分裡都在不停地集合、交錯著，只是我們自己常常不自知、不在意，常常和貴人擦身而過！不要只看著人脈中的顯貴，太看重顯貴而忽視其他更多的普通人。在適當的時機，任何一個普通人都可以扭轉乾坤，成為你的大貴人！

但也要注意，毫無誠意的點頭之交等於零，人脈需長時間的累積和沉澱。

機遇和貴人是在適當時候出現的適當的人、事、物的組合體。我們無法控制這種完美的巧合何時出現，唯一能做的就是透過控制自己的人脈來給自己創造更多的可能。

俗話說「朝裡有人好做官」，說白了就是人際關係學，把這門學問學好了，理順了，不怕沒有過不去的檻！其實，在職場中也是如此，在職場晉升的過程中，貴人相助往往是最不可缺少的一環。有了貴人，不僅能縮短晉升時間，還能壯大你晉升的籌碼。

跟人是一門藝術。跟對了人，跟好了人，你上樓時有人扶，過河時有人渡，不小心摔跤了有人替你把海綿墊在身下，落水了有人拋救生圈。反之，若跟錯了人，你在上樓時有人揣，過河時有人拆橋，摔跤了有人踩幾腳，落水了有人扔石頭。另外，還有一種情況也可以是認為跟錯了人，對方想保你、護你、幫你，卻總是心有餘而力不足。

翻開那些成功人士的創業史，我們看到的不僅僅是成功人士單打獨鬥的足跡，往往還會發現貴人的身影在他們身邊。他們緊緊跟隨在貴人身後，受到貴人的提攜與幫助，最後輝煌著貴人的輝煌，或超越了貴人的輝煌。

對於身處職場的人來說，在職場上求發展，有了貴人的幫助，往往能在很多危險時刻化險為夷，從而在職場上一帆風順，即便是平步青雲也沒有什麼不可能的。

主管最欣賞的人

如果你不了解上司的為人、喜好、個性，只顧揮汗如雨的埋頭苦幹，工作再怎麼出色也是得不到上司的賞識和認同的。在工作中多多留意一下主管的言談舉止，品味一下他的為人，了解他欣賞哪類型的員工，並朝這一方向努力，不僅能夠促進相互之間的溝通，也為自己的晉升掃清了障礙。

一、在主管的眼裡理想的下屬應該是這樣的

▷ 你有其他人無可替代的才幹，在一個單位上處於舉足輕重的地位，發揮著一時無人替代的作用。這是被賞識的基礎。即使你一時得罪了一些主管，主管也對你無可奈何。

▷ 良好的人緣，對下級有親和力，對同級與人為善，對主管尊重有加。

▷ 懂得與主管相處的技巧，記住永遠不要與上司發生正面衝突，撕破臉，不顧主管的面子，哪怕是你真理在握，也要時刻維護主管權威。與主管交往要親密有度，保持應有的距離，別大大咧咧，不拘小節。

▷ 什麼時候都不要向主管提非分要求。

▷ 適時給主管一份驚喜。給主管一個驚喜，並不是要給主管送禮，拍馬屁，這個驚喜，可以是一個創造性工作、一個新點子、一個新思路、對主管一個善意提醒，一種生活上關照。驚喜實質上就是主管的關注點、在意點。

二、如何讓主管喜歡

◆表示出你的忠誠

主管一般都把下屬當成自己的人，希望下屬忠誠地跟隨他，擁戴他，聽他指揮。下屬不與自己一條心，背叛自己，另攀高枝，「身在曹營心在漢」，存有二心等等，是上司最反感的事。忠誠、講義氣、重感情，經常用行動表示你信賴他，敬重他，便可得到主管的喜愛。

◆顯示你的精明能幹

主管一般都很賞識聰明、機靈、有頭腦、有創造性的下屬，這樣的人往往能出色的完成任務。有能力做好本職工作，是使主管滿意的前提。一旦被人認為是無識之輩，愚蠢、懶惰，便很危險了。

◆保持你的謙虛作風

謙遜自古以來就是中華民族推崇的一種美德。在今天的社會生活中，我們固然不提倡在什麼問題上都保持一團和氣的謙謙君子行為，但在與主管的相處中，謙遜還是相當重要的。謙遜意味著你有自知之明，懂得尊重他人，有向主管請教學習的意向，意味著「孺子可教」，謙遜還可以讓你得到更多的支持。

◆讓主管看到你的表現

定期將自己的工作進度及所完成的任務上報公司，讓他看到並肯定你的存在及貢獻。

◆要求更多的工作與授權

讓主管感受你對自己的期望與進取精神，這是他們考慮提拔的重要指標。

◆開拓自己的人脈關係

透過建立起來的人脈，不僅可以得到最新的資訊，也能增加你在主管眼中的重量。

◆提早完成主管交辦的工作

在工作中，充分展現自己的工作效率，因為工作效率是主管最為關心的問題之一。

仔細觀察，誰可能是你的「貴人」

在現代這個競爭激烈的社會，職場人最大的挑戰並非如何把工作和事務做好，而是如何將職場人際關係做好。職場人際關係的祕訣就是尋找你的職場貴人。你要如何才能在職場生涯裡處處受歡迎，達到所謂的「人見人愛」。一旦你深受喜愛，互動也會變得很健康，職場的關係也因此變得很圓融，一切事務也會變得更容易的被管，而人也變得更容易被理，這就是「管理」，管就是管事，理就是理人。你在日常職涯中都知道，講到理人，你就會談到職場的人際關係。一個人際關係很好的人，鐵定在職涯中處處得到大家的幫忙，經常有人在難題出現時協助解決事情。這些幫助你的人皆被稱為貴人，因為有貴人，你的職涯會變的更美更精采。在職場生涯裡遇到的貴人，也就是你的「職場貴人」。

一、關於「職場貴人」的理念

關於「職場貴人」這個理念，首先，你必須弄清楚一件事，在今天的職場生涯裡，已不像從前，從前是以個人能力為關鍵，因此造就了很多職場英雄。今天的職場生涯，和團隊有密切關係。今天的成就並不是個人，而是團隊主管。當你了解到今天的職涯不能當獨行俠而是要團體生活，你就會明白到把人搞定方為關鍵。想要把人搞定，你就一定要掌握到人際關係的祕訣，而這個祕訣就是職場貴人。

你要明白的一點就是，自己不可能守株待兔，什麼事都沒做，只等待貴人的出現。你要主動去尋找你的職場貴人，在公司培植自己的職場貴人。

二、誰會是你的「職場貴人」

誰是你的「職場貴人」？你的貴人其實就在你四周圍，他們就像你的小天使，在你身旁守候著你，希望你的努力及付出變得更有價值。他們從來沒放棄過你，默默地在背後支持著你。他們就是你背後隱形的翅膀，一直支撐著你，好讓你能飛得更高和更遠。

以下八種人，有可能成為你的「職場貴人」：

◆真心支持你的人

我常說，如果有人願意支持你，他肯定是你的貴人。當他願意無條件的支持你，只因為你是你，他相信「你」這個人，他接受你。一個願意接受你的人，他肯定是你的貴人。當他知道有小人在你背後中傷你說你的不是，他會支持你，幫你說好話來澄清，替你挽回名譽。

◆經常嘮叨你的人

經常嘮叨你的人，才是關心你的人，因為他在意你，所以他才會嘮叨！他的嘮叨是提醒，在事情發生前，他希望你可以少走冤枉路，他希望你盡快取得進步，盡快獲得成功。

◆肯與你榮辱與共的人

願意與你同甘共苦，陪你一起度過風雨的夥伴，是你的貴人。很多人會在有難時離開你，但是當你有成就時，他們就想要和你一起領功。沒分擔，只要分享。這哪裡可能？可以陪同你分擔一切的苦，分享一切的樂，這就是你的貴人。

◆教導和提拔你的人

他看到你的好，同時也了解到你的不足之處，他能協助你，提拔你，他不嫌棄你，不是你的貴人，是什麼？

◆賞識你的優點的人

如果有個人願意發現你的長處、欣賞你的長處、接納你的長處，那麼這個人肯定是你的貴人。相反，有些上司雖然發現你的長處，但是他未必可以喜歡及欣賞它，更別說接受它！這關鍵在於他們往往會擔心你會對他造成威脅，特別是當你的長處是他缺乏的，這樣的人不會是你的貴人。

◆謙遜有信的人

貴人往往言行一致，講到就肯定做得到，他們往往不喜歡誇大，常會默默地做，做比講來得多。這種貴人具有實力和謙虛的性格。這樣的人最適合作為貴人來培植。

◆始終相信你的人

貴人是絕對不會放棄他的組員的，貴人會相信對方。貴人會視對方無罪，一直到對方被定罪為止，這代表貴人會完全相信他的夥伴，全力支持他、信任他。

◆願意生你氣的人

他還生你的氣，表明他還在乎你。試想想，如果你完全不再愛對方，你會理會他嗎？愛的相反並不是恨，而是冷漠。如果你恨對方，這動作告訴你其實自己還是很愛他，如果你對對方所做的一切，一點感覺也沒有，這叫做冷漠，這才是完全不愛了。所以，不要輕易放棄對你發出抱怨等生氣訊號的人，因為他是你的貴人。

創造時機，闖入「貴人」眼裡

當你的上司，或你接觸到的成功人士，把露臉的任務、挑戰性高的任務交給你的時候，把負擔重、沒人愛做的工作硬塞給你的時候，當遇到好為人師、對你絮絮叨叨的人，或者寬容的客戶、挑剔的客戶等等的時候，恭喜你！你闖入「貴人」眼裡的時候來到了！

要想進入到貴人的眼裡，就需要在你的貴人面前不失時機地表現自己。那麼如何表現自己呢？要把握好以下幾點技巧：

◆在主管面前要勤快，辦事乾淨俐落

事無大小，都爭著做，搶著做，主管心目中就會對你有好的評價。

◆善於察言觀色，領會主管的意圖和潛臺詞

領會其意圖，並非一日之功。常言道：凡事豫則立，不豫則廢。只有平時緊緊圍繞主管關心的點進行思考，才能在掌握主管意圖和工作思路方面有超過其他人的可能。

◆在公共場合表現自己的水準和能力

「不怕不識貨，就怕貨比貨。」是老虎還是貓，牽出來散步就清楚了。主管平時賞識某個下屬，但又怕眾人不服氣，只有把別人「比」下去，讓人心服口服，主管才會感到踏實。

◆在關鍵時刻展現自己的才能

在小事上表現自己的確能獲得主管的好評，但未必能受到主管的重用。能夠在關鍵時刻挺身而出，完成工作，必會得到主管極大地信任和欣賞。

◆注意表現自己的方式

表現自己的優點要注意方式，不要刺激主管，要給主管一種滿足感。

特別是一些高學歷，能力強的人，表現自己的優點時不要與主管形成對比。如果刺激了主管，你的優點也會變成缺點，並不能引起主管的興趣。

抓住貴人，並非套交情、攀關係。以職場新人的身分，這種舉動的風險很大，因為與職業經驗不相符的人際技巧會被認作是圓滑世故。自然的、合理的做法是珍惜一切機會，忘掉自己的喜好，將你喜歡的、討厭的、鄙視的、畏懼的，形形色色的人交到你手中的工作做好，機會就會越來越多，貴人就會越來越多。誰不喜歡一個可以託付任務和責任的新人

呢？又有哪個老闆不是在時時觀察著每一個新人呢？

我們當然知道，抓住貴人的最高境界，是被持有權力、資源的貴人認可並重視，授權和提拔，直奔成功。但是記住，這樣的機會基本上不屬於職場新人。只要你放棄了不切實際的幻想，把注意力放在做好眼前的每件事上，也許哪天你就真的就進入了貴人的眼中！

實力是溝通有效的「硬貨」

靠實力說話才是硬道理，沒有實力，就意味著沒有實際工作能力，哪一個主管會讓一個沒有工作能力而只會逢迎偷懶的人留在公司裡呢？

職場是有能力者的舞臺，在職場上，必須靠本事、憑能力來立足，來獲得主管的賞識，來求得自己的發展。做人之不敢做，想人之不敢想，沒有點實力是不行的。所謂實力是指有才華、有能力，在工作中表現出色，能夠取得比別人更好的成績。如果沒有實力，即使你利用一些技巧獲得了主管的歡心，那也只是暫時的。久而久之，主管就會看出你的實質，一旦老闆對你的實力產生了懷疑，那就注定你在公司裡被判了終身監禁，永無出頭之日了。所謂「實力」是指有才華、有能力，在工作中表現出色，能夠取得比別人更好的成績。

麗華所在的公關部原定只有七人，注定有一人遲早要被裁員，加上部門經理位置一直空缺著，如此便導致了內部鬥爭日益升級，進而發展到有人挖空心思搶奪別人的客戶。麗華不喜歡這樣的氛圍，她只知道老老實實做事，甘當人人背後稱道的無名英雄。她始終默默無聞，只管付出不問收穫，出了名的逆來順受，當然是被裁掉的最好選擇。儘管論學歷、論工作態度、論能力和口碑，她都不錯，但她一直沒有好好地在總經理面前表現自己，總經理也一直以為她沒有什麼能耐。接到人事部提前一個月下達的資遣通知之後，麗華好像當頭捱了一記悶棍一樣，她半天也沒回過神來。她怎麼也沒想到，自己兩年多的努力不僅沒有得到承認與尊重，反而得到的是被裁員的待遇，她實在有點不甘心。

有一天，一個和公司即將簽約的大客戶提出要到公司來看看。這家客戶是一家大型企業，一旦和這家大客戶簽下長期供貨合約，全公司至少半年內衣食無憂。來參觀的人中有幾個是日本人，並且還是這次簽約的決策人物，這是公司沒有想到的。見面時，因雙方語言溝通困難，場面顯得有些尷尬。就在公司總經理頗感為難之際，麗華不失時機地用熟練的日語和日本客人交談起來，隨後麗華陪同客人參觀，相談甚歡。她憑藉自己良好的表達能力和溝通能力，豐富的談判技巧和對業務的深入了解，終於順利地簽下了訂單。

麗華隨機應變的表現能力，以及熟練的日語會話能力，讓總經理對她大加讚賞。她在總經理心目中的分量也悄悄發生了變化。一個月後，麗華不僅沒有被辭退，還暫時代理公關部經理。

一個企業的發展是靠員工的工作來支撐的，因此，員工的實力是一個企業的安身立命之本。做業務的銷售能力強，就能賣出更多產品；做人力資源的能慧眼識千里馬，並能協調公司員工之間的關係，就能應徵與維繫優質的人才；做技術開發的頭腦聰明，肯鑽研，就能開發出更先進的技術。說到底工作還是憑本事、靠實力的，靠人緣、關係也許能風光一時，但也是脆弱的、經不起考驗的。

用私人感情拴牢「貴人」

與主管建立私人關係，成為主管心目中的心腹和自己人，在方法上無非有兩個方面：一是感情投資，二是物質投資。

感情投資，比如週末可以相約出去旅遊、釣魚、吃飯等等，切忌一起玩打麻將之類的賭博活動，提到錢連兄弟都明算帳，何況那是主管！

物質投資，比如節日可以送一些應時的禮品等等。但要注意這種物質投資要掌握好分寸，否則就會形成行賄的事實，也許對於個別的主管，行賄可以造成作用，但對於大多數主管來說，對他行賄無異於自毀前程。

然而用私人感情拴牢貴人，最根本的還是自己要有一定的實力或者讓對方看到自己的好實力，因為只有你有了實力，你的投資才會有效果，就像下面的小許。

小許大學畢業後，進了著名的外商公司，自知英文程度很爛，便死記硬背了所負責產品的英文說明。一日下班後，小許單獨留在辦公室，進來一個中年人，找個座位坐下來就開始用電腦工作。這時，一個客戶電話打進來，正好是詢問小許所負責的產品，因為熟練，所以用英文「顯擺」了一番。電話接完，中年人抬起頭，說了一句：你是小許？英文很棒嘛！

幾句話下來才得知，這位是小許上司的上司的……的老闆，亞洲區的董事長。自此，受到大老闆鼓勵的小許信心大增，英文一日千里。而董事長也經常問起那個英文很棒的年輕人工作如何，出色嗎？引得小許的上司、同事們驚詫無比。

後面就是在董事長的光輝照耀下，小許在職場上可謂春風得意、一路坦途。

［小測驗］第一次和主管溝通你能得多少分

1. 你認為自己的溝通能力強嗎？

   A. 非常強

   B. 有點強

   C. 一般

   D. 有點弱

   E. 非常弱

2. 你覺得你的主管是一個容易溝通的人嗎？

   A. 非常容易溝通

   B. 容易溝通

   C. 一般

   D. 不太容易溝通

   E. 很難溝通

3. 你覺得你的主管會成為你的職場貴人嗎？

   A. 很有可能

   B. 可能

   C. 不清楚

   D. 不太可能

   E. 完全沒可能

4. 你覺得職場貴人對你的職業生涯的幫助會很大嗎？

   A. 非常大

   B. 有點大

   C. 一般

D. 有點小

E. 非常小

5. 你認為自己有可能找到自己的職場貴人嗎？

A. 很可能

B. 可能

C. 一般

D. 不太可能

E. 不可能

6. 你認為自己是主管喜歡的那種人嗎？

A. 肯定是

B. 可能是

C. 不確定

D. 可能不是

E. 肯定不是

7. 你認為可以透過改變自己而成為主管欣賞的人嗎？

A. 完全可以

B. 可以

C. 不知道

D. 不可以

E. 完全不可以

8. 你認為自己能和主管建立起良好的私人關係嗎？

A. 很有可能

B. 可能

C. 不確定

D. 不太可能

E. 既不可能

9. 你覺得自己能夠把握好和主管溝通時機嗎？

A. 能

B. 或許能

C. 不知道

D. 或許不能

E. 不能

10. 你覺得自己的實力足夠強嗎？

A. 很強

B. 強

C. 一般

D. 弱

E. 很弱

答案：A 5 分；B 4 分；C 3 分；D 2 分；E 1 分

總分：50 分優秀；50－40 分良好；40－30 分及格；30－20 分有點差；20 － 10 分很差。

第一次做上司交代的事，就應該做好

對於上司親自交代你的事情，一定不要掉以輕心，特別是第一次做上司交辦的工作的時候，更是應該千方百計把工作做到最好，而且要一次性就做好。

「第一次就把事情做對」是一種追求精益求精的工作態度。許多員工做事不精益求精，只求差不多。儘管從表現上看來，他們也很努力、很敬業，但結果卻總是無法令人滿意。

在行為準則的貫徹執行上「第一次就把事情做好」是一個應該引起足夠重視的理念。如果這件事情是有意義的，現在又具備了把它做好的條件，為什麼不現在就把它做好呢？每個人只有把事情一步一步地做對了，才可能達到第一次就把事情做好的境界。

事情可以第一次就做好

「第一次就把事情做對」（Do it Right the First Time）。這個概念也許令人疑惑：怎麼可能第一次就把事情做對呢？人又不是神仙，怎麼可能不犯錯呢？不是允許合理的誤差嗎？不是允許一定比例的廢品嗎？

但是從豐田公司的全面品質管理和及時生產中來看，人們會驚奇地發現，原來，第一次就把事情做對不僅是可能的，而且是一定要做到的。想想看，整條產線上，每一個零件生產出來之後馬上就被送去組裝，因為沒有庫存，任何一個環節出了問題，都會導致全線停產，所以必須百分之百地「第一次」就把事情做對。

作為剛剛進入公司的新員工，接到上司親自交辦的工作後，往往誠惶誠恐，不知如何是好。這一方面是因為缺乏工作經驗，面對工作無從下手；再者，就是因為剛到一個陌生的環境裡，還不能適應這裡的工作方式。但這並不是做不好工作，進行推脫的理由。因為，既然上司把工作交給了你，絕不是為了刁難你，而是對你有相當的信任，這既是對你的一次鍛鍊，也是一次考察。如果你這個時候打退堂鼓，或最後沒把工作做好的話，會讓上司無比的失望，一旦你在上司的眼裡喪失了信任，那麼這種信任是很難在後期得到彌補的。

新員工在工作初期要想克服種種困難，其實，最主要的就是溝通，與上司溝通，與同事溝通，在溝通中得到幫助，在溝通中掌握工作的技巧，在溝通中協調工作的關係。只要你有勇氣，又善於與團隊中的人進行溝通，那麼。主管交給你的任何工作，你都能順利地完成，即便是，你在做工作前還什麼也不懂。

所以說，事情是可以第一次就做好的，關鍵看你怎麼對待這件事情，是否採取積極的心態來看待這次考驗。

為什麼第一次就把事情做好

如果新員工在入職的第一天就把主管交給你的工作做好了，從自身角度說，增強了自己的自信心，從公司角度說，公司的主管就會對你另眼相看，覺得你值得進一步培養，那麼，你的職場路就會走得平坦許多了。

「只要我們對不應該有的錯誤制定了一個可接受的程度，它就永遠存在；可是，一旦不被接受時，就會自然消失。」克勞斯比（Philip Crosby）一語道破之。如果你想讓某事錯，它一定會錯。「心想事成」的墨菲定律也如是說。因此，零缺陷，不折不扣地符合要求，第一次及每一次都符合要求，無疑是矯正事後補救、得過且過的不良工作作風，培育積極的、預防為主的工作心態的一劑猛藥。古語言：矯枉過正，亂世用重典。只有清楚地了解要求、徹底地了解過程、不折不扣地符合要求、絕不把缺陷留給他人的精神，「不接受、不製造、不流出」的心態，才有可能第一次及每一次都把事情做對，所有與員工、客戶和供應商的關係都獲得成功，從而建成世界級、有用的和可靠的組織。這一切，就意味著：教育、溝通、行動和堅持。

因此，不折不扣地做事，認認真真做人，就是誠信，就是品質保證，也就是零缺陷的心態。我們的核心價值觀中「精準求實」準確地指出了不折不扣地做事，認認真真做人的重要性。精準求實的指導思想就是每一天把每一件事情一次做對，只有這樣的工作品質才能不斷提升，產品品質才能不斷提高，也只有這樣，我們的企業才能在激烈的市場競爭中站穩腳跟，勇往直前。

第一次就把事情做對、做好、做到位，是一個觀念，也是一個良好的習慣。它會節省我們很多的人力、物力、財力，使我們少走很多不必要的彎路。我不喜歡沒有效率的生活，更厭倦重工，我情願第一次多花點時間、多用些精力、多投入點錢，全力把事情做到符合要求，堅決避免一切無謂的重頭再來。

上司最討厭的人和事

一、讓上司討厭的十一種人

◆孤芳自賞的人

這樣的員工往往自視甚高，而實際工作起來卻總是眼高手低，另外，這樣的人也不容易與團隊中的其他人打好關係。

◆遇到問題事不關己的人

工作中遇到問題，雖不屬於你直接負責的範疇，但和老闆相關，切勿事不關己高高掛，盡自己最大能力處理好。

◆凡事三緘其口的人

面對老闆不要總是沉默寡言，這對你沒任何好處。老闆希望員工能夠出謀劃策、各抒己見，提供盡可能多的資訊。

◆太聽話的人

只會執行上司命令，完全沒有自己的主見，這種人老闆不會喜歡。盡力幫老闆想一些好的、有效的方法，不斷改進工作方式，推陳出新。

◆背後議論上司的人

這是與人相處的一大禁忌。自以為上司不會知道背後的議論，但沒有不透風的牆，謠言總會不脛而走，使你的前途岌岌可危。

◆隨遇而安的人

不思進取的人大多安於現狀，不想做任何改變。而現今社會飛速發展，如不及時給自己充電，早晚會被淘汰。

◆爭功諉過的人

這樣的人往往太過於計較個人私利，不容易與同事團結相處，不利於公司的團隊作戰。

◆拒絕加班的人

敬業的人從不計較工作時間的長短，他們會把工作中取得了多少成績，自己學到多少東西放在首位。老闆最喜歡這樣的員工。

◆不善交際的人

在大公司，許多人只局限於與同部門人員來往，不與其他部門的人聯繫。要知道我們都是社會人士，相互聯繫，相互制約，至少得知道所在大企業的主要管理者是誰，他們的處事哲學，你所在的部門與整個公司有何關聯。

◆既然預定了假期就不可改變的人

多數老闆希望下屬能隨時調整自己的行程表，適應公司工作需求。公司總會遇到很多突如其來的事情，如公司合併、新產品發布等，這時即使你處於休假時間，也應該放棄，迎合公司的要求。

◆不能勇於任事的人

這樣的員工缺乏銳意進取的精神，也很沒有責任感，他們在遇到棘手的工作時只會往後站。

二、讓上司討厭的事

▷ 上司不會喜歡有的員工經常忽略平級和下級關係，不留心人際關係。

▷ 上司最為反感的就是，有些員工頻繁越過本級上司與上級打交道，還常自認為有靠山就沾沾自喜，目空一切，甚至經常打小報告。

▷ 上司很討厭有的員工在他面前發牢騷，一接到工作，就抱怨，就想把工作推開，強調客觀，亂講話。

▷ 上司最看不慣有的員工考慮範圍過於狹窄，而不考慮整體。

▷ 上司討厭員工剛有了一點功勞就大肆的自誇自播，把功勞全都攬在自己的頭上。

▷ 上司不會容忍員工對於明顯做不到的事也隨口答應，之後任務失敗，又找理由。

▷ 蔑視上級，喜歡在同級、下級面前講上司不足的人，上司一定讓他走人。

▷ 認為自己水準比上司還高，對上司交辦的事不在乎，甚至不落實、不執行的人，上司不會姑息。

▷ 愛挑撥是非的人，上司堅決予以清除。

讓零缺陷成為你的習慣

許多人總是認為工作中缺陷是不可能避免的，也習慣接受缺陷並容許其不斷發生。但我們在個人生活中，卻常常會堅持零缺陷的標準。我們會對飯店的上菜時間延遲而喋喋不休，會對交通工具的誤點而牢騷滿腹，對衣服的一處線頭外露不厭其煩地反覆更換，會為薪資獎金比同事低一點點而心情不暢，我們會對小孩考試得 99 分而未得到滿分而高聲喝斥，我們會……總之，生活中的一些細小的缺陷、錯誤，我們均不能容忍。

實際上我們大部分人一直堅持雙重標準，一個是生活上追求完美無缺陷的零缺陷標準，一個是工作上馬馬虎虎、差不多就行的標準。如果我們在工作上也堅持零缺陷的標準，每個人都堅持第一次做對，不讓缺陷發生或需要第二次工序或其他單位補救。我們的工作中就可以減少太多處理缺陷和失誤造成的成本，工作品質和工作效率也可以大幅度提高，經濟效益也會顯著成長。

「零缺陷」其實是一種心態：不害怕錯誤，不接受錯誤，最不能容忍重複犯錯。

許多年前，胡適先生的名作〈差不多先生傳〉所傳達的精神，恰恰切中我們亞洲人的要害，那就是凡事抱持一種「差不多」的態度。因此，「零缺陷」作為「差不多」的天然剋星，其核心就是要改變人們對待錯誤的態度，「第一次就把正確的事情做對」，而不是傳統的「知錯能改，善莫大焉」。

［小測驗］第一次做上司交代的事你能得多少分

1. 你覺得自己第一次做上司交代的事情，成功的機率大嗎？

    A. 很大

    B. 大

    C. 不知道

    D. 不大

    E. 很小

2. 你願意為了做好上司交辦的第一件事而全力以赴嗎？

    A. 非常願意

    B. 願意

    C. 一般

    D. 不願意

    E. 極不願意

3. 你認為做好上司交辦的第一件事對自己以後的職業生涯的影響大嗎？

    A. 非常大

    B. 大

    C. 不知道

    D. 不大

    E. 沒有影響

4. 你知道什麼是無缺陷管理嗎？

A. 很了解

B. 略有耳聞

C. 一般

D. 不太了解

E. 完全沒聽說過

5. 你了解上司討厭的人和事嗎？

A. 很了解

B. 了解一些

C. 一般

D. 不太了解

E. 很不了解

6. 你認為自己可能是上司討厭的那種人嗎？

A. 極不可能

B. 不太可能

C. 不知道

D. 可能

E. 很有可能

7. 你覺得你做了讓上司討厭的事了嗎

A. 沒有

B. 好像沒有

C. 不知道

D. 好像有

E. 有

8. 你預防錯誤發生的能力強嗎？

A. 非常強

B. 比較強

C. 一般

D. 比較弱

E. 非常弱

9. 你願意把工作做得既標準又完美嗎？

A. 很願意

B. 願意

C. 一般

D. 不願意

E. 極不願意

10. 透過個人努力，你認為自己可以把工作做得既標準又完美嗎？

A. 當然可以

B. 可以

C. 不確定

D. 不可以

E. 完全不可能

答案：A 5 分；B 4 分；C 3 分；D 2 分；E 1 分

總分：50 分優秀；50 － 40 分良好；40 － 30 分及格；30 － 20 分有點差；20 － 10 分很差。

第一次參加公司會議，就把話說好

開會也是職場中日常工作的一部份。大部分新來的員工，比如你，對會議非常恐懼。因為會議的時候，你的面前坐著這麼多的上司，你的一舉一動都在他們的眼裡，並且還有可能不得不被要求發表一些意見，所以你十分討厭開會。其實，你應該明白，會議是個非常好的展現個人才華的機會，特別是如果每天都能在你的上級、你上級的上級面前展示你潛在的才華的話，那麼你離晉升的日子就不遠了。

一個珍珠在蚌殼裡，它只是個結石而已，只有被有眼光的人發掘出來，它才變得有價值。如果你認為自己不是個結石，那就需要展示自己，讓那些有權力發掘的人看到。

掌握必要的會議禮儀知識 

一、參加會議的禮儀

▷ 參加會議應穿著整潔，提早到達會場，服從會議人員的安排，講究禮節。

▷ 坐在主席臺上的人應按要求就座，姿態端正，不要交頭接耳，不要擅自離席。當聽眾鼓掌時也要微笑鼓掌。

▷ 會議上需發言的人，儀態要落落大方，掌握好語速、音量。注意觀眾反應，當會場中人聲漸大時，則表示你該壓縮內容，盡快結束。發言完畢應向全體與會者表示感謝。

▷ 與會者即使對發言人的意見不滿，也不可吹噓聲、喧譁起鬨，因為這些行為極其失禮。

二、會議就座禮儀

▷ 如果受到邀請參加一個有安排座位的會議，最好等待引導到座位上去。

▷ 通常會議主席坐在離會議門口最遠的桌子末端。主席兩邊是參加公司會議的客人和拜訪者的座位，或是給高階管理人員、助理坐的，以便能幫助主席分發有關資料、接受指示或完成主席在會議中需要做的事情。

▷ 如果會議中有很特殊的規定，例如，如果有從其他國家的其他公司來的代表，那麼包括那個公司的高階代表，會坐在長會議桌的中間，您的公司的高階管理人員坐在他們的對面，都在自己的身邊坐著自己公司的職員，而會議桌的兩端則空著。

▷ 通常客人坐在面對門口的座位上。

▷ 儘管座位的次序不像正式宴會上男女相間隔坐，業務會議不應區分性別，不應男女坐對面。

三、參加會議的肢體語言規範

在非常輕鬆自如的環境中，或在希望人們能暢懷交談，共同分享快樂的環境中，對穿著和舉止的要求就相對較少，而更多地要考慮個人的風格和包容別人的意見，如業務、培訓研討會、職員大會等。在這種場合，你的表現必須坦率開朗、受人歡迎。以下是在這種情況下所要注意的幾個方面：

▷ 在衣著上不要穿看上去誇張的服裝和令人分心的裝扮，如圍著一條長披肩，或經常需要用手梳弄你總是垂到臉上的頭髮等來分散聽眾們的注意力。

▷ 你必須在非正式的交際場合中運用與正式場合中完全不同的手勢、舉止和聲音來鼓勵別人。你的提議會引起人們的討論，因此你仍需注意自己的姿勢。不要死板地站在那裡，最好能環場漫步，伸出你的手來邀請某人做特別的演說，輕鬆恰當地拍拍別人的肩膀或手臂，以示友好。

▷ 始終坐在某處聽別人的講話，那麼你很快就會成為聽眾的一部分。當別人演說時，作為一個積極認真的聽眾，你必須始終注視著講話者，好像他們的講話內容非常有用可取的，即便事實上並非如此。增強別人闡述意見的勇氣，並加以記錄。反覆強調與會者所提出的要點，當你同意演說者的意見是你就點點頭；如果你不同意他的觀點，你應該把它放在心裡而不應該將它表面化；要給別人駁斥相反意見的機會而不是總是去反駁別人、提出自己的新看法。

▷ 主持非正式會議的能力對建立你的聲望和打好你與的同事、部下以及上級之間的關係有著非常重要的作用。你應該尋求一種方法，讓與會的每個人即便是在維持主持人的聲譽時也對你的這種參與感到愉快、心情舒暢。

別讓緊張情緒影響

一、找出產生緊張情緒的原因

▷ 開會前沒有做充足的準備

▷ 對於在會議上的表現缺乏自信

▷ 害怕在會議上表現失敗

▷ 沒有類似的開會經驗

▷ 欠缺幽默的細胞

二、如何緩解緊張情緒

▷ 熟悉會議場地，對場地越熟悉，緊張的氣氛就會相對地也越小。

▷ 在會議開始之前，和同事或者主管做一個簡單的交流和溝通，這樣也可以減少你緊張的情緒。

▷ 進行自我激勵：給自己打氣，在腦海中樹立起這樣的信念，我可以，憑藉自己的實力我能表現得很好。

▷ 會議開始之前做深呼吸。這非常重要，深呼吸可以有效地調節心態，使你緊張的情緒有所緩解。

▷ 開會發言時，盡量表現出自己幽默的一面，因為，幽默可以很容易博得別人的認可，也可以直接緩解自己內心的緊張。

▷ 開會時，你至少還可做一件事來自我放鬆，不要把時間花在考慮自身狀態，你應該把注意力轉移到別的事情上，努力傾聽你前面每一個人的講話，專心致志於他們的講話內容，等輪到你講話時，你就不會過分緊張了。

三、會議上如何克服與主管溝通的緊張情緒

▷ 要熟悉你的業務，做到對他的問題不陌生。

▷ 把主管當朋友，當聊天就行了。

▷ 不要刻意去看上司的眼睛，那樣你們會交流自如的。

▷ 不斷告訴自己，我不緊張。

▷ 他是一個大齒輪，你是一個小齒輪，大家都是齒輪，需要相互配合，共同完成工作，還要創造和諧的氛圍，就這麼回事。何懼之有？

把話說好的基本功

把話說好，說透是一種本事。西方的一位哲人說過這樣一句話：「世間有一種途徑可以使人很快完成偉業，並獲得世人的認可，那就是優秀的口才」。

口才的表達是一種訓練，也是一種藝術。只有口才的正確使用，才能事半功倍，完美無缺。

職場新人在參加公司會議的時候，充分發揮自己的口才，是向別人展現自己實力的最好方法，是博得上司好感的最佳途徑。所以，職場新人一定要重視公司的會議，重視自己在會議上的發言，注意培養自己的口才與技巧。

一、會議上發言的幾點技巧

▷ 了解會議議題，準備好發言稿，然後按照會議議題進行發言；

▷ 發言時要注意觀點一定要明確，立意一定要深刻；

▷ 發言時注意保持思路清晰，語言要有邏輯性強，做到有條有理；

▷ 發言的內容要有新意，有衝擊力，有震撼力，有影響力；

▷ 語言高度精練，能準確概括出所要表達的意思；

▷ 重視語言，要使用專業術語。

二、會議發言禮儀

▷ 發言時應口齒清晰，講究邏輯，簡明扼要。如果是書面發言，要時常抬頭掃視一下會場，不能低頭讀稿，旁若無人。發言完畢，應對聽眾的傾聽表示謝意。

▷ 自由發言則較隨意，應要注意，發言應講究順序和秩序，不能爭搶發言；發言應簡短，觀點應明確；與他人有分歧，應以理服人，態度平和，聽從主持人的指揮，不能只顧自己。

▷ 如果有會議參加者對發言人提問，應禮貌作答，對不能回答的問題，應機智而禮貌地說明理由，對提問人的批評和意見應認真聽取，即使提問者的批評是錯誤的，也不應失態。

▷ 說明績效時，一定要實事求是，力戒阿諛奉承。提出批評時，態度要友善，切勿誇大事實，諷刺挖苦。與其他發言者意見不合時，要注意「兼聽則明」，並且一定要保持風度。切勿當場對其表示出不滿，或是在私下對對方進行人身攻擊。

三、提高語言表達效果的方法

▷ 適當運用修辭手法，如排比、比喻、誇張、設問等；

▷ 恰當運用名人名言，造成畫龍點睛的作用；

▷ 顯示個人風格，如幽默風趣、嚴謹有力、樸實大度、輕鬆活潑等；

▷ 到什麼山上唱什麼歌，根據聽眾的情況調整講話內容。

拿出「真東西」來

一項調查表明，企業 80% 的員工晉升來源於其在會議上的表現引起上司的注意和賞識。因此，作為一名初入職場的新員工應該視公司的一些重要會議為展現自己的最佳舞臺。

第一次參加公司會議，就把話說好

新員工在參加公司的會議的時候，除了要掌握一些必要的會議禮儀和會議技巧外，還應該特別注意的就是，在會議上要充分展示自己的實力，把自己的「真東西」亮給上司看，只有這樣才能讓上司充分看到你的價值，從而更加重視你、培養你，有了上司的賞識和精心培養，你唯一要擔心就是將來有沒有更為廣闊的空間來讓你翱翔了。

自己的實力是個客觀的存在，可是，要想把自己的實力在會議上全部展現出來就需要在主觀上做出更多的努力了。首先，作為與會者的你應該先從心態上重視這次會議，會議開始前做充分的資料準備和心理準備；其次，在會議進行中，要善於掌握發言的時機，不要在別人講話時插話，或在自己並不擅長的議題上亂發言；還有，在發言的時候，要保持頭腦清晰，這樣才能思路敏捷，有了敏捷的思路，才能有出色的發言。在發言的時候，充分展現出自己的各方面能力，包括思維能力、應變能力、溝通能力等等，因為這些都是你的上司最為看重的。最後，有一點是要注意的，就是在展現自己的時候，切忌顯露出刻意表現的痕跡，否則會給上司或者同事一些不利於自己的印象，比如，他們會覺得你很高傲、很輕浮，這樣就得不償失了。

新入職的員工千萬不要因為害羞或者不自信，在參加會議時保持沉默，你要知道很多機會都在你的沉默中消逝了，公司的會議是個交流的平臺，而你更應該把它看成是展現能力和才華的大好時機。

不要獨自侃侃而談

新員工參加公司會議時，一定要注意在會議上表現自己，但切忌表現過頭，在會議發言時，講話要注意抓住主題，言簡意賅，切忌誇誇其談，不著邊際。更不可滔滔不絕的說個沒完，「處世戒多言，言多必失」，在會議上說多了，難免出現漏洞讓主管或者同事察覺，從而影響他們對於你的評價。另外，公司會議是為了工作交流，凡與會者都應該有發言的機會，如果你獨自侃侃而談，勢必會占用他人的講話時間，影響到會議的進行。

在會議上應該發言時應該用簡明扼要的語言把自己的觀點講明白，並不是說得越多越好，因為上司關注的不是你說了多少話，而是要看你說了什麼話。所以，新員工要把主要精力放在講話內容的準備上，讓自己說的每一句話都有價值，字字都有分量，這樣更能打動上司。如果你講話滔滔不絕，但都是不著邊際的話，那反而會引起上司的反感及對你實力的懷疑。

新員工在公司會議上，要注意傾聽別人的講話，這是敏而好學的表現，上司和同事大都喜歡謙虛有禮而又好學上進的人加入他們的團隊。在會議上認真傾聽別人的講話，不僅是對講話人的尊重，而且還會從講話者的口中學會很多的東西，這些東西或許對你以後發展有著很重要的作用。

侃侃而談是健談的表現，是溝通能力強的表現，而溝通能力確實是現代企業人才的必備能力之一。但是，溝通能力強不一定表現在能說會道上，而更多的是因為你總是能夠言之有物。所以，在第一次參加公司的會議時，不要為了急於表現自己，而講話滔滔不絕。獨自的侃侃而談會使你處於被動地位，且很容易給別人留下不好的印象。

用積極的態度傾聽並用眼神回應講話者

口才好、能說會道只是交際能力強的表象，其實，善於傾聽的人才是真正會交際的人。會說的，有鋒芒畢露的時候，也常有言過其實之嫌，話說多了，稱誇誇其談，油嘴滑舌，說過分了還導致言多必有失，禍從口出。靜心傾聽就遠沒有這些弊病，倒有兼聽則明的好處。注意聽，給人的印象是謙虛好學，是專心穩重，誠實可靠。認真聽，能減少不成熟的評論，避免不必要的誤解。善於傾聽的人常常會有意想不到的收穫；蒲松齡因為虛心聽取路人的述說，記下了許多聊齋故事；唐太宗因為兼聽而成明主；齊桓公因為細聽而善任管仲，劉備因為恭聽而鼎足天下。有不少研究顯示，也有大量事實證明，人際關係失敗的原因，很多時候不在於你說錯了什麼，或是應該說什麼，而是因為你聽的太少，或者不注意聽所致。比如，別人的話還沒有說完，你就搶著說，講出些不得要領不著邊際的話，別人的話還沒有聽清，你就迫不及待的發表自己的見解和意見，對方興致勃勃的與你說話，你卻心蕩魂遊目光斜視，手上還在不斷撥弄這個那個，有誰願意與這樣的人在一起交談？有誰喜歡和這樣的人做朋友？一位心理學家曾說：「以同情和理解的心情傾聽別人的談話，我認為這是維繫人際關係，保持友誼的最有效的方法。」

可見，說是一門藝術，而聽更是藝術中的藝術。傾聽，是對他人的一種恭敬，一種尊重，一份理解，一份虔誠，是對友人最寶貴的餽贈。傾聽，是心的接受，是熱的傳遞，誠摯的情感在祥和中奉獻。傾聽，是智者的寧靜，猶如秋日蒽蘢，深邃的思想於無聲中收成。

我們不必抱怨自己不善言辭，只要我們認真傾聽，我們就會贏得友誼，贏得尊重。

職場新人在參加會議時，必須掌握積極「傾聽」的要訣，想盡辦法克服聽力障礙。

◆傾聽時態度要專心

專心的聽對方談話，態度謙虛，始終用目光注視對方。不要做無關動作：看錶、修指甲、打哈欠……人人都希望自己講話能引起別人的注意，否則，他講話還有什麼興趣，還有什麼用呢？

◆適時提出一些問題

憑著你所提出的問題，讓對方知道，你是仔細的在聽他說話。而且透過提問，可使談話更深入的進行下去。例如：「造成這種現象的原因使什麼呢？」「他為什麼要這樣做？」

◆切忌打斷對方講話

講話者最討厭的就是別人打斷他的講話。因為這樣，在打斷他的思路的同時，又讓他體會到你不尊重他。事實上，我們常常聽到講話者這樣的不平：「你讓我把話說完，好不好？」

◆不斷引入新話題

人們喜歡從頭到尾安靜的聽他說話，而且更喜歡被引出新的話題，以便能藉機展示自己的價值。你可以試著在別人說話時，適時的加一句：「你能不能再談談對某個問題的意見呢？」

◆表示出對對方話題的忠誠

無論你多麼想把話題轉到別的事情上去，達到你和他對話的預期目的，但你還是要等待對方講完以後，再岔開他的話題。

◆表達自己的意見要有技巧

不要表示出或堅持明顯與對方不合的意見，因為對方希望的是聽的人「聽」他說話，或希望聽的人能設身處地的為他著想，而不是對他提意見。你可配合對方的證據，提出你自己的意見，比如對方說完話時，你可以重複他說話的某個部分，或某個觀點，這不僅證明你在注意他所講的話，而且可以以下列的答話陳述你的意見。如：「正如你指出的意見一樣，我認為……」「我完全贊成你的看法」。

◆掌握講話者的真實意圖

一個聰明的傾聽者，不能僅僅滿足了表層的聽和理解，而要從說話者的言語中聽出話中之話，從其語情語勢，身體的動作中演繹出隱含的資訊，掌握說話者的真實意圖。只有這樣，才能做到真正的交流、溝通。

認真按照這些要求去做，你一定會成為一個成功的傾聽者。

職場新人參加公司會議除了要用心傾聽別人的講話外，還要適時地做出回應，比如用眼神回應對方，會讓對方對你產生好感。

人的眼神是面部表情中最豐富生動的，也是最善於傳情達意的。在人與人的交往中，語言固然是重要的手段，但有的時候不用語言也能達到交際目的，那就是透過眼神來表達情感和思想。許多時候，甚至無聲勝有聲。所以，在人際交往中我們別忘了用眼神來傳遞禮儀，眼神的運用是頗有講究的。

新員工參加公司的會議，當別人發表講話時，要用積極的眼神來做出必要的回應，因為用眼睛和別人溝通，不僅表明你很自信，同時也表示你對別人很尊敬。所謂積極的眼神就是肯定的眼神，有時候你肯定的可能是講話者的觀點，也有可能講話者的觀點你並不贊同，但你同樣要做出肯定的表示，這時你可以肯定他的幽默的語言或者優雅的談吐等等。不要在別人講話的時候，到處張望，顯出一副心不在焉的樣子，這樣是極不禮貌的行為，不僅會令講話者感覺不愉快，也會讓其他的與會的人覺得你的素養不高。

在會議上，用眼神和講話者進行交流，所傳遞的內容是非常豐富的，有些並不適合用語言來表達的資訊，用眼神來傳遞就顯得很自然，比如一些讚美的資訊，用語言來表達可能就有被人扭曲的可能，可是如果用眼神來傳遞這種資訊，就不可能覺得你是言不由衷了。

用積極的眼神回應講話者，是會議禮儀的要求，善用眼神來傳遞資訊卻可以給你帶來許多意想不到的收穫，比如，你可以得到講話者的感激和信任，得到別人良好的評價等等，這對於身處職場的你來說，是非常重要的。

讓所有人感到你是真誠和負責任的

對工作的負責任改變了一個人的命運。生活中的你是不是也有如此的態度呢？答案可能並非如此。有的人，在默默無聞地做工作，事事都能完成的很好。可是，最後升遷的卻不是你，而是別人，你的工作積極性受到了嚴重的打擊。有的人，天天無所事事，有事別人代勞，最後卻能如願以償，得到提升。這種情況，事實是存在的。但是，你有沒有想過，是金子在哪裡都會發光的。只要自己對工作負責，做好本職工作，堅持不懈。還要在工作中善於創新，善於總結，這些東西都是自己的。誰也拿不走的。總有一天你會事業飛黃騰達的。

初入職場的你也許還沒有擺脫學生的天真，也許還像一個懵懂的小孩，什麼也不懂。第一次參加公司的會議，也許你會因為缺少工作經驗而說錯話、做錯事，但這都沒關係，不懂可以學，沒經驗可以累積。只是有一點，你要知道，對於工作你雖然還處於適應和了解的階段，可作為一個人，你已經成年了，所以工作可以暫時做不好，但做人一定要做好。因為，無論哪個公司都很看重員工的人品。

在參加公司會議的時候，要大膽地表達出自己的觀點，說錯了沒關係，只要你抱著真誠和認真負責的態度，就一定能夠贏得主管和同事們的認可。誰都願意和真誠的人交往，無論是在生活中，還是在工作中。在公司的會議上表現出你的真誠，就為你融入這個團隊打下了良好的基礎。讓主管看到你的責任心，就能獲得主管的信任，有了主管的信任，才有你職業生涯的一路坦途。

[小測驗] 第一次參加公司會議你能得多少分

1. 你很了解會議的禮儀知識嗎？

A. 很了解

B. 了解

C. 了解一點點

D. 不太了解

E. 很不了解

2. 你參加公司的會議時，自己的禮儀得體嗎？

A. 很得體

B. 得體

C. 不知道

D. 不得體

E. 很不得體

3. 你覺得自己第一次參加公司會議時很緊張嗎？

A. 非常放鬆

B. 不緊張

C. 有點緊張

D. 很緊張

E. 緊張地不能思考

4. 你覺得自己在會議上的發言有沒有得到上司和同事的認可？

A. 肯定有

B. 可能有

C. 不知道

D. 好像沒有

E. 肯定沒有

5. 你擅長在會議發言時運用必要的語言技巧嗎？

A. 很擅長

B. 擅長

C. 一般

D. 不太擅長

E. 不擅長

6. 你覺得在公司會議上把自己的實力完全展現出來了嗎？

A. 完全展現出來了

B. 在一定程度上展現了自己的實力

C. 一般

D. 沒有展現出自己的全部實力

E. 完全沒有展現的機會

7. 在公司會議上，你是否做到了言之有物、字字千金？

A. 是

B. 可能是

C. 不確定

D. 可能不是

E. 不是

8. 在公司會議上，你積極地回應別人的講話了嗎？

A. 很積極

B. 較積極

C. 一般

D. 不太積極

E. 不積極

9. 在公司會議上，你表現出自己的真誠跟負責了嗎？

A. 表現得淋漓盡致

B. 表現出來了

C. 不確定

D. 沒有表現出來

E. 不知如何表現

10. 你滿意自己在會議上的表現嗎？

A. 很滿意

B. 相對滿意

C. 一般

D. 不太滿意

E. 很不滿意

答案：A 5 分；B 4 分；C 3 分；D 2 分；E 1 分

總分：50 分優秀；50－40 分良好；40－30 分及格；30－20 分有點差；20－10 分很差。

第一次推銷，贏得第一單

推銷工作是指銷售人員透過幫助或說服等手段，促使客戶採取購買行為的活動過程。推銷的歷史十分悠久，當人類社會第一次出現商品這個概念時，推銷就應運而生了，它與商品同呼吸、共命運，可以這樣說，推銷伴隨著商品的產生而產生，並伴隨著商品的發展而發展，商品生產越發達，推銷就越為重要。

幾乎所有的企業都需要有人從事產品或服務的銷售工作，因此，社會對推銷人才始終都有很大的需求。可是，真正優秀的業務員還是很缺乏的。業務員有成千上萬，但稱得上超級業務員的鳳毛麟角！經理滿街都是，但專業經理人卻不是輕易就能找得到的。

要想成為一名優秀的業務員並不容易，這要付出很多的努力，尤其需要在實踐中學習和鍛鍊。推銷工作是一件有前途的工作，也是一件最能鍛鍊人的社會能力的工作之一。

當你面對第一次推銷時，應該鼓起勇氣，運用自己的智慧，在工作中不斷的累積經驗，隨著工作實踐的深入，你早晚會是一名優秀的業務員。

向原一平學習

在日本業界，原一平被稱為「推銷之神」，他曾創下世界壽險推銷最高紀錄20年未被打破，在他36歲時，就已經成為美國百萬圓桌協會（MDRT, Million Dollar Round Table）成員，與美國的推銷大王喬·吉拉德（Joseph Gerard）共同聞名於世。

然而，這位傳奇式的人物卻偏偏其貌不揚，他只有145公分，被人稱為是「矮冬瓜」。可是他卻取得了一般人、甚至那些條件比他好得多的人都沒法取得的成功。對於一位第一次推銷的新手來說，原一平無疑是一個極好的榜樣。他的成功經驗無疑是一筆寶貴的財富，值得學習。

以下是原一平所累積的成功經驗，相信這對初涉職場的業務員是極有借鑑作用的。

一、人物簡介

原一平，日本壽險業一個聲名顯赫的人物。他是日本目前歷史上簽下保單金額最多的保險業務員，他的微笑被稱為「全日本最自信的微笑」。日本有近百萬的壽險從業人員，其中很多人不知道全日本20家壽險公司總經理的姓名，卻沒有一個人不認識原一平。他的一生充滿傳奇，從被鄉里公認為無可救藥的小太保，最後成為日本保險業連續15年全國業績第一的「推銷之神」，最窮的時候，他連坐公車的錢都沒有，可是最後，他終於憑藉自己的毅力，成就了自己的事業。原一平說：「走向成功的路有千萬條，微笑和信心只是助你走向成功的一種方式，但這又是不可缺少的方式。」

二、原一平的成功史

1904 年，原一平出生於日本長野縣。

23 歲那年，原一平離開家鄉，到東京闖天下。第一份工作就是做推銷，但是碰上了一個騙子，捲走保證金和會費就跑了。為此，原一平陷入了困境之中。

1930 年 3 月 27 日，27 歲的原一平帶著自己的履歷，走入了明治保險公司的應徵會場，並「斗膽」許下了每月推銷 10,000 元的諾言，當了一名「見習業務員」。

1936 年，原一平的推銷業績已經名列公司第一，但他仍然狂熱工作，並不因此滿足。

1962 年，他被日本政府特別授予「四等旭日小緩勳章」。

1964 年，世界權威機構美國國際協會為表彰他在推銷業做出的成就，頒發了全球業務員最高榮譽 —— 學院獎等等，他是明治保險的終身理事，業內的最高顧問。真正是功成名就了！

三、原一平的成功祕訣

原一平把他的成功歸根於他的太太久惠。他認為，推銷工作是夫妻共同的事業。所以每當有了一點成績，他總會打電話給久惠，向她道喜。

學會分享成功的果實，是取得家人支持的一個妙方。只是花了幾塊錢，就能把夫妻的兩顆心緊緊地連繫在一起，這是任何人都做得到的事，只是大部份人沒去做罷了。原一平還認為，目前從事壽險行銷的女性，雖然業績不錯，但難以取得先生的諒解與合作，原因在於未能與先生共享快樂。

曾經有人問原一平：「像你這樣拚命地工作，人生還有什麼樂趣？」

其實原一平是天下最快樂的人，他不但在工作之中找到人生的樂趣，而且真正贏得了家庭的幸福。無論從事何種產業，必須重視家庭，必須以家庭為事業發展的起點。取得家人的支持，還有一點就是努力改善家人的生活品質。經過你的努力付出，取得豐碩的成果，與家人一同分享，並與他們一齊成長。

四、原一平語錄

一個人在面臨困境之時，如果從消極面去想的話，勢必越想越糟，最後變得萎靡不振，而陷入萬劫不復之地；如果往積極面去想的話，這正是難得的磨練機會，這是光明之前必然有的黑暗，也是成功之前必須承受的苦難。

五、評價原一平

當我還是議員的時候，原一平先生已經是世界百萬美元圓桌協會的成員。原一平先生是我多年的摯友，我曾經拜讀過你的成功故事，同時，給了我人生一種無形的激勵，我覺得他才是20世紀偉大的業務員！

—— 日本前首相田中角榮

原一平的事例說明：一個人的力量，主要來自內在。只要首先從自己的內心找到力量，任何外在困難都不難克服。

——《青年時報》

有時單看外表你無法發現真正的推銷人才，就像你即便真的面對原一平，仍不敢相信，他，就是大名鼎鼎的原一平。

——《銷售與市場》

在你成功地把自己推銷給別人時，你必須相信自己，對自己充滿信心。也就是說，你必須完全認清自己的真正價值。

——喬・吉拉德

成功推銷的必備素養和能力

一、業務員的基本素養要求

推銷人員的推銷工作是企業利潤得以實現的最終因素，在企業的生產經營有著重要的作用。正因為如此，一名優秀的推銷人員必須具備以下基本素養：

(一)知識素養

現代人員的推銷首先是知識的推銷，其次是產品的推銷。銷售人員必須把產品的各種知識介紹給使用者，讓消費者了解生產者的意圖。當然，要推銷知識，必須先掌握知識。我認為，一名優秀的市場銷售人員至少應掌握一般的科學文化常識、產品專業知識和推銷技術知識這三大類基本知識。掌握產品知識，是為了更好地了解自己的推銷產品，更好地向使用者介紹產品，從而增強自己的推銷信心和客戶的購買信心。掌握科學文化知識和推銷技術知識，是為了更好地了解自己的推銷對象和推銷環境，更透澈地了解人的本性、動機和行為模式，更有效地接近和說服客戶，提高推銷的成功率。

（二）心理素養

所謂心理素養是指推銷人員的心理條件，包括自我意識、性格、氣質、情感等心理構成要素。良好的心理素養是現代企業市場銷售人員所必須具備的一個基本條件。銷售人員成天與人打交道，要經受無數次的挫折與打擊，要應付形形色色的推銷對象，必須加強心理訓練，培養良好的心理素養，心理素養良好的十大標準是：自知、寬容、自尊、關愛、自信、誠信、自強、責任、自制、雙贏。

對於業務員的心理素養要求，首先要有推銷信心。沒有信心，則一事無成。如果你自己都不相信自己，也就很難指望別人會相信你。當然，信心首先來自於知識，包括知人、知物、知事、知情、知己和知彼等等，而不是盲目的自信。愛心是力量的源泉和成功的保證。只有熱愛生活和工作的人才會信心百倍，勇敢地去面對一切。耐心非常重要。「百問不煩，百選不厭」這句話說起來容易，做起來比較困難。熱心萬不可少。真誠待客，熱情服務，這正是推銷精神的一大支柱。此外，還有良心、恆心、虛心等等。良好的心理素養是業務員獲得成功的基石。

（三）身體素養

所謂身體素養是指身體健康、體力充沛、精力旺盛、思路敏捷。這裡所講的身體素養，是一個比較廣義的整體概念，既包括個人的體格、體質及其健康狀況，也包括個人的舉止、言談及其儀表風範等。現代市場銷售人員是企業的軍隊，必須具有良好的身體素養。畢竟，身體才是革命的本錢嘛。

推銷人員的身體素養要求中，就個人的體格和體質而言，要求市場銷售人員經常鍛鍊身體，保持強健的體魄和旺盛的精力。現代企業市場銷售工作流動性大，活動範圍大，連續作業時間較長，如果沒有良好的體質，根本就無法勝任這項具有挑戰性的工作。就個人的舉止、言談和儀表風範來看，雖然沒有統一的實際標準，但也存在不少必須遵守的推銷人員禮儀和行為規範。我認為，市場銷售人員就是企業的外交家，要代表企業與各類社會公眾打交道，必須講究一定的企業外交禮儀和風範。良好的個人氣質和推銷行為會促進推銷工作，有助於增強推銷人員的說服力。所謂「推銷自己」，關鍵就是有一個良好的身體素養，因為沒有良好的體格和儀容儀表風貌，拿什麼來獲得對方的欣賞呢？

（四）道德素養

在實際的推銷工作中，確實有不少違背道德的行為，可是我們應該看到真正超級業務員，他們首先都是有道德的人。良好的道德素養也是現代企業市場行銷人員必備的一個基本條件。這主要包括兩個方面。一是對企業的忠誠，二是對客戶的誠實。首先要忠誠於企業的利益，避免私下交易或出賣企業的利益。即使離職去別的企業或自己創業，也不能故意損害原來企業的利益。不誠實的業務員絕不可能成就大事業，要設身處地為客戶著想，真心誠意為客戶服務，和客戶交朋友，實行客戶固樁策略，發展客戶關係，客戶是企業及其市場銷售人員的最重要的資源。靠欺騙等方法取得的推銷成功只是暫時的成功，推銷如果不講道德，不講信譽，是不會取得真正意義上的成功的。

二、業務員的基本能力要求

◆較強的溝通能力和語言表達能力

業務員在向客戶和消費者介紹企業情況、推銷產品時，需要有出色的口頭表達能力和良好的溝通能力，實際的要求是怎樣讓自己的語言既有藝術性又有邏輯性，這一點是極為重要，它能打動客戶的心，引發客戶對你的興趣和好感。

◆具有一定的學習能力

業務員一定要有較高的悟性、會學習和善思考。市場千變萬化，各種新情況、新問題會隨時發生，行銷理念和銷售方式也在不斷發展變化，這就要求新業務員要樹立終身學習，不斷充電的觀念，隨時掌握現代市場行銷方面的新知識、新理論和新方法，才能適應激烈的市場競爭。

◆較強的心理承受能力

新業務員在初上「戰場」，一定要有心理準備，面對激烈的市場競爭，挫折與失敗便會經常光臨你、陪伴你，這是家常便飯的事。新業務員要做好屢敗屢戰、百折不撓和永不言敗的充分心理準備，從世界上最偉大的十位推銷大師成功的心路歷程都能尋找到他們前期的失敗身影。美國推銷之神法蘭克．貝特格（Frank Bettger）告誡初入門者：「從失敗走向成功是每個業務員必須跨越的門檻。」因此，在碰到挫折時，既不要畏懼，也不要迴避，不經歷風雨磨練，怎能茁壯成長？沉著冷靜、遇事不慌和積極應對是每個業務員不可或缺的重要特質。

三、業務員應掌握的推銷技巧

▷ 處處表現出讓人信賴的感覺，獲得客戶的信任，你就比別人多一份勝算的把握。

▷ 不可浪費客戶的時間，初次拜訪最好不要超過十分鐘，而且還要事先預約，並千萬別忘了約定下次拜見的時間。

▷ 對客戶講實話，表現出誠懇的態度，培養雙方的感情，以求建立穩固的關係，要先交朋友後做生意，業務員是以推動客戶關係導向型的工作方式為主。

▷ 著力於建立自己的產業資訊資訊庫，並以開放的心態與同行分享資源，這樣你才能向同行討教，遇到難題別人才肯幫你。

▷ 勇於承擔責任，對客戶提出的問題，只要是公司產品或服務存在的問題就要如實承認，想方設法解決。

▷ 善用行銷工具 4P（產品、價格、通路、促銷）、4C（客戶、成本、便利、溝通）等方法，幫助你做好推銷工作。如果方法不當，處理不好或者急於求成，那麼煮熟的鴨子也會飛了。

四、業務員勿入的推銷失誤

▷ 沒能以充滿熱情的心態進入工作狀態；

▷ 沒有設身處地為客戶著想；

▷ 不能事先有效規劃每天的工作；

▷ 低估客戶；

▷ 急於成交；

▷ 缺乏必勝的競爭心理；

▷ 遺忘老客戶；

▷ 攻擊競爭對手；

▷ 不懂得傾聽客戶和反駁客戶（對待客戶最好是善於傾聽、解釋、說服和引導）。這些都是新業務員必須忌諱的，切記，萬萬不可犯這些常規錯誤。

推銷前先推銷自己

無論行銷的理論多麼千差萬別，但有一點是共同的，幾乎所有的行銷專家都認為：「推銷前首先要推銷自己。」什麼是推銷自己？推銷自己又叫自我推銷，是透過自身的努力使自己被別人肯定、尊重、信任、接受的過程。

業務員推銷的雖然是產品，但在推銷過程中，能吸引客戶的卻不僅僅是產品。在某種意義上講，業務員才是客戶關注的主角，因為其代表著公司的形象。業務員的動作、眼神及面部表情都將影響著客戶對你和你的公司的印象，也將影響著你們之間的溝通是否有效，以及最後推銷的成功。所以，學會推銷自己非常重要。

那麼，怎樣推銷自己呢？

一、把最佳的儀表展現給客戶

業務員的儀表包括了衣著、髮型、化妝等幾個方面。作為業務員，具有整潔的儀表是最基本的要求。一個業務員如果不修邊幅，將會被看作是一個生活懶散、沒有責任心的人，他們很難得到客戶的信任和尊重。

推銷人員一定要給客戶穩重、可信、大方、美觀、整潔的感覺。個人的衣著打扮要與自己的職業、職務、年齡、性別等相稱，也要與企業的經營環境及工作場所相協調。良好規範的儀容包括了以下幾點：

(一) 專業衣裝

業務員的衣著應以穩重大方、整齊清爽、乾淨俐落為基準。服裝的款式要簡潔、線條流暢、色彩自然。最好是套裝。業務員的穿著要反映時代氣息，朝氣蓬勃，健康活潑，進取向上，莊重大方的衣著可增強業務員的自尊心和自信心，而只有這時，他才最勇氣十足，信心百倍，推銷效果最佳。日本「推銷之神」原一平大師曾總結出著裝八要領：

▷ 與自己年齡相近的穩健型人物，他們的服裝可作為學習的標準；
▷ 自己的服裝必須與收入、時間、地點等因素配合，自然而大方。當然，還得與你的身材、膚色互相搭配；
▷ 衣著穿得太年輕的話，容易招致對方的懷疑與輕視；
▷ 流行的服飾最好不要穿，以穿正統的衣服為宜；
▷ 如果一定要趕潮流的話，也只能選擇較樸實無華的；
▷ 要使你的身材與服裝的質料、色澤保持均衡狀態；
▷ 太寬鬆太緊身的服裝均不符合業務員，大小應合身；
▷ 切記「身體」為主，「服裝」為輔，如果讓「服裝」反客為主，你本身就變得無足輕重了。

（二）規範妝容

女業務員切不可濃妝豔抹、珠光寶氣，這樣會給人俗不可耐的感覺，以淡妝為宜。化妝後的最佳效果給予人一種潔淨、活力和自信的感覺即可。女業務員化淡妝，好處是能使業務員增強自信心，形成良好的自我感覺，同時也給客戶一個清新、賞心悅目的觀感。男士不必化妝，但臉部一定要顯得乾淨，鬍鬚每天刮一次，不能蓄長鬚。

（三）配戴首飾

首飾不要配戴過多，以免使人覺得俗不可耐。配戴首飾，如手鍊、戒指等要注意與服裝搭配，款式要避免繁瑣，以簡潔、秀雅為宜。盡可能不配戴代表個人身分或宗教信仰的物品，除非確知推銷對象與自己的身分或信仰相同。可適當配戴公司商標或與推銷品相符的飾物，以使客戶對企業及推銷品加深印象和聯想。

（四）梳理髮型

業務員的髮型既不要過分追逐新潮，也不要太守舊。無論是男女業務員，髮型都應該經過梳理乾淨，不能讓脫髮留在服裝上。髮式宜自然大方，不能標新立異。女業務員若留長髮宜束起。男生不要蓄長髮，也不要剃光頭。護髮用品的味道以清淡為宜。髮蠟勿擦過多。以免使人感覺油膩噁心。

二、展現自己不俗的談吐

業務員在言談方面，應做到語言表達準確，避免措辭含糊不清；注意使用規範語言，除特殊場合外，一般應講國語；使用禮貌語言，杜絕粗野語言；不要口頭語；還應注意講話的語音語調，發音清晰，速度適中，避免病句和錯別字；講話不應聲嘶力竭或有氣無力。總之，講話要準確合規，富於表現力。

不俗的談吐是良好的個人修養和氣質的表現，談吐是一個人的道德品格、理想情操、性格氣質與學識修養的綜合反映。在工作過程中業務員不僅要注意保持良好的儀容和舉止，還應該在談吐方面有卓越的表現，這樣才能給客戶留下美好的、深刻的印象，這對推銷工作是有百利而無一害的。

（一）以誠摯的態度面對客戶

業務員在面對客戶時，應採取真誠、熱情、穩重、平易的態度。言辭要和氣、親切、準確、合規。話語不疾不徐，輕鬆自然。避免虛假、傲慢、輕浮、冷淡。內容虛假，這會傷害客戶的自尊心；語調輕浮，這會招致客戶的厭惡；態度冷淡，這會使客戶與你疏遠，最終失去客戶和訂單。遇到意見不一致時要保持冷靜。客戶主動挑起爭論時，要設法迴避，或一笑置之。如果同時與幾個人談話，要當好主角，控制好局面。不要把注意力僅僅集中在感興趣的一兩個人身上，要照顧好在場的每一個人，而不要讓某一位客戶感覺受到了冷落。

（二）學會用眼睛交流

眼睛是心靈之窗，就人類的感覺器官而言，眼睛對刺激的感覺最為強烈。目光可以傳情達意，造成語言達不到的作用。日本「推銷之神」原一平認為「眉目傳情，眼睛比嘴巴更會說話」。他根據客戶的 6 種眼神，及時捕捉客戶的心理變化：

- ▷ 當客戶雙眼閃閃發光時，說明談話很投機；
- ▷ 當眼神呆滯黯然時，說明他覺得索然無味；
- ▷ 當眼神顯得飄忽不定時，說明客戶是三心二意的；
- ▷ 當客戶眼神顯出心不在焉時，說明他已經聽得不耐煩了；
- ▷ 當客戶眼神凝住不動時，說明客戶正在沉思；
- ▷ 當客戶眼神顯示堅定不移時，說明他已作出了某一個決定。

業務員可以從客戶的眼睛裡捕捉到推銷決策資訊，這是推銷工作達到新水準的標誌。當然，業務員還可以利用眼睛來向客戶傳達自己要表達的資訊。但在與客戶進行目光接觸的時候要掌握一定的技巧：在業務員與客戶談話時，如果雙方目光高低不平，一個仰視，一個俯視，在心理上會造成不平等的感覺，影響交談效果。所以交談時，雙方的目光以平視為佳。切記不要死盯住對方的眼睛，這樣做會使客戶感到不自然。但也不能總是不看對方的眼睛，一方面不能從對方眼神中了解對方的內心世界，另一方面也顯得不親切。注視與否、注視時間長短，也與對方的距離有關。如果雙方距離較遠，就可以用親切的注視來拉近彼此心理上的距離，注視的時間長一些也無妨。相反，如果對方距離較近，則應該適當轉移視線，使對方不感覺窘迫。

業務員在與客戶交談的過程中，如果能夠很好的利用眼睛作為傳遞資訊與感情的工具，有利於與客戶建立良好的溝通氛圍，並達到最佳的溝通目的。

（三）語言要簡練高雅

在當今的社會中，人們的生活和工作的節奏都非常地快，時間對於業務員和客戶來說都是非常地珍貴的，所以，在推銷工作中，推銷人員說話一定要簡潔，努力提高說話品質。玩笑話要不得，說話拖泥帶水也不好，既浪費時間也招致客戶反感。長話短說，重點突出，一是一、二是二不含糊，這會給客戶辦事乾淨俐落，踏實可靠的好印象。另外，說話是一門藝術，要求業務員不僅能夠以最簡練的語言表達最廣泛的資訊，還要能夠保持語言的優雅和諧。原一平對談話時語言的要訣做了如下總結：

▷ 語調低沉明朗

▷ 咬字清楚，段落分明

▷ 說話速度要適宜

▷ 適時運用停頓

▷ 音量適中

▷ 措辭高雅，發音正確

要保持語言的優雅，業務員就要掌握一些必要的語言禮儀，比如：業務員在面對女客戶時，不宜詢問女性的年齡、婚姻狀況，如果對方主動談及則另當別論。不要直接詢問對方的收入、財產等個人隱私。不要追問對方不願回答的問題，一旦發現招致對方反感應立刻表示歉意，然後迅速轉移話題。談話內容更不要涉及荒誕怪異、駭人聽聞、黃色淫穢的內容，若客戶談及則應巧妙轉移話題。若有高聲喧譁、惡語傷人、喋喋不休等壞習慣者，必須堅決改正。

除了要知曉一些語言禮儀之外，業務員還要知道，語言往往是與心情和處境有關。所以在任何情況下都要保持頭腦冷靜，不急不躁，不慌不忙，只有這樣才能在推銷時占據主動，這是業務員自我完善的主要目標之一。

(四)聚精會神地與客戶交流

推銷的過程，主要是業務員與目標客戶相互溝通的過程。要確保交流通暢和有效，就要要求業務員在和客戶交流時，必須全神貫注，聚精會神地提問和傾聽。尤其是傾聽客戶的聲音，如果推銷人員不顧及客戶的想法和願望，總是喋喋不休，不給客戶闡述自己觀點的機會，或是不仔細聽取客戶的想法，回答時無的放矢，無關痛癢。兩種意見、觀點得不到碰撞、融合的機會，必然沒有結果。業務員僅掌握說話的藝術還不夠，還要會聽話。說清楚了再聽，聽明白了再說，反反覆覆，這就是推銷之道。業務員在與客戶進行面對面地交流時，要掌握一定的技巧：

◆注意察其言、觀其色

業務員在傾聽客戶談話時要全神貫注，對客戶的想法和意見表示出濃厚的興趣，積極努力去聽，去了解對方，如果有的地方聽不明白就及時問清楚。涉及到關鍵問題，或自己暫時回答不清的問題，不妨作筆記，這樣做可以向客戶表明自己非常認真負責。另外，在客戶談話時，不要東張西望，或低頭只顧做自己的事情，或表情上顯出不耐煩，因為這些都是對客戶的不尊重、不禮貌的表現，必然會招致客戶的反感，導致最終推銷工作的流產。察言觀色是聽話技巧的更高層次，不僅要全神貫注地聽客戶講話，弄清楚客戶話語的直接涵義，而且要關注客戶的眼神及其他表情，從中體察客戶的內心世界。如果能夠適時地、自然地把察言觀色所獲得的客戶話語背後的意思點出來，表明自己更深刻地理解客戶之所想，有時會產生極好的效果。

◆善於抓住問題核心

業務員在與客戶交談時，有時會把話題的範圍擴大一些，以此來營造一種自然的溝通氣氛。但這時要特別注意抓住問題的核心，不要為個別問題多生枝節。因此，在談話中，業務員要做到能夠分清主次，分清主流與支流、重點與非重點，這需要大腦高度集中，嚴密地思考，要使自己的思考速度跟上對方的談話速度。如果客戶說話很快，要求客戶重複表達本無可非議。但若以常人的說話速度，只因自己不能集中精力聽和思考，一遍聽不清，二遍聽不明，老是讓客戶重複表述，就很容易招致客戶的不滿。

◆適時地肯定對方的觀點

業務員在不硬性打斷客戶談話的情況下，適時表達自己的意思，有助於活躍談話氣氛。如果客戶的說法確有見地，哪怕只有小小的價值，不妨點頭說「您說得對」、「您說得有道理」等等。一個人的談話受到肯定，自然會感到高興，也就會更盡興地表達自己的想法。如果業務員在客戶談話時，全神貫注地聽，卻從頭到尾一言不發，場面會很冷淡，客戶心中時時會有疑惑：「他聽進去了沒有？」另外，在離開前也不妨說：「您今天談得很好，我很受啟發，有機會再來請教。」一來表示虛心，二來也為今後拜訪埋下伏筆。

◆遇事要鎮定自若

在推銷過程中，推銷人員往往要面對很多不同性格的人。有的人在說話時臉紅脖子粗，說的話也不中聽。這時要控制住自己的情緒，不要「你急我也急」，以牙還牙只能不歡而散。冷靜對待，努力弄懂客戶的意思，也不要輕易打斷客戶的思路，要讓對方把話講完，把意思表達清楚。不要急於下結論，多思考勤思索。急躁的客戶不見得不好辦事，就看你怎麼對待。特別是在面對客戶的刁難時，業務員更要保持鎮定和頭腦清楚，否則，結果只會是這次交流不歡而散。

三、舉止要溫文儒雅

溫文儒雅的舉止可以給予人良好的印象，反之則會給予人不良印象。因此業務員要時刻注意自己的舉止，不要因為一些無意識的動作而給客戶留下壞印象，比如：當著客戶不要咬手指甲，不要讓手指吱吱作響，不要撓頭搔癢、敲打桌面、抖腿等等，這些都會給予人不好的感覺。如果業務員有這樣的動作習慣，千萬要努力修正，以免因小失大，阻礙了自己的光輝的前程。業務員文明典雅的舉止會使客戶產生親近感，保持溫文儒雅的舉止有幾個要點：

（一）大方自然地待人接物

要做到這一點並不容易，首先要求業務員必須有自重，尊重自己、尊重自己的職業。一個連自己都看不起，對自己所從事的事業沒有信心的人，怎麼能在客戶面前泰然自若、親切自然？要時時刻刻記住自己所從事的工作是高尚的事業，是最美好的事業。應該覺得驕傲和自豪。只有這樣才能在與客戶見面時，保持良好的交流心態，有了良好的心態才能有良好的舉止。

大方自然地待人接物首先表現在對客戶的稱呼上，此時要選擇讓客戶感到愉快的稱呼，這樣可以拉近與客戶的距離。「先生」、「女士」、「小姐」這類稱呼使用廣泛，既嚴肅又不失禮貌，特別適合初次見面時使用。也常用「大哥」、「大姐」、「叔叔」、「阿姨」等包含輩分的稱謂，有更強的親切感，但要用得恰當，不能只從對方的外表進行判斷，要多少了解一些情況。若有中間人介紹時，帶輩分的稱呼會自然一些。對專家、學者以稱「老師」、「教授」為宜。也可以職業來稱謂，如「醫生」、「律師」等。絕對不能使用「老頭子」、「老太婆」等字眼。總之，對客戶的稱謂，要遵循兩個原則：一是要表示出自己對對方的尊重，二是表現出自己的自信和謙虛。

（二）與客戶握手有講究

握手作為一項最基本的社交禮儀，其傳達的意義可以非常豐富，可是如果不掌握握手的禮儀與技巧，那就只能代表一種機械化的程序。利用握手向客戶傳達敬意，引起客戶的重視和好感，這是那些頂尖銷售高手經常運用的方式。要想做到這些，業務員需要注意如下幾點：

◆握手時的態度

與客戶握手時，業務員必須保持熱情和自信。如果以過於嚴肅、冷漠、敷衍了事或者缺乏自信的態度和客戶握手，客戶會認為你對其不夠尊重或不感興趣。

◆握手時的裝扮

與人握手時千萬不要戴手套，這是必須引起注意的一個重要問題。

◆握手的先後順序

關於握手時誰先伸出手，在社交場合中一般都遵循以下原則：地位較高的人通常先伸出手，但是地位較低的人必須主動走到對方面前；年齡較長的人通常先伸出手；女士通常先伸出手。當然了，對於銷售代表來說，無論客戶年長與否、職務高低或者性別如何，都要等客戶先伸出手。

◆握手時間與力度

原則上，握手的時間不要超過 30 秒。如果面對的是異性客戶，握手的時間要相對縮短；如果面對的是同性客戶，為了表示熱情，可以緊握對方雙手較長時間，但是時間不要太長，同時握手的力度也要適中。作為男性業務員，如果對方是女性客戶，需要注意三點：第一，只握女客戶手的前半部分；第二，握手時間不要太長；第三，握手的力度一定要輕。

（三）交接名片的禮儀

- ▷ 遞接名片時最好用左手，名片的正方應對著對方、名字向著客戶，最好拿名片的下端，讓客戶易於接受。
- ▷ 如果是事先約好才去的，客戶已對你有一定了解，或有人介紹，就可以在打招呼後直接面談，在面談過程中或臨別時，再拿出名片遞給對方。以加深印象，並表示保持聯絡的誠意。
- ▷ 異地推銷，名片上留下所住旅館名稱、電話，對方遞給名片時，應該用左手接。但是右手立刻伸出來，兩手一起拿著名片。

▷ 接過後要點頭致謝，不要立即收起來，也不應隨意玩弄和擺放，而是認真讀一遍，要注意對方的姓名、職務、職稱，並輕讀不出聲，以示敬重。對沒有把握讀對的姓名，可以請教一下對方，然後將名片放入自己口袋或手提包、名片夾中。

▷ 去拜訪客戶時，對方不在，可將名片留下，客戶來後看到名片，就知道你來過了；

▷ 把標注有時間、地點的名片裝入信封發出，可以代表正規請柬，又比口頭或電話邀請顯得正式；

▷ 向客戶贈送小禮物，如讓人轉交，則隨帶名片一張，附幾句恭賀之詞，無形中關係又深了一層；

▷ 熟悉的客戶家中發生了大事，不便當面致意，寄出名片一張，省時省事，又不失禮。

（四）保持良好的姿勢

◆站姿

一般來說，業務員的工作都是站立服務的，特別是在待客的過程中，所以，站立的姿勢就是一個業務員全部儀態的根本點。

人的正確的站姿標準是：抬頭挺胸、不卑不亢、兩眼平視、雙肩端平；面部朝向正前方，下顎微微內收，頸部挺直，呼吸自然，腰部自然下垂，手臂處於身體兩側，手部虎口向前，手指稍許彎曲，指尖朝下，兩腿立正併攏，雙膝與雙腳的跟部緊靠於一起，腳尖呈「V」狀分開，兩者之間相距約一個拳頭的寬度，注意提起髖部，身體的重量應該平均分布在兩條腿上。

必須要注意的是，男性業務員與女性業務員由於性別的不同，在遵守基本站姿的基礎上，應該稍有不同。這個不同主要表現在其手位與腳位。

男性業務員在站立時，要注意表現出男性剛健、瀟灑的風采。實際來說，在站立時，男性業務員可以將雙手相握，疊放於腹前，或者相握於身後。雙腳可以叉開，雙腳叉開距離以兩肩之間距離為限。

女性業務員在站立時，則要注意表現出女性輕盈、嫵媚、嫻靜、典雅的韻味，要努力給予人一種「靜」的優美感。實際來說，在站立時，女性業務員可以將雙手相握或疊放於腹前。雙腳可以在一條腿為重心的前提下，稍微叉開。

◆坐姿

坐時切忌歪斜肩膀、躬腰駝背、半躺半坐。入坐時要輕緩，從容自如。上身自然坐直，兩腿自然彎曲，雙腳平落地上，雙膝併攏臀部坐在椅子中央，兩手放在膝上，挺胸收腹，目平視，嘴微閉，面帶笑容。入座時，走到座位前面再轉身，轉身後右腳向後退半步，然後輕穩地坐下。女子入座時，要用手把裙子向前拉一下。起立時，右腳先向後收半步，然後站起。

◆走姿

我們在待客時也不可能一直站立不動，有時因為工作需要，我們也必須在櫃檯間走動。業務員走路姿勢的基本要求是從容、平穩、直線。身體重心應稍向前傾，挺胸收腹，頭正眼平，面帶微笑，雙臂自然擺動，兩腿直而不僵，步伐適中均勻。切忌斜著身子走，手臂亂晃，也不要左顧右盼。步伐要自如、輕盈、敏捷。

實際來說，男業務員與女業務員的走路姿勢略有不同。男業務員在行走時做到自然、大方即可。走路時兩腳要交替前進在一直線上，腳跟要先著地，然後前腳掌著地，身體重心在腳向前邁時立即跟上，不要落在後腳上，或是兩腳之間。頭正眼平，保持處於垂直線上。雙肩齊平，雙臂前擺時，手不能超越衣釦垂直線，肘關節微屈，手心向內。切忌甩臂與甩手腕。女業務員在行走時宜採用一字步走姿。行走時交替踏成一條直線。手臂前擺時，肩部稍往前，後襬時，肩部稍後拉。若穿套裝或高跟鞋時，步伐宜小。

總體來說，業務員的站姿、坐姿、走姿展現其精神狀態，要「站如松，坐如鐘，行如風」，每個業務員都應該以此為標準校正和磨練自己的姿勢。

（五）永遠面帶微笑

業務員時常微笑非常重要。一個善意的、真誠的微笑可以迅速地打消客戶與你的初次接觸的隔閡；微笑也是感情的催化劑，吸引客戶對你產生好感。人們對哭喪著臉都很反感，覺得不舒服，做什麼都沒有心情。相反，一副面帶微笑的面孔總是受到歡迎，原因是微笑讓人看起來很舒服，同時常常會帶給人們喜慶的訊息和溫柔友善的情意。人們常常會受到微笑的感染，心情變得輕鬆愉快。

不過對於客戶來說，如果業務員的笑容硬擠出來那還不如不笑。微笑，應該是一種愉快心情的反映，也是一種禮貌和涵養的表現。作為業務員，你只有把客戶當成了自己的朋友，尊重他，你才會很自然地向他發出會心的微笑。只有這種笑容，才是客戶所需要的，也是最美的笑。

日本「推銷之神」原一平曾指出：「就推銷而言，『笑』是非常重要的助手，以我 50 年的推銷經驗，『笑』至少有十大好處。」

▷ 笑能把你的友善與關懷有效地傳達給客戶；

▷ 笑能拆除你與客戶之間的『籬笆』，敞開雙方的心扉；

▷ 笑使你的外表更迷人；

▷ 笑可以消除雙方的戒心與不安，可以開啟僵局；

▷ 笑能消除自卑感；

▷ 你的笑能感染對方，創造和諧的交談基礎；

▷ 笑能建立客戶對你的信賴感；

▷ 笑能去除自己的失誤與哀傷，迅速地重建信心；

▷ 笑是表達愛意的有效途徑；

▷ 笑會增進活力，有益健康

原一平對自己的笑容，總結出有 38 種之多，都曾用在推銷上，可以說原一平在事業上的巨大成功與會「笑」有很大關係。曾經有一位最「難纏」的客戶，從首次拜訪到推銷成功為止，原一平竟一共用了 30 種笑容。

有些人喜歡哈哈大笑，有時為了打破尷尬局面或自我解嘲，用用也無妨。但時常地哈哈大笑，會使人感到矯揉造作。

要贏先贏在心理上

推銷是一份說起來簡單，做起來難的工作。因為，這項工作常常要面對各式各樣、形形色色的人。世界上沒有兩個人是完全一樣的，即便是雙胞胎的兄弟或者姐妹，在很多地方也會有所差別。不同年齡、不同性格、不同性別的客戶肯定有著不同的心理需求和購買動機。因此，要想把推銷工作做好，就要有一雙能夠識別各色人等的敏銳地眼睛，用以探知客戶的購買心理；還要有應付不同客戶的手段，用以激發客戶的購買行動。

業務員特別是新業務員，面對形形色色的客戶，要想把產品推銷出去，就要學會在工作中如何打好與客戶的「心理戰」。試圖在心理上戰勝客戶可不是一件容易的事情，首先要求業務員本身有著極強的心理素養，其次還要求業務員能夠洞察客戶的內心，成功把握客戶的心理趨向。

一、業務員要有超強的心理素養

有這樣一個故事，有一個小男孩，有一次在田埂間看到一隻瞪著眼睛的青蛙，就調皮地向青蛙的眼睛撒了一泡尿，卻發現青蛙的眼睛非但沒有閉起來，而且還一直張開著。長大後，他成了一個業務員，當遇到客戶的拒絕時，他每每便想到那隻不閉眼的青蛙。用「青蛙法則」來對待客戶，客戶的拒絕猶如尿撒在青蛙的眼睛，要逆來順受，張眼面對客戶的傾訴，不必驚慌失措，這位業務員就是後來榮獲日本汽車 16 年銷售冠軍的奧城良治。

作為一個業務員，要想做出一番驚人的業績，一定要具有面對失敗而坦然自如的積極態度，千萬不可一遇挫折便落荒而逃，否則，你永遠和成功無緣。

那麼怎樣培養我們良好的心理素養呢？

首先，培養良好的心理素養一個重要的方法就是進行挫折和失敗的訓練，所以有些大學、高中、國中、小學就讓小孩吃苦，經受挫折，挫折不可怕，吃苦不可怕，爬起來比跌倒多一次就行了。經歷挫折失敗而不灰心失望就能提高我們的情商，面對挫折和失敗，你還要積極的想辦法解決，就能提高我們的智商。

第二，要把心態調整到最佳的狀態，要調整心態。調整心態，把心態調到最佳狀態。那最佳狀態是個什麼樣子呢？就是一種和諧的心態，平和的心態，平靜的心態，平衡的心態。這種最佳心態的表現，是多方面的，比如：

▷ 積極而不消極的心態，積極的心態是智力智慧的催化劑，而積極的心態也是樂於助人的興奮劑，所以積極而不消極。

▷ 寬容而不苛刻的心態。苛刻的心態表現為對人埋怨挑剔，一味譴責責怪，老是憎恨惡意，寬容的心態主要是對別人有興趣，關愛別人，寬容別人，容人之長，容人之短，容人之怨，容人之醜，容人之傲，容人之師，容人之愛，容人之錯，這種寬容的心態好啊，寬容勝過百萬兵。

▷ 要多找自己的原因而不是怨天尤人的心態，朋友們，當一個人你認為全世界的人都對不起你的時候，你要多在自己身上找原因，你要認真思考一下，是不是你對不起全世界。

▷ 勇於爭取成功，而不要總是認為自己懷才不遇，懷才不遇的心態太多太多人總是把自己看得過高，總是認為自己很有本事，總是認為自己有太大的能耐，總認為自己懷才不遇，包括憤世嫉俗。今天社會之大，人才之多，懷才不遇是可能的，原因有很多，黃金有時候也會被土埋上的，所以我們怎麼辦，我們爭取讓自己更加出眾，多學習多實踐，多思考，多激勵，多創新，把自己沙子變成閃光的珍珠，這種成功的可能性就會大一點。

▷ 解壓、解脫，而不是繩索纏身的心態，有些人有很大的本事，也有很大的能耐，也有很高的智商，也可以提高情商潛能，但是他身上有繩索，有枷鎖，有的時候自己套上的，有的是別人套上的繩索枷鎖。有的是有形的，有是無形的，束縛了自己，甚至有的壓垮了自己，有的人是心有千千結，不能結開，不能解放，不能解脫，不能輕裝上陣，不能把自己最大的智力和最大的情感發揮出來。

▷ 充滿愛心，而不是充滿恨意的心態。愛可以感化一切，愛可以消融一切，愛可以獲得一切。

二、掌握不同客戶的心理

掌握著超過三十億美元資產的一家美國公司的副總裁艾麗莎·巴倫，二十歲時當過一家糖果公司的售貨員。來店的客戶特別喜歡她，總是找她為自己服務。

有人好奇地問艾麗沙：「為什麼客戶都喜歡找妳，而不找別的人？是妳給的特別多嗎？」

艾麗莎搖搖頭說：「我其實沒有多給他們，只是別的人員秤糖果時，起初拿得很多，然後再一點點地從磅秤上往下拿。而我都是先拿得少，然後再一點點地往上加，客戶自然喜歡我為他們秤糖果了。」

這裡面的奧妙，就是掌握了客戶心理，而贏得了客戶的歡迎。有效掌握客戶的心理思維規律是掌握客戶關係的必要步驟，是推銷工作的關鍵開端。

業務員要樹立關係行銷的觀念，適時掌握客戶在想什麼、想做什麼、想得到什麼的心理動態，要掌握一些心理學知識，這樣工作才能有的放矢。了解分析客戶的心理特點是做好工作的重要步驟，要根據不同客戶的不同心理特徵，採取不同的工作方法。

◆面對沉穩型的客戶

這類客戶老成穩重、穩健不迫，對業務員的宣傳勸說之詞雖然認真傾聽，但反應冷淡，不肯輕易表露自己的想法。與這類客戶打交道，業務員應該避免講得太多，盡量使對方有講話的機會，要表現出誠實和穩重，爭取給對方留下良好的印象。

◆面對慎重型的客戶

慎重型的對採納業務員的建議很謹慎，遇事猶豫不決，即使決定購買，也會進行反覆比較，難以取捨。他們外表溫和，內心卻總是瞻前顧後。對這類客戶，業務員要認真地了解對方所疑慮的問題，然後仔細地進行解釋。等確定對方真的要買時，不妨直接和對方攤牌，促使他作出決定。

◆面對問題型的客戶

這類客戶疑心重，認為業務員只會誇張地介紹產品的優點。這類客戶不易接受他人的意見，而且喜歡挑剔。與這類客戶打交道，業務員要採取迂迴戰術，耐心與其交流，順著他的話題和意見，讓其挑剔的心態發洩之後，再轉入正題。且記一定要滿足對方爭強好勝、要面子的習慣。

◆面對急躁型的客戶

這類客戶辦事乾脆直接，說一不二，但往往缺乏耐心。與這類客戶往來，必須掌握火候，使對方懂得攀親交友勝於買賣。介紹新產品時要乾淨俐落，不必繞個彎。這類客戶有時候比較衝動，必要時業務員可提供最有力的說服證據會效果更佳。

◆面對溫和型的客戶

態度溫和，不緊不慢，一見如故，稱兄道弟，對業務員的工作能夠配合，根據業務員的要求，能夠提前做好訂單，理解並支持業務員的工作、積極配合新品上市，但對他們要完成的工作應提前掌握進度。

三、洽談中的心理戰術

心理戰術，是業務員在洽談前要了解客戶心理，然後採用含蓄和間接的方法對客戶的心理狀態施加影響，從而控制客戶的心理，促成客戶的購買行為。

（一）利用客戶的競爭心理

人的競爭心理是天生就具有的，人常說「水往低處流，人往高處走」就是很好的印證。同樣在購買商品時，客戶也有競爭意識，雖然不太強烈，但只要掌握好，並恰當的利用這種競爭意識，也一定會收到較好的推銷效果。

例子：

小王在向李女士推銷一款皮包。李女士說：「這個包包的顏色搭配真的很好，看起來質感也不錯，不過是不是貴了一點呀？」

小王說：「您真有眼光，這個包包是近年的新款式，剛剛上市的新產品。絕對是真皮的，而且是著名的設計師設計的。」

李女士顯然很喜歡這個包包，可看到較高的價格，始終難以下定決心購買。

小王看出了李女士的顧慮：「老實說，這個包包雖然價格高了一點，但畢竟是新產品，品質也很好，所以這個包包銷量很好。好多貴婦都特意到我們這裡買呢。」

李女士說：「好吧，這包包我要了。雖然價格貴了點，但有錢難買到自己喜歡的，遇到喜歡的東西不買，那就太傻了。」

小王最後一句話顯然觸動了李女士的競爭意識，最後把包包順利地賣給了她。不過在用這種方法的時候，一定要根據客人的購買能力而定，否則，不但達不到推銷的目的，還容易讓客戶覺得你看不起他。

（二）利用客戶的從眾心理

當某商店門口排了一條長長的隊伍，路過的人也容易隨之加入排隊的行列。這是典型的從眾心理的表現：既然有那麼多的人在排隊，就一定有利可圖，不能錯失良機。如此一來，排隊的客戶會絡繹不絕，隊伍越來越長，而在這條隊伍中，多數人可能並沒有明確的購買動機，只是在相互影響，相互征服，即客戶寧願相信客戶，也不願相信自己，更不願相信業務員。

既然客戶有這種愛好，業務員就可以營造這一氛圍，讓客戶排起隊來。當然，排隊不一定是有形的，還可以是心理上的無形隊伍。比如，業務員說：「小姐，這是今年最流行的時裝，和您年齡相仿的人都喜歡」；再如：「這種熱水器很暢銷，您看這些訂單，還有從別區來調貨的呢。」這就是利用了客戶的從眾動機，

例子：

業務員小趙在給一位女士推薦保養品——

客戶：「這個牌子的保養品以前沒用過，市面上也沒有賣，不知道效果到底好不好。」

業務員小趙：「是啊，選擇適合自己皮膚的保養品的確很重要，正好我們週末有舉辦美容講座，大家一起聚聚，聊聊美容護膚方面的話題，相信妳會感興趣的。」

在週末的美容講座上，該女士看到參加聚會的女士們個個都打扮得高雅大方，這讓她非常羨慕；講座中聊到的關於護膚的知識也讓她獲益匪淺。會後，她興奮地問：「她們都是用這種保養品嗎？」當女士提出這樣的問題時，業務員小趙抓住機會促成了銷售，該女士也成了他的一位忠實的客戶。

在整個銷售過程中業務員小趙準確地掌握了客戶的購買心理。在第一次介紹產品的時候，很明顯，由於產品沒有知名度，該女士對於使用產品後的效果是持懷疑態度的。但是在美容講座這樣的環境中，當她看到聚會上的其他女士都容光煥發，並且都是使用的這個品牌的保養品時，她的心理也就產生了變化，她相信只有好的產品才會有這麼多人使用，跟著大家的選擇一定不會錯，於是做出了購買的決定。

（三）利用客戶的好奇心理

不少客戶對於構造奇特、款式新穎、來頭神祕的商品有一種天生的好奇感，並希望能率先親自試用，滿足其求新求異的欲望，以增添消費的樂趣。業務員如果能夠掌握客戶的這種心理也能很好的促成銷售。

例子：

英國小說家毛姆（William Maugham）在窮得走投無路的時候，試了一個奇怪的點子，結果居然扭轉了頹勢。

在尚未成名之前，他的小說無人問津。即使書商用盡全力來推銷，情況也不怎麼樣。眼看生活越來越拮据了，他情急之下突發奇想，用剩下的一點錢在報紙上登了一個醒目的徵婚啟事：

本人是個年輕有為的百萬富翁，喜好音樂和運動。現徵求和毛姆小說中女主角完全一樣的女性共結連理。

廣告一登，書店內毛姆的小說一掃而空。一時之間洛陽紙貴，印刷廠必須趕工才能應付銷售熱潮。原來看到這個徵婚啟事的未婚女性，不論是不是真的有意和富翁結婚，都好奇地想了解女主角究竟是什麼模樣。而許多年輕男子也想了解一下，到底是什麼樣的女子能讓一個富翁這麼著迷，再者他們也要防止自己的女友去應徵。

從此，毛姆的小說銷售一帆風順。

這也是一個成功促銷的例子，主要是廣告宣傳做得妙，激發了客戶的好奇心理。在行銷實戰中，使用一些奇招往往可以收到很好的效果。這些招式相當一部分都是利用客戶的好奇心理的。

（四）利用客戶的反抗心理

反抗心理是指，人們彼此之間為了維護自尊，而對對方的要求採取相反的態度和言行的一種心理狀態。業務員有時候掌握客戶的這種心態也能幫助促成。

例子：

業務員小劉想推薦他的一位朋友，和朋友談了幾次，效果都不理想，但是他發現他的朋友性格很倔強。於是業務員小劉再次找了個時間和這位朋友閒談，從很輕鬆的話題談起，然後不經意的聊到他們都共同認識的一個人。「你知道嗎？他也在做直銷，並且做得相當的好。」然後業務員小劉詳細介紹了他的直銷成就。引起了那位朋友的注意「什麼？他也能做直銷？還能做得這麼好？」朋友在很驚訝的同時更覺得不可思議。因為他們都很熟悉的那個人，在他的眼裡看起來是能力平平，和自己相比差遠了。

這件事情激發起了這位朋友的好勝心。這個時候，業務員小劉打鐵趁熱，繼續說到：「我覺得還是像他那樣的人容易在直銷產業取得成績，直銷也許適合他，不適合你。」「誰說的，憑什麼他能做，我就不能做！」那位朋友開始著急了。業務員小劉利用他的朋友的反抗心理，採用的激將法產生了作用。最後成功的促成了那位朋友的加入。

業務員小劉在和朋友多次溝通沒有取得很好的效果的情況下，改變了溝通的策略，抓住了朋友好勝心強的性格特點，利用朋友的反抗心理，透過第三者的故事來激發他的欲望，成功的進行了促成。

鎖定真正的掌權者

某企業的一位業務員小張從事推銷工作多年，經驗豐富，客戶較多，加上他積極肯做，在過去的幾年中，業績在公司內始終首屈一指。誰知自一位新業務員小成參加業務員培訓回來後，不到半年，其業績直線上升，當年就超過小張。

對此小張百思不得其解，問小成：「你出門拜訪比較少，客戶沒我多，為什麼業績比我高呢？」

小成指著手中的資料說：「我主要是在拜訪前，先分析這些資料，鎖定客戶後才去拜訪。在找客戶的時候，我主要本著三個原則去找，一是對方要有需求，二是對方有相應的購買力，最重要的是第三點，就是對方必須是個掌權者，有最終的決定權。」

「比如，我對 124 名老客戶分析後，從中篩選出了 73 戶，所以，我只拜訪 73 戶，結果，訂貨率較高。其實，我的老客戶 124 戶中只有 57 戶訂貨。訂貨率不足 50%，但是節省下大量時間去拜訪新客戶。當然，這些新客戶也是經過挑選的，儘管訂貨機率不高，但建立了關係，還是值得的。」從小成這些話可見，成功之處，就在於重視目標客戶的選擇，有的放矢地找準真正有決定權的對象。

這也就是說，業務員在推銷的時候鎖定的推銷對象必須有決策能力，即真正的掌權者。

在推銷工作中，推銷人員常常要面臨的一個難題就是如何才能找到真正的掌權者。知道誰是最後能決定購買的人是非常重要的。你當然不希望在打了若干個電話，做了多次完整的產品或服務介紹後，被告知在決定購買前，還有一個你從未透講過話的人必須被說服。你本來應該首先與那個人溝通。如果你成功的說服了一個沒有決定權的人同意購買你的產品，這只會增加你的銷售成本，同時給你或你的同事帶來不便。當真正的決策者入場後，很可能你的產品被退回，訂單被取消，結果先前做的諸多努力都白費了。

在推銷工作中，要找到掌權者可能會是一個非常複雜的過程。你也許需要和多個人打交道，他們可能是在一個垂直的層面上，也可能是在一個水平層面上的人，甚至關係互動複雜。通常，找到掌權者的最好的辦法就是直接簡單的問：「王經理，這件事是您自己就能決定呢，還是會有其他人參與決策？」有一點需要注意的是，這種直接的詢問，一定要注意語言的運用，不要讓對方感覺被輕視，而產生不必要的誤會。

當你覺得對方的決策流程很複雜，或者你很難將對方的決策流程看清楚時，以下的幾個方法會有所幫助：

◆同產業類比法

雖然在不同的產業中採購流程和關鍵掌權者會有不同，但在同一產業中流程會是相同或相近的。參考你在同產業中其他公司的經驗來指導你。和其他有類似經驗的銷售代表談談會對你有所幫助。

◆從目標公司的高層人士入手

盡可能在縱向的層面上從高層開始，如果你進入到下一層，你的工作實際上已經有了高層的初步認可。

◆查詢本公司原始客戶檔案

你公司的檔案可能會對你有益。特別是當你的目標客戶是一個從前的客戶或你已交易過的客戶再次增加購買，那從前的接觸記錄與合約會給你提供相關的資訊。雖然客戶公司的人可能換了，但相對應的位子可能還是決策的位子。

◆身分比對法

客戶的頭銜或其公司的網站介紹等，會很好地提示他在一家公司中的地位。

當然，以上是面對公司或者其他團體的推銷，如果你是銷售給家庭客戶，你的策略就可以是直接問：「李太太，這件事是您決定，還是家裡還會有其他人一起決定？」注意：只有你覺得絕對有必要時才問這樣的問題。你自然不會希望你的問題提醒了李太太：「對了，我還是和我先生商量一下再說。」

無論你是賣什麼產品，找到真正的掌權者都是必須的，過了這一關，你就會覺得你的推銷工作更加事半功倍了。

在等待中準備話題

一、尋找話題的八種技巧

◆儀表、服裝

「阿姨這件衣服料子真好，您是在哪裡買的？」客戶回答：「在 ×× 買的」。業務員就要立刻有反應，客戶在這個地方買衣服，一定是有錢的人。

◆同鄉、老家

「聽您口音是臺南人吧！我也是……」業務員不斷以這種提問拉近關係。

◆氣候、季節

「這幾天熱的誇張，去年……」

◆家庭、子女

「我聽說您家女兒是……」業務員了解客戶家庭狀況是否良好。

◆飲食、習慣

「我發現一家口味不錯的餐廳，下次我們一起嘗一嘗。」

◆住宅、擺設、鄰居

「我覺得這裡布置得特別有品味，您是從事室內設計的嗎？」了解客戶以前的工作性質並能確定是不是目標客戶。

◆興趣、愛好

「您的歌唱得這麼好，真想和您學一學。」業務員可以用這種提問，帶出「我們公司最近在社區大學有開設唱歌課，不知道您有沒有興趣參加呢？」

二、尋找話題的方法

（一）中心開花法

選擇眾人關心的事件為題。圍繞人們的注意中心，引出大家的議論，導致「語花」四濺，形成「中心開花」。

例如：某路口因駕駛酒駕，致使小客車和公車相撞，造成4人傷亡的慘劇。有人在事故後第二天和眾人交談時，提出這一話題，頓時大家議論紛紛，有的補敘自己所知的情節，有的發表對肇事者的處罰意見，有的談論道德的重要……這類話題是被大家所關注的，人人有話，自然就打開話匣子了。

（二）即興引入法

巧妙的以當時、彼地、彼人的某些素材為題，藉此引發交談。還有就是要善於以對方的籍貫、年齡、服飾、愛好等，即興引出話題，效果都很好。

例如：有人在大熱天遇見一位不認識的鋪路工人時，說：「這麼熱的天氣，看這太陽直照，你們鋪路工作肯定不輕鬆！」一句話，引來對方滔滔地講述烈日下勞動的艱辛，抒發心情。

（三）投石問路法

向河水中投塊石子，探明水的深淺再前進，就能較有把握地過河。與陌生人交談，先提些「投石」式的問題，在略有了解後再有目的地交談，便能談得較為投機。

例如：在宴會上見到陌生的鄰座，可先「投石」詢問：「您和主人是老同學呢，還是老同事？」然後可循著對方的答話交談下去。如對方回答說是「同鄉」，那也可談下去。若是高雄鄉親，可談愛河、旗津渡輪等。

（四）循趣入題法

問明對方的興趣，循趣生活，能順利地找到話題。因為對方最感興趣的事，總是最熟悉、最有話可談，也最樂於談的。引出話題的方法還有很多，如「借事生題法」、「由情入題法」、「即景出題法」等。

例如：對方喜愛攝影，便可以此為題，談攝影的取景、底片的選擇、各類相機的優劣等。如果你對攝影略知一二，那一定能談得很融洽。如你對攝影不了解，也可藉此大開眼界。引話題，類似「抽線頭」、「插路標」，重點在引，目的在匯出對方的話。

激發客戶需求

一、激發客戶做出購買行動的方法

（一）心理滿足法——激發客戶的購買欲望

客戶購買動機的形成有一個前提條件，那就是需求的存在，業務員的任務不只是把馬兒拉到水邊，而是要想辦法讓馬兒覺得渴。除了產品的實用性、安全性以外，客戶在購買這款產品時首先打動他的是產品的美觀性、時尚性、品牌象徵性還是產品的便利性、經濟性又或者是良好的服務呢？不同的人需求的重點是不一樣的，業務員應該學會針對不同類型客戶的需求來表達產品能給他帶來的利益。例如，對價格比較敏感的客戶銷售一款小牌子產品，業務員可以拿一款著名產品來作比較：「差不多的品質、同樣的保固，但兩者之間的價格卻差了五百多塊，五百多塊哪，要賺多久才能賺得回來啊。」而業務員要向比較富有的客戶推銷一款利潤較高的、新上市的產品如 4K 電視，則可以說：「這款雖然貴了點，但功能先進、款式新穎、也是大牌子，已經有很多人購買，買基本款雖然花的錢少，但也會讓你身邊的朋友覺得很不符合你的身分，多沒面子啊！」此法要求業務員必須能夠準確掌握客戶的心理欲求，否則會適得其反。

客戶購買產品是為了滿足某種需要。業務員在推銷產品時，如果能使用適當的語言激發客戶的需求，則容易使客戶產生購買欲望。人的需要簡單分為生理需求、安全需求、社交需求、尊重需求和自我實現需求。對於不同的需要應使用不同的語言去激發。

（二）利益打動法——激起客戶的購買行動

所謂利益打動法就是，業務員在推銷產品的時候，把產品的特性與客戶的利益結合起來，告訴客戶此產品可以給客戶帶來何種利益。這一點是對激發客戶需求進行利益滿足的一種補充，很多業務員能夠說出產品不同的特點和功能，但就是忘記陳述這個功能給客戶帶來的利益。有些雖然能夠把特點功能利益全部說出來，但對所有人都是同一個臺詞，因而實際效果也就大打折扣了。所以，在賣點闡述方面，業務員還得根據購買者是自己使用還是幫單位購買等不同情況分別設定不同的銷售臺詞，因為，如果是幫單位採購的話，產品的受益者和購買產品的人並不完全相同，此時，要想打動購買人，光講產品的賣點就不夠了，應該更進一步，把購買此產品的利益巧妙的連繫到購買人的身上，比如「我們的產品在與同級的其他品牌產品相比，是最便宜的，您買回去，不僅為公司節省了開支，說不定您的主管還會因此而更加看重您呢。」

二、激發客戶購買欲望的常用小招數

（一）用「如同」的方法

業務員先把高昂的價格分解為金額較小的價格，這樣可以打消客戶對於高價格產生的恐懼感。將商品的價格拆解之後，業務員可以將小金額的金錢以類似的形式，轉化為客戶實際生活中所必需花費的數目，將其與客戶必須購買的其他商品等價，從而在心理上促使客戶接受，這種激發購買欲望的方式就是「如同」。

例如：

若一部手機價格為 21,000 元，如果按照 3 年計算，每年的花費為 7,000 元，每個月的花費為 580 元左右。這樣，相比較 21,000 元而言，580 元使得說服難度降低，客戶容易接受。運用如同規則，業務員可以將 580 元等同於客戶吃一頓飯或者購買一件衣服。

（二）運用第三者影響力

這種方法能夠很好地激發客戶的購買欲望。第三者的力量可以使客戶獲得替代的經驗，容易相信產品。情景、名人和專家都可以充當第三者的角色。

◆情景

在銷售過程中，情景作為第三者，可以使客戶獲得間接的使用經驗，從而引起相應的心理效應，刺激購買欲望。

例如：

在推銷汽車維修服務的時候，業務員可以透過情景作為第三者來表述汽車維修的重要性。業務員可以透過敘述自己朋友的車在高速公路上拋錨的危險故事。業務員可以告知客戶，曾經勸朋友好好保養汽車，但朋友沒有採納，完全不重視維修，結果車子開到高速公路時皮帶斷了，特別容易引起車禍，千萬不能拿自己的性命開玩笑。

◆名人

名人可以作為銷售過程中的第三者，以名人第三者作為證據，使得客戶容易信賴產品的品質和品味。若採用名人作為第三者，業務員需要注意平常收集名人推薦訊息。

◆專家

專家作為第三者具有較強的專業領域權威性，客戶會非常信賴產品的品質。專家一般包括專業領域的學者、權威專業雜誌、權威專業報紙。

（三）運用比較表或比較演示

這種方法就是透過向客戶演示比較表，不僅可以給客戶留下深刻的視覺印象，還可以更加明確地進行產品說明。在銷售中，視覺化的力量非常重要。

（四）善用有視覺效果的輔助器材

視覺效果往往是強過於聽覺效果，而且更形象，更能讓客戶留下印象。比如可以使用客戶推薦和產品照片。

◆沒有客戶願意當「第一個吃螃蟹的人」

有證明不一定相信，但是沒有證明肯定懷疑更多。業務員要積極掌握每一位跟客戶溝通的機會，不能因為客戶的不相信而失掉機會。人們對新鮮事物既有好奇感，又有畏懼感。人們佩服第一個吃螃蟹的人，但是自己卻不想做新產品的試用者。業務員如果向客戶出示用過自己產品的客戶的推薦或者感謝信，能造成強大的說服力，能有力打消客戶對產品的懷疑。

◆照片說服效果

對於概念性的東西，人們總是難以理解，業務員如果只是對產品進行描述，即使說得再好，客戶對產品也只有模糊的印象，或者只能憑著想像來理解，這樣很容易造成與真實產品有出入。所以業務員應該盡可能向客戶展示產品的照片，而且是從不同角度來展示產品的外觀、尺寸、特點等等因素，讓客戶對產品有直接的、感性的了解。

資料越多、越完整，就越能幫助業務員進行產品解說，這是業務員必須掌握的重點。

（五）運用人性弱點

基本的人性弱點有渴望多賺、少花錢、喜歡尊貴、樂於與眾不同、比較的心態。

◆多賺

多賺的心態在購買中表現為希望花費相同數目的錢賺取更多的利益。贈品可以很好地滿足客戶多賺的心態。但在派送贈品之前，業務員需要調查客戶最喜歡何種贈品，蒐集客戶的相關資訊，為企業制定贈品提供參考。從實際的分析來看，實際的贈品附帶有一定的購買條件，儘管贈品的價格不高，但是客戶並不願意直接花錢購買相應的贈品，而是要達到獲得贈品的購買條件。這就是贈品的魅力，人性的弱點會認為獲得贈品的購買條件是必須的，獲得贈品就是多賺。

◆少花

與多賺的心態相對應，少花也是一種人性的弱點。促銷、打折、會員卡、免費維修、免費更換零件都屬於少花行為。透過促少花行為，可以使客戶少花錢，極大地刺激其購買的欲望。

◆尊貴

優先權、金卡、會員卡等都是榮譽與尊貴的象徵，擁有一張卡，或擁有優先權，代表身分與眾不同，尤其當其與榮譽和尊貴相連繫的時候，會很好地刺激客戶的購買欲。

◆與眾不同

比較年輕的人群追求與眾不同。流行、名牌、與眾不同的眼神，都會刺激消費者強烈的購買欲望，因此，業務員需要告知客戶購買產品之後，與眾不同的所在。

◆比較心

比較心的存在非常普遍。業務員利用比較心的人性弱點，可以從商品的功能和特性、使用者等方面進行比較，真正激發客戶心中的購買欲望。

（六）利用客戶的參與感

業務員應該充分運用參與感的作用，讓客戶成為參與者，而不僅僅是旁觀者。

生活中有這樣的體驗，一件事情如果參與其中，就會不斷有新的發現，而且對這件事情能夠保持熱情；如果只是在一旁看著某件事情的進展，感覺就有些像「霧裡看花」，不明所以，而且比較容易厭倦。

有的產品比較容易讓客戶參與，例如護膚、減肥，而有的產品卻比較難讓客戶有參與感的互動，所以業務員要學會用語言去形成參與感。

（七）善用客戶的占有欲

人人都有占有欲，業務員如果懂得適當利用客戶的占有欲，對銷售的完成會有很大的幫助。激起客戶對產品的占有欲，業務員的銷售就成功了一半。誘發客戶的占有欲可以透過兩種途徑：

- ▷ 語言。業務員透過先讚揚，認同或驚嘆的話語來表達產品正適合客戶的需求，從而激發客戶的占有欲。
- ▷ 動作。透過觸控、試用等動作，讓客戶親身體驗產品的特點，激發起客戶的占有欲。

與客戶交心

小琳，美容業中少有的不會因外貌而讓人輕視其能力的美容院老闆，因為她待人的熱情、出色的專業素養、狂熱的工作態度，也因為她幹練的外表和與人為善的處世方式。

已經做好了面對一個犀利女強人的心理準備，沒想到面前的小琳如此開朗親切。在同事的口中每天都能聽見她的故事，面貌清秀的美麗真真切切，無須多餘確認；年過三十看上去也就二十出頭，活脫脫的大學生模樣——時光沒有帶走她的活力和美好，似乎只有春天的氣息才適合這個充滿靈氣的女子。

早在2004年初，「小琳美容中心」就已在當地聲名遠播，那扇精緻的玻璃大門，曾接待過數以千計的社會名流和愛美人士。「我原是一名高中老師，在講臺旁一站就從青春少女站到了中年。在32歲那年，我強烈地渴望改變自己。因此，在別人驚愕的眼神中，我毅然辭去教職，開起了一間只有十幾坪的美容小店。」由於有過教學的經歷，使得小琳天生就有的親和力得到了更好的修練。本著「把客戶當作自己的朋友」的原則與客戶交心，很快便贏得了第一位客戶的信賴，最後她不僅成了店裡的常客，還與小琳成為無話不談的好友。

作為一名推銷人員，當你面對客戶時，是喜歡滔滔不絕地推銷，還是傾向於微笑著聆聽呢？要想讓你的產品廣受歡迎，傾聽往往比灌輸更為有效。

若是只顧推薦，你會發現自己總是唯恐冷場，疲於製造話題。而客戶往往應接不暇，無所適從。但當你以傾聽的態度拉開話題，則在不經意間創造了一個輕鬆的氛圍，在這一氛圍中，客戶暢所欲言，而你也能據此了解更多。

其實，讓客戶談論自己並非難事，你的傾聽和回應，就是在誠意邀請對方講述自己最得意、最關心、最急切傾吐的事情，這樣一來，自然就會使他開啟話匣子。而適時的啟發，是增進溝通、加強信任、領會客戶需求的最好途徑。這樣能夠激發客戶說出更多心裡話，從而使你更深入地了解客戶。有時，耐心的傾聽、中肯的建議往往能夠助你打破銷售中的人際壁壘，獲得更多信賴。

面談技巧 ABC

一、交談的距離

兩個人交談的最佳距離為 1.3 公尺；並且最好有一定角度，兩人可斜站對方側面，形成 30 度角為最佳，避免面對面。這個距離和角度，既無疏遠之感，最為適合。另外，在交談中，如偶然咳嗽要用手帕遮住口鼻，不要隨地吐痰，更不能直對前面。

二、面談技巧之轉換話題技巧

業務員在與客戶進行面談時，要注意在以下兩種情況下需要轉換話題：一種情況是自己對談論的話題已失去興趣，而對方卻談興正濃，彼此難以有交集。此時，不必硬著頭皮去聽，而應該透過提出一個富有啟發性的問題，或接過對方的某一句話，自然地扯到另一個雙方都感興趣的問題上。這樣，對方的自尊和談興都未受到損害，甚至還沒有意識到呢！另一種情況是，自覺、敏感地觀察對方的反應，知趣地感受對方的暗示和約束自己的談興。例如，當對方表現出厭倦神色時，就該適可而止了。

三、面談技巧之傾聽的技巧

▷ 專心致志地聽。

▷ 耐心地聽。

▷ 會心地聽。隨著對方的發言，不失時機地做出回饋性的表示，客戶會受到鼓舞而願意更多、更深地暴露自己的觀點。會心的表示包括讚賞和形體語言的運用。

▷ 有記憶地聽。也可適當做些紀錄。

四、面談技巧之提問技巧

▷ 提問時表情要自然，語氣要親切，音量要適中，不可帶有咄咄逼人的氣勢。

▷ 不要提出有敵意的問題，不詢問個人隱私，不問令人掃興的事。客戶不願意講和不好講的問題不要窮追不放。

▷ 要注意提問的時機，在對方適宜答覆問題時才提問，要給予對方足夠的時間答覆。

五、面談技巧之插話技巧

業務員在與客戶交談時，要盡量注意讓對方把話說完再插話。實在需要中途插話時，也應徵得對方同意，用商量的口氣說：對不起，我提個問題可以嗎？或我插句話好嗎？這樣可避免對方產生誤解。另外，在插話時也有一些技巧需要掌握：

◆掌握好插話的時機

在客戶談興正濃的時候，不要插話，可以先在旁邊靜靜的等待，等對方的話告一段落、有個自然的間斷時，適當地說出自己的話。

◆插話語言要短

在客戶講話時，最主要的是傾聽，但適時地插話，可以表明自己對於對方講話的專注。但是，在插話時要注意最好用簡短的語言。

◆插話要恰當自然

業務員在與客戶交談需要插話時，要注意與客戶所講內容的銜接和過度，做到插話自然。唐突的插話是一種很不禮貌的行為，應該避免。

六、面談技巧之答覆技巧

答覆時要注意，答覆之前應使自己有充分的思考時間，不做倉促應答，可藉口「不記得」、「不清楚」等遲延答覆；只有在很清楚地了解對方所提問題的真正涵義的時候，才作出答覆，否則不應隨便應答；答覆的藝術在於知道什麼應該說，什麼不應該說，而不在於答覆的對錯。答覆的技巧包括：

◆佯作誤解

這樣，一方面可讓對方把話再重複一遍，另一方面使自己有更多的時間考慮對方的想法。

◆不精確地回答問題

在重複對方的問題時把詞句稍加改動，然後按重新描述的問題進行回答。

◆概括性地回答問題

當對方為詳細了解情況而提出實際問題時，可以用範圍更廣的籠統概念回答，就把話題轉向一般問題上去了。

◆不完全地回答問題

在回答一個實際問題時，除了必要的以外，不必主動提供更多的資訊。

七、面談技巧之說服技巧

◆共同語言法

在交談的初始階段，業務員可以先話點家常，疏通一下感情，或先聽聽對雙方的意見，然後順著話迎合其觀點中正確的或無關緊要的部分，使其感到你與他有共同語言。這就使雙方的心理距離縮短，猜疑和防範心理消除，造成融洽的交談氣氛。

◆經驗說服法

是充分利用客戶已有的經驗，從他熟悉的事入手，使客戶信服你的觀點。

◆自我評價法

是與客戶共同分析產業的利弊，並設身處地為客戶著想，讓客戶自己去評判，進而得出結論的方法。

八、面談技巧之面談中需要注意的問題

◆禮讓客戶先說

讓客戶先說，一方面可以表現你的謙虛，另一方面可以藉此機會來觀察對方，給自己一個思考的時間和從容考慮的餘地。

◆談話中諱則避之

不論與什麼樣的客戶交談，都應對對方有所了解，聰明地避開某些對方忌諱的話題，如個人的隱私、疾病及不願提及的事情，否則會引起對方不快。要學會察言觀色，一旦發現自己不小心觸及了對方的忌諱，對方面有不快之色或狀極尷尬時，應立即巧妙避開。

◆盡量表現出誠懇

交談的態度以誠懇為宜。油腔滑調，縱然有很好的意見，也難以為人們所接受。

◆適當運用幽默

恰到好處的幽默，能使人在忍俊不禁之中，體會到深刻的哲理。幽默運用適當，可為社交增添活躍愉快氣氛。但妙趣橫生的談話，來源於一個人修養和才華的系統結合，不可強求。如果僅僅為了追求風趣的結果，而講些格調不高的笑話，甚至不惜侮辱他人，則只能顯出自己的輕薄與無聊。

◆避免累贅的口頭禪

口頭禪固然能展現個性，但多數是語言的累贅，即使內容相當吸引人，但如果加上若干個這個、那個、嗯啊之類的口頭禪，就如同在煮熟的白米飯中摻上一把沙子一樣，令人難以下嚥。所以，對作為語言累贅的口頭禪，應該避免。

◆與多人面談注意平衡

如果幾個人一起交談，你要注意不要只把注意力集中到某一個人身上而冷落了其他人。除了你的對話者外，可用目光偶爾光顧一下其他的人。對於沉默者則應設法使他開口，像是問他對這事件有什麼看法？這樣便可打破沉默，機智地引出他的話來。

抓住時機，促成第一單 

一、掌握推銷時機

掌握推銷時機是吸引客戶的關鍵。並不是每個時候都是推銷產品的好時機，在客戶從心理上接受推銷人員，再到客戶對產品有針對性的認知過程後，才能循序漸進，切入主題。

二、第一單意味著很多

▷ 成功地做成第一單交易，可以累積很多寶貴的經驗。萬事開頭難，只要一開頭，後面的路就好走多了。

▷ 成功地做成第一單交易，可以增加自己的自信。心虛往往因為不了解，當你真正的做好一次交易之後，你就會對推銷工作有了很多了解，這樣自信心也就慢慢培養起來了。

▷ 成功地做成第一單交易，可以累積人脈。交易本是一件在交流中完成的工作，所以在工作中要遇到很多的人，這些人也許就組成你以後推銷工作的人脈網絡。

［小測驗］第一次推銷你能得多少分

1. 第一次推銷，你是否充滿熱情？

　A. 很有熱情

　B. 有熱情

　C. 一般

　D. 缺少熱情

E. 毫無熱情

2. 第一次推銷，你能夠做到設身處地為客戶著想嗎？

A. 完全能夠做到

B. 能夠做到

C. 一般

D. 不太能做到

E. 完全做不到

3. 第一次推銷，你能夠做到認真傾聽嗎？

A. 完全可以

B. 可以

C. 一般

D. 不太能做到

E. 完全不可以

4. 第一次推銷，客戶對你本身很認可嗎？

A. 非常認可

B. 認可

C. 一般

D. 不太認可

E. 很不認可

5. 第一次推銷，你的心理一直很穩定嗎？

A. 非常穩定

B. 還算穩定

C. 一般

D. 比較不穩定

E. 既不穩定

6. 第一次推銷，你能洞察客戶的心理嗎？

A. 完全可以

B. 可以

C. 一般

D. 不太能

E. 完全不能

7. 第一次推銷，你能準確分析出誰才是真正的掌權者嗎？

A. 非常準確

B. 準確

C. 一般

D. 不太準確

E. 很不準確

8. 第一次推銷，你和客戶的交談很順了嗎？

A. 非常順利

B. 順利

C. 一般

D. 不太順利

E. 很不順利

9. 第一次推銷，你和客戶的交談很愉快嗎？

A. 非常愉快

B. 愉快

C. 一般

D. 不太愉快

E. 很不愉快

10. 第一次推銷，你的第一單很大嗎？

A. 很大的一單生意

B. 較大的一單生意

C. 一般

D. 較小的一單生意

E. 很小的一單生意

答案：A 5 分；B 4 分；C 3 分；D 2 分；E 1 分

總分：50分優秀；50－40分良好；40－30分及格；30－20分有點差；20 － 10 分很差。

第一次接待客戶，賺取「第一桶金」

第一次客戶接待，你是否會很緊張，是否想要退縮。其實，緊張甚至選擇退縮都很正常，但不是說這是明智之舉。成功往往是屬於那些勇於邁出第一步的人。如果第一步你選擇了退縮，就意味著將來是一個失敗的結局。

勇敢的邁出第一步吧，這沒有什麼，要相信自己的能力。接待客戶就是個交流的問題。而交流是社會中的人的一種本能，只是有的人的這種本能沒有開發出來。第一次客戶接待正好可以激發人的這種潛能。當你成功的邁出這一步時，你會發現一切都不像你先前想的那樣困難重重。

如果你仍然心存忐忑，那麼下面的一些內容也許會給你些啟示和幫助。

來的都是客 —— 做專業迎賓員

一、客戶接待之接待禮儀

▷ 有客戶來訪，應馬上起來接待，並讓座。

▷ 來客多時以先後順序進行，不能先接待熟悉客戶。

▷ 接待客戶時應主動、熱情、大方、微笑。

▷ 對每一位來訪的客人都應讓座並倒上一杯溫水。

▷ 客人落座前主人不應先坐下，當客人告辭時，主人應送到門口或電梯口。講話時目光應停留在對方雙眼至前額的三角區域，使對方感到被關注。

二、客戶接待之語言禮儀

（一）熱情禮貌的問候語

推銷工作屬於服務性工作，所有的服務產業都要使用服務用語，所謂的服務用語就是重點表現出服務意識的語言，比如「有沒有需要我服務的？有沒有需要我效勞的？」這樣的問候語既生動又得體，需要每個服務人員牢記於心、表現於口。切忌不要使用類似「找誰？有事嗎？」這樣的問候語，它會把你的客戶通通嚇跑。

（二）運用客戶易懂的語言

淺顯易懂的語言是交流得以順暢進行的保證。一句話可以得罪人，同樣，也可以令人感受到你的親切，願意與你交談。當你接待客戶時，最好不要或者盡量減少使用所謂的專業術語。比如醫學專業術語、銀行專業術語等等。許多客戶無法聽懂那些專業術語，如果你在與其交談時張口閉口皆術語，就會讓客戶感覺很尷尬，也會使交流受到影響。所以，招呼語要通俗易懂，要讓客戶切身感覺到你的親切和友善。

（三）簡潔明確的禮貌用語

簡潔明確的禮貌用語在生活中很常用，當你接待客戶時，它們就更是必不可少的好幫手了。你要多說「您好」、「大家好」、「謝謝」、「對不起」、「請」等等禮貌用語，向客戶展現你的專業風範。

（四）交談要順應客戶的問話

順應客戶強調的是順著客戶的心理與其進行適度的交談。比如，當客戶說「對不起，請問你們總經理在不在」時，接待人員應該馬上回答「您找我們總經理嗎？請問貴公司的名稱？麻煩您稍等一下，請這邊走……」同時，要自然展現出合宜的肢體語言。

（五）用語言表示你對客戶的關懷

這裡的語言既包括有聲的語言也包括無聲的肢體語言等。如果外頭艷陽高照，客人滿頭大汗走進你所在的公司，你要立刻遞給他一張紙巾，不要小看這張薄薄的紙，它雖然擦在客戶的頭上，卻暖在了客戶的心裡，這種無聲的話語會令客戶倍感溫馨。同樣，下雨的時候，你的一句「您沒帶傘，有沒有著涼？」也是充滿溫馨的關懷話語。要學會根據環境變換不同的關懷話語，拉近你與客戶之間的距離，讓客戶產生賓至如歸的感覺。這是與客戶進行下一步交流的好的開端。

三、客戶接待之接待技巧

（一）客戶接待要將心比心

客戶來訪，一開始的接待服務至關重要。因為客戶對推銷的感知，就是覺得服務好或不好，這在相當程度上取決於一開始接待服務的品質。回憶自己作為客戶，不管是去商場買東西，還是去餐廳吃飯或去維修中心維修你的產品，你希望在需要服務時能得到什麼樣的接待？學會站在客戶的立場上想問題，是業務員的一項必備技能。

（二）做好接待客戶的準備工作

客戶在接受某項基本服務時，最基本的要求就是業務員能關注他直接的需求，能受到熱情的接待；在不需要接待時，客戶就不希望業務員去打擾他。業務員要想能在接待客戶的過程中，呈現出良好的推銷技巧，就必須做好事先的充分的準備工作，實際來說，業務員在接待客戶之前應做好以下兩方面的準備工作：

1. 對客戶的需求做出預測

業務員事先對客戶的需求做出預判是接待準備工作中很關鍵的一步。在接待客戶之前，應先預測一下客戶可能會有哪些方面的需求，再分別地一一作好準備。一般來說，客戶會有以下三個方面的需求：

◆對於資訊的需求

實際上是客戶需要了解的資訊。例如你去餐廳吃飯，那麼你會想要知道該餐廳都有什麼菜、哪道菜是招牌菜、哪道菜的口味最好、多久可以上菜、價格是多少等等，這些都稱之為資訊需求。為了滿足客戶的這種資訊需求，業務員就要事先做好充分的準備，表示業務員需要不斷地充實自己的專業知識。因為只有你夠專業，才有可能去為你的客戶提供這種令他滿意的服務，才可能去滿足客戶對於資訊方面的一些需求。

◆對於環境的要求

例如在天氣很熱時，客戶會希望這個房間裡很涼爽；如果這次推銷需要等候很長時間，你一定會需要有一些書刊、雜誌可以供你來看等等，這些都叫做客戶對環境的需求。是否能滿足客戶這個方面的需求，直接關係到客戶對於接待服務的滿意程度。

◆對於情感的需求

客戶都有被讚賞、同情、尊重等各方面的情感需求，業務員需要去理解客戶的這些情感。如：客戶可能會跟你講，你看我這麼一大把年紀了，跑到你這裡來，來回坐車就要兩三個小時，那如果你能把這件事情在電話裡幫客戶解決就好了；如果客戶說，你看，這麼大熱的天，到你們這裡來，我騎車已經騎了半個小時，渾身都溼透了，如果你能跟客戶說，今天天氣是很熱，我給您倒一杯水吧，那麼客戶聽了心裡相對來說就會感到舒服很多。這些東西就叫做情感的需求。滿足客戶這種需求的難度是相當大的，要做好這方面的準備工作也是相當不容易。這就需要業務員有敏銳的洞察力，能夠觀察到客戶的這些需求去加以滿足。能夠滿足客戶對於情感方面的需求，對於最後的推銷成功甚至都有著決定的意義。

2. 做好滿足客戶需求的準備

業務員在認識了客戶的三種需求以後，就應該根據客戶的這些需求做好相對地準備工作。如果每個業務員能根據本產業的特點做好這三方面的準備工作的話，在真正面對客戶的時候才能為客戶提供滿意的服務。

（三）對你的客戶表示出歡迎態度

業務員在做好充分的準備工作後，下一步的工作就是迎接你的客戶。業務員在迎接客戶時要做好以下幾個方面的工作：

◆展現自己職業化的形象

對客戶來講，他非常關注對面那個人帶給他的第一印象究竟會是怎麼樣的。對業務員來講就是你穿著怎麼樣，給別人感覺你是不是很專業，最好讓你的客戶一看到你就能很快地判斷出你的職業，甚至你的職業水準。如：你去醫院看病，醫生辦公室門一開，你通常就能看出來，這個人是教授、是實習醫生、還是護理師。業務員在歡迎客戶時一定要呈現出一個非常好的職業化的第一印象，這很關鍵。

◆表現出歡迎的熱情

熱情的態度在這裡是非常重要的，因為它決定著客戶對於整個接待服務的一種感知。歡迎的態度對你的客戶來說確實是非常重要的，你在一開始時應該以怎樣的態度去接待你的客戶，將決定你整個推銷的成敗。所以，對於業務員來說，在歡迎客戶時，一定要時常發自內心地展現微笑，以熱情的態度來接待每一位客戶。

◆把關注點放在客戶的需求上

就是上面說的要關注客戶的資訊需求、環境需求、情感需求。

◆凡事堅持以客戶為中心的原則

業務員應該以客戶為中心，時刻圍繞著客戶，這就表示著當你為這個客戶提供服務時，即使旁邊有人正在叫你，你也必須先跟客戶說，「非常抱歉，請您稍等」，然後才能去說話，一說完話馬上就接著為客戶服務。

讓客戶覺得你比較關注他，以他為中心，他感覺受到了尊重，這就為後面的良好交流做好了鋪墊。

欲搞定客戶，先戰勝自己

半夜裡，女兒要上廁所，一個人爬起來下床去，走到臥室門口，開門看了看，又折回來，門裡太黑，她害怕了。

媽媽說：「寶貝，別害怕，鼓起勇氣。」

「勇氣是什麼？」女兒跑到媽媽的床前，問道。

「就是勇敢的氣。」媽媽回答。

「媽媽，妳有勇氣嗎？」

「我當然有了。」

女兒就伸出她的小手來：「媽媽，那把妳的勇敢的氣吹給我吧。」

媽媽對著她冰涼的小手吹了兩口，女兒緊張兮兮地急忙握緊拳頭，生怕「勇敢的氣」跑掉了。然後，她就握著拳頭，大步地、無所畏懼地走出了臥房，上廁所去了。

其實，很多時候，我們害怕的不是別的，是自己內心憑空生出的恐懼。我們要戰勝的也不是別的，正是自己。

「人最大的敵人，不是別人，而是自己。」意思是說，人在一生的奮鬥中，最難克服的敵人，是來自自己的一顆心，只要仔細地體察，人間的成功與失敗，雖也受到環境的影響，然而，影響一生最大的，還是在於自己的心理因素。上帝並不偏愛每一個人。事實上，每個人都想成才，都想獲得成功。獲得成功的條件有四個方面：才能、機遇、困難、努力程度。困難中，最難掌握也最難取勝的是戰勝自己。戰勝自己，想得容易，做起來異常艱難，為什麼有的人一而再、再而三地想戒菸，但就是戒不了？為什麼有的人想勤奮學習，但學了幾天就堅持不了了？這都是戰勝不了自己的緣故。

戰勝自己，說到底，是要戰勝自己的不良心態、習慣、缺點、弱點。無論是患病、遇禍、遭災，還是挫折、失敗、逆境，關鍵時刻應該沉穩寧靜，心平氣和，無所畏懼，順其自然，從容應付。不然，就會失去平衡心態，驚慌失措，亂了方寸，驚恐萬狀，走進死胡同。意志薄弱者，不能戰勝自己，在每一個機會中，卻只看到黑暗、憂鬱焦慮、消極悲觀。而意志堅強者，能夠挑戰自我，戰勝自己，在每一次黑暗中，都能看到光明，把握住每一次機會，泰然處之，樂觀向上，走向成功。

戰勝自己，並非易事，需要的是堅定的理想和信念，足夠的勇氣，頑強的毅力。當你應該「乾淨」時，先要戰勝自己的貪慾。當你應有勇氣時，先要戰勝自己的怯懦。當你需要剛強時，先要戰勝自己的軟弱。當你需要寧靜時，先要戰勝自己的怒氣。唯有如此，心理障礙掃除了，方能步入坦途，抗狂風，戰惡浪，抵達勝利的彼岸。

業務員第一次面對客戶，難免會有些底氣不足，這時最需要的就是勇氣。業務員要有勇氣戰勝自己的怯懦。要善於用一些技巧激勵自己，給自己增加勇氣和信心，使自己能夠從容地面對客戶，為客戶提供良好的服務。下面就介紹一些關於戰勝自己、激勵自己、緩解緊張心情及消除社交恐懼症的方法，希望可以為初入職場、初次面對客戶的新人一些幫助。

一、戰勝自己的 35 計

▷ 容貌是與自己戰鬥的歷史痕跡，而不是取悅人的資本。

▷ 容貌不時地在改變。

▷ 我們的容貌，對我們而言也是外人，此一事實，不容忽視。

▷ 探索自己到底是個怎樣的人。

▷ 揭露自己，徹底加以檢查。

▷ 請客戶告訴你，我該如何改進自己。

▷ 尊敬自己。

▷ 切莫掩飾自己的缺點。

▷ 製作自我的診斷書。

▷ 忠實地找出自己行動的證明。

▷ 無法創造出超過自己水準的市場。

▷ 要有決斷、勇氣、耐性。

▷ 立即拆毀陳腐的自己。

▷ 下定決心在人生的座標中，描繪出自己的新形象。

▷ 養成把一件事貫徹到底的習慣。

▷ 莫以過去安慰自己。

▷ 培養一顆純真的心。

▷ 絕不以手腕扭曲事物。

▷ 使自己成為能夠衷心「喜其該喜」的人。

▷ 鍛鍊自己，掌握人生轉折點的良機。

▷ 成為任何人都願意與你欣然相處的人。

- ▷ 成為給人親切感的人。
- ▷ 在自己的內心製造溫暖，如此一來，別人也可以分享它。
- ▷ 熱情之力勝過一切。
- ▷ 創造具有魅力的外表。
- ▷ 重視外表的目的在於讓別人正確地評斷您。
- ▷ 整理外表，意在端正自己對工作的架勢。
- ▷ 外表也是使自己顯眼的裝備。
- ▷ 使時間屬於己有。
- ▷ 做個可控制（管理）時間的人。
- ▷ 建立生活的節奏，且堅守到底。
- ▷ 要預先了解自己情緒的週期。
- ▷ 對方就是你的鏡子。
- ▷ 傾注全力與今天戰鬥。
- ▷ 成功不該用結果計算，應該以耗費的努力的總數來計算。

二、自我激勵的方法

（一）自我激勵的四個小動作

美國《今日心理學》雜誌推薦了 4 個簡單的小動作，適時消除工作所帶來的負面影響：

◆抓住空檔，磨練你的熱情

即使一天只有 15 分鐘也好，每天花一點時間在自己最喜歡的興趣上，比如利用上班前和另一半吃頓早餐；晚飯後整理陽臺的花花草草；或上網和電腦玩 15 分鐘的圍棋。如此會讓你更容易找回對工作的熱情。

◆寫下讓你感到驕傲的努力

準備一張小卡，每天至少寫下 3 件讓你感到驕傲的事情。這裡指的不是你今天又接到一筆多大的案子，而是當你已經付出百分之百的努力準備簡報，即使最後提案並沒有通過，也應該寫下來鼓勵自己。如果你真的想不出來自己到底做了哪些努力，或許可以找個值得信任的同事幫助你。

◆準備一個「獎狀」公布欄

在家裡找一個你每天最常經過的一面牆，掛上一個小小公布欄，把所有能夠展現自我價值的「獎狀」都貼在上面：比如說辛苦設計的提案報告封面；被老闆稱讚的一封 Email；或是生日時同事合送你的乾燥花。每天經過看一眼，你就能吸收它帶給你的正面能量。當然也要記得每個月更新。

◆專注於如何解決問題

停止任何負面的、責備自己的想法，專注於如何解決問題。或許在電話或電腦旁貼一個禁止標誌，可以提醒自己不要陷入負面的思考中。

（二）自我激勵的技巧

◆不要待在安樂窩裡

總是待在安樂窩裡的老鷹永遠也不能成為天空的主宰，只有勇敢地在狂風中振翅飛翔的老鷹，才配擁有廣闊的天空。不斷去挑戰激勵自己吧！告訴自己，不要待在安樂窩裡，因為天空才是你的目標。

◆做好自己的情緒管理

人開心的時候，體內就會發生奇妙的變化，從而獲得陣陣新的動力和力量。但是，不要總想在自身之外尋開心。令你開心的事不在別處，就在你身上。因此，找出自身的情緒高漲期用來不斷激勵自己。

◆適當的調高自己的目標

許多人驚奇地發現，他們之所以達不到自己孜孜以求的目標，是因為他們的主要目標太小、而且太模糊不清，使自己失去動力。如果你的主要目標不能激發你的想像力，目標的實現就會遙遙無期。因此，真正能激勵你奮發向上的是，確立一個既宏偉又實際的遠大目標。有了目標才有動力，有了動力就有了奮發向上的理由。

◆增強自己的緊迫感

美國作家阿內絲·尼恩（Anais Nin）曾寫道：「沉溺生活的人沒有死的恐懼。」自以為長命百歲無益於你享受人生。然而，大多數人對此視而不見，假裝自己的生命會綿延無絕。唯有心血來潮的那天，我們才會籌劃大事業，將我們的目標和夢想寄託在丹尼斯·韋特利（Denis Waitley）稱之為「虛幻島」的汪洋大海之中。其實，面對死亡未必要等到生命耗盡時的臨終一刻。事實上，如果能逼真地想像我們的彌留之際，會物極必反產生一種再生的感覺，這是塑造自我的第一步。增強自己的緊迫感要適當而為，否則只是徒增壓力，而達不到激勵自己的作用。

◆交朋友要注意人以群分

對於那些不支持你目標的「朋友」，要敬而遠之。你所交往的人會改變你的生活。與憤世嫉俗的人為伍，他們就會拉你沉淪。結交那些希望你快樂和成功的人，你就在追求快樂和成功的路上邁出最重要的一步。對生活的熱情具有感染力。因此與樂觀的人為伴能讓我們看到更多的人生希望，產生更多積極的動力。

◆面對將要到來的恐懼

世上最祕而不宣的祕密是，戰勝恐懼後迎來的是某種安全有益的東西。哪怕克服的是小小的恐懼，也會增強你對創造自己生活能力的信心。如果一味想避開恐懼，它們會像瘋狗一樣對我們窮追不捨。此時，最可怕的莫過於雙眼一閉假裝它們不存在。只有勇於面對恐懼的人，最終才能戰勝恐懼。也只有這樣的人才能在戰勝一次一次的恐懼之後，變得無比堅強。

◆前進中適當做出休整

實現目標的道路絕不是坦途。它總是呈現出一條波浪線，有起也有落。但你可以安排自己的休整點。事先看看你的時間表，框出你放鬆、調整、恢復元氣的時間。即使你現在感覺不錯，也要做好調整計畫。這才是明智之舉。在自己的事業巔峰時，要給自己安排休整點。安排出一段時間讓自己隱退一下，即使是離開自己愛的工作也要如此。休整是為了休養生息，積蓄力量，以便投入到以後的工作中。

◆輕視眼前的困難

在工作中，困難是不可避免的，困難對於腦力運動者來說，不過是一場場艱辛的比賽。真正的運動者總是盼望比賽。如果把困難看作對自己的詛咒，就很難在生活中找到動力。如果學會了輕視你眼前的困難，那困難也就不是困難了。當你克服一個個困難而前行時，你前進的步履會越來越輕快。

◆學會享受過程中的快樂

多數人認為，一旦達到某個目標，人們就會感到身心舒暢。但問題是你可能永遠達不到目標。把快樂建立在還不曾擁有的事情上，無異於剝奪自己創造快樂的權力。記住，快樂是天賦權利。首先就要有良好的感覺，讓它使自己在塑造自我的整個旅途中充滿快樂，而不要再等到成功的最後一刻才去感受屬於自己的歡樂。有快樂時時相伴的人，才能在任何艱難險阻前都能保持樂觀的心態。

◆預演未來的戰鬥

先「預演」一場你將要面對的複雜的戰鬥。如果手上有棘手的事情而猶豫不決時，不妨挑件更難的事先做。生活挑戰你的事情，你定可以用來挑戰自己。這樣，你就可以自己開闢一條成功之路。成功的真諦是：對自己越苛刻，生活對你越寬容；對自己越寬容，生活對你越苛刻。

◆得過且過不可取

鍛鍊自己即刻行動的能力。面對工作不給自己任何拖延的理由。充分利用對現在的認知力。不要沉浸在過去，也不要耽溺於未來，要著眼於今天。要學會腳踏實地、注重眼前的行動。要把整個生命凝聚在此時此刻。

◆在競爭中求得生存

競爭給了我們寶貴的經驗，無論你多麼出色，總會人外有人。所以你需要學會謙虛。努力勝過別人，能使自己更深地認識自己；努力勝過別人，便在生活中加入了競爭「遊戲」。不管在哪裡，都要參與競爭，而且總要滿懷快樂的心情。要明白最終超越別人遠沒有超越自己更重要。

◆學會自我認知

大多數人透過別人對自己的印象和看法來看自己。獲得別人對自己的反映很不錯，尤其正面回饋。但是，僅憑別人的一面之詞，把自己的個人形象建立在別人身上，就會面臨嚴重束縛自己的危險。因此，只把這些溢美之詞當作自己生活中的點綴。人生的棋局該由自己來擺。不要從別人身上找尋自己，應該經常自省並塑造自我。對自己進行積極的認知，可以做出對自己最客觀的評價，因為還有誰能比你更了解自己呢？

◆樹立積極的危機意識

危機能激發我們竭盡全力。無視這種現象，我們往往會愚蠢地創造一種追求舒適的生活，努力設計各種越來越輕鬆的生活方式，使自己生活的風平浪靜。當然，我們不必坐等危機或悲劇的到來，從內心挑戰自我是我們生命力量的源泉。聖女貞德（Joan of Arc）說過：「所有戰鬥的勝負首先在自我的心裡見分曉。」危機不是退縮的理由，更不是你坦然接受失敗的理由，面對危機要積極應對。

◆學會自我培養

培養自我，如繪巨幅畫一樣，不要怕精工細筆。如果把自己當作一幅正在描繪中傑作，你就會樂於從細微處做改變。一件小事做得與眾不同，也會令你興奮不已。總之，無論你有多麼小的變化，點點都於你很重要。自我培養是一種積極的生存哲學，首先要對自己有一個較高的期望值，對自己有了期望，才能有進取心。

◆勇於做沒有把握的事

有時候我們不做一件事，是因為我們沒有把握做好。我們感到自己「狀態不佳」或精力不足時，往往會把必須做的事放在一邊，或靜等靈感的降臨。你可不要這樣。如果有些事你知道需要做卻又提不起勁，儘管去做，不要怕犯錯。給自己一點自嘲式幽默。抱一種打趣的心情來對待自己做不好的事情，一旦做起來了儘管樂在其中。如果，一個人只是做自己有把握的事，那麼這個人一生中能做幾件事呢？

◆不要害怕別人的拒絕

不要消極接受別人的拒絕，而要積極面對。你的要求落空時，把這種拒絕當作一個問題：「自己能不能更多一點創意呢？」不要聽見不字就打退堂鼓。拒絕只是對你暫時的否定，所以，應該讓這種拒絕成為激勵你更加努力的原因。

◆以放鬆的心態迎接挑戰

接受挑戰後，要盡量放鬆。在腦波開始平緩你的中樞神經系統時，你可以感受到自己的內在動力在不斷增加。你很快會知道自己有何收穫。自己能做的事，不必祈求上天賜予你勇氣，放鬆可以產生迎接挑戰的勇氣，還可以讓你在面臨難題時保持頭腦清醒，從而增加你戰勝困難的機率。

三、緩解緊張心情的方法

坦白說明你的感受，在很多時候，這種方法可以緩解一個人的緊張情緒。例如你可能在晚宴上自己心裡想著：我太害羞，與這種宴會格格不入。或是剛好相反，你認為許多人討厭這種聚會，但是我很喜歡。無論如何，你應該將你的感受向第一個似乎願意聽的人說出來，這個人可能就是你的知音。坦白地說出「我在這裡一個人也不認識」或「我不知道該講些什麼」，總比讓自己顯得拘謹冷漠好得多——最健談的人就是勇於坦白的人。

要是你發現一個陌生人與你說話，他的眼神又很穩定地凝視著你時，不要因此就不好意思，就退縮。你可以試著往思想性的主題去攀談，因為這種人對抽象的思考有興趣。要是在抽象的思考這方面你比較弱，你不妨來提問這方面的問題，讓他來教你，雙方即滿意。

四、走出社交恐懼症的陰影

在現代社會，社交恐懼症已經是一種常見文明病。社交恐懼症患者害怕的對象主要是社交場合和人際接觸，他們在公共場合把注意力過於放在周圍的環境上，對外界的刺激非常敏感，總覺得別人對自己的一言一行非常關注，總擔心自己會出現錯誤而被別人嘲笑，總處於一種莫名的心理壓力之下。有很多人之所以不喜歡客戶接待這樣的工作，就是因為或多或少都有些社交恐懼。

社交恐懼是可以透過一些科學的方法得到改善的：

◆注意力集中法

在社交場合，不必過度關注自己給別人留下的印象，要知道自己不過是個小人物，不會引起人們的過分關注，正確的做法是學會把注意力放在自己要做的事情上才對。

◆提問法

當心理過於緊張或焦慮時，不妨提問：再壞又能壞到哪裡去？最終我又能失去些什麼？最糟糕的結果又會是怎樣？大不了是再回到原點，有什麼了不起！想通了這些，一切就會變得容易起來了。

◆鐘擺法

為了戰勝恐懼，心裡不妨這樣想：鐘擺要擺向這一邊，必須先往另一邊用力。我臉紅大不了紅得像塊紅布；我心跳加速有什麼了不起，我還想跳得比搖滾樂鼓點還快呢！結果呢，人們會發現實際情況遠沒有原先想像得那麼嚴重，於是注意力就被轉移到正題上了。

◆避開中心法

這種方法就是避免直接碰撞敏感中心，使一個原本看來很困難的社交行為變得容易起來，這種方法對輕度社交恐懼症一般有立竿見影的效果。

準備程度與成功機率呈正比

一、客戶接待準備之自我心理準備

在推銷工作中，經常要面對形形色色的人，有的是親友，有的則是陌生人。若業務員的商品知識不充分、信心缺乏、有糾紛或煩惱、疲勞、焦慮、對手競爭或要向繁忙的店家、達官顯要……等推銷商品時，就會較容易引起懼怕症。因此，在心理上應有萬全的準備：

▷ 對「破冰」在行；

▷ 預先抱著將遭受百分之百拒絕的可能性心態前往；

▷ 要保持為客戶利益而訪問的信心；

▷ 以輕鬆的心情了解客戶的想法；

▷ 想到是為公司做公關而去；
▷ 要認為是推銷自己的一個好機會；
▷ 不要糾纏太久，盡可能早一點告辭；
▷ 要抱定早已成交了的想法而去；
▷ 要準備好第二次訪問的藉口；
▷ 要留存著興趣與關心回來。

二、客戶接待準備之接待環境準備

會客室（辦公室）環境一般可劃分為硬體環境和軟體環境。硬體環境包括室內氣味、光線、顏色、辦公設備及會客室的布置等外在客觀條件。軟體環境包括會客室的工作氣氛、接待人員的個人素養等社會環境。制約會客室環境的因素很多，有自然因素、經濟因素，最主要的還是人的修養因素。

會客室清潔、明亮、整齊、美觀，讓來訪者一走進來就感到這裡工作有條不紊，充滿生氣。如果沒有專門的會客室，也應在辦公室中騰出一個比較安靜的角落來，讓來客一進門就有個坐處，可以從容地講話。

◆綠化環境

會客室（辦公室）的綠化是不能忽視的。外部環境應力求做到芳草鋪地，花木繁茂。室內綠化要合理地配置花木，會給室內增光添輝。

◆空氣環境

空氣環境的好壞，對人的行為和心理都有影響。室內通風與空氣調節對提高接待工作效率十分重要。

◆光線環境

室內要有適當的照明。如長時期在採光、亮度不足的場所工作，很容易引起視覺疲勞。

◆聲音環境

室內要保持肅靜、安寧，這樣工作人員才能聚精會神地從事接待工作。

客戶接待中沒有小事

客戶接待中無小事。贏得客戶的心，決非朝夕之功。事實上，推銷工作是由一件件小事構成的，但不能因為是小事就對客戶敷衍應付或輕視怠慢。所以，工作人員在接待客戶時一定要嚴格按照工作規範來進行。在客戶接待工作中規範自己的行動和語言，讓自己的一言一行都能獲得客戶的認可，絕不能因為這些小事情而導致客戶的不滿。

一、客戶接待規範

▷ 對來訪客戶，接待人員應站起來微笑迎客，主動問候，招呼入座，送上一杯熱茶。

▷ 對客戶的陳述，應認真做好接待紀錄。與客戶交談語言要謙和、誠實、熱情。

▷ 對來公司和服務站諮詢產品的客戶，要誠實推薦，重點介紹新產品及公司對產品與服務的保障能力、開發能力。如：產品技術等級、主要技術、可靠性、使用性、支持性服務、性價比、「親人」服務內容等。

- ▷ 對來公司和服務站投訴產品品質問題的客戶，應詳細詢問並記錄故障發生過程，在 2 小時之內確定解決方案，並告知客戶，立即實施。
- ▷ 對來公司和服務站投訴服務品質問題的客戶，應詳細詢問並記錄上次故障發生過程、維修服務過程、本次故障過程，或客戶服務要求被拒絕、延誤的過程。在 2 小時內答覆客戶處理措施方案。隨後調查處理，並將處理結果通報客戶。

二、接待客戶禮貌用語

- ▷ 您請坐，請喝茶，請稍候。
- ▷ 希望您能監督我們的工作。
- ▷ 感謝您使用我們的產品，我們將全方位為您服務。
- ▷ 您對我們有什麼意見，可以向我們主管反應。
- ▷ 您對我們的產品有什麼建議，請講。
- ▷ 請您把對我們服務的意見寫下來，好嗎？
- ▷ 我們是按公司有關規定來執行，望您諒解。
- ▷ 這事我不清楚，我幫您問一問好嗎？
- ▷ 您還有什麼不清楚、不明白需要我們幫助的嗎？

三、接待客戶服務禁語

- ▷ 是誰賣給你的，就去找誰，不要找我。
- ▷ 我現在在忙，以後再說，我不能為你一個人服務。

▷ 誰服務好，就找誰去吧！

▷ 公司不同意索賠，我們也沒有辦法。

▷ 我馬上就下班了，你的事以後再說吧！

▷ 我們不是正在幫你解決問題嗎？你急什麼！

▷ 急什麼，等著吧！

▷ 我不管，沒人做。

▷ 少囉嗦，快交錢。

▷ 沒時間，不能去。

▷ 牆上有，自己看。眼睛幹什麼用的？

▷ 你什麼毛病，這麼囉嗦。

應酬客戶應有心思

一、應酬前的準備

應酬是為了抓住對方的心而製造機會。所以，約定應酬時，不是站在自己的立場上考慮，而是衡量對方的心思，這一點非常重要。

▷ 先了解對方的個性，對方是熟識，這事固然不在話下，如果不太熟的，就應設法研究一下。比如：要了解對方的年齡、職務、工作性質，以及本人的喜好，找到令對方滿意的地點。了解對方是否習慣應酬，隨習慣程度的不同，決定應酬的地方。

▷ 接近方法的選擇，你認為是最合適的。

▷ 預先計劃好要應酬的內容，不要臨時東拉西扯講話。

▷ 徵求對方的同意，關於時間和地點的事項。

二、客戶應酬中應注意的問題

▷ 邀請對方應酬的時機，是「覺得可以在公司以外的場合見面時」，太早邀請會使對方提高警戒心。週末時，不論餐廳或高爾夫球場皆難預約，所以要及早預定。

▷ 在對方心情尚未放鬆時，就搬出工作的話題，此乃下下之策，徒增對方的警戒心而已。必須要等對方內心已充分鬆懈，再找機會談論工作。不能因為花錢應酬，就急於想要回收。

▷ 記住，客戶是應酬的「主角」。不要去「自己想去的店」，或強迫對方去 KTV。應酬的目的是開啟對方的心，所以，希望趕快有成果，強迫對方接受自己的喜好，這樣的應酬，令對方痛苦。

▷ 不要常常輕易邀約「一起吃個飯吧！」約定必須盡可能趕快履行。

▷ 應酬客戶時，不要令對方覺得無聊。自己沒有才藝，就專心扮演聽眾的角色，即使不勝酒力，也不可以破壞氣氛，偶爾喝一些即可。

▷ 買些家庭用品或伴侶們會喜歡的小禮物，讓對方帶回去，這禮物可令對方更加滿意。

▷ 翌日必須向對方道謝：「謝謝您在百忙之中抽空。」

三、幾種應酬方式

（一）高爾夫應酬

打高爾夫球原本是愉快的，但變成應酬時，如果不能讓對方愉快就沒有意義，不可按自己的喜好規劃。

▷ 規劃路線，要留意對方的實力、喜好、地位（特別是球桿的好壞，關係著整個應酬的成敗）。所以之前要調查對方的實力，輸贏時的反應、脾性，以便己方可以組成相應的組員。還要注意到交通的便利，最好選擇對方住家附近的球場。迎接時可用自用車或計程車，比約定時間早 5 ～ 10 分鐘到達對方的家。

▷ 如果在球場會合，應先行在大廳等候。對方會以禮儀判斷你的人格。特別是有些人對禮儀講究特別嚴格，所以事前必須多多學習相關的禮儀。比如：不可以將撿球的工作完全委託給桿弟，確認好球的落下位置，拚命去找。當天致力於人際關係的建立，以免破壞氣氛，商談留待他日。如果情況允許，可避免有交通阻塞困擾及球場過於混雜的休假日，而改在平常的時間。

（二）禮品應酬

▷ 贈品的選擇以令人回味無窮為關鍵。令人清爽的贈品、令人覺得清爽的時機、清爽的贈送態度，這些都非常重要。

▷ 不要送出非常便宜的東西。下一番功夫，找出可以打動對方的東西。

▷ 一次就贈送很貴重的禮物，會造成對方的負擔，反而令人敬而遠之。輕鬆地帶著地方特產之類的禮物，對方比較容易接受。

▷ 對於醫生及有名人士等接送贈禮機會多的人，不要贈送普通的禮品，必須下一番功夫，選擇可令他們真正高興的禮品。若是對方協助我們銷售時，也可以「現金」相贈。如果涉及瀆職、違法就傷腦筋了，但若狀況允許，現金也會令對方很高興。

▷ 中秋節或年終，也有以公司名義送禮的機會，所以，請善加利用。為令對方牢記深刻，選擇令對方感動的禮品，必須下一番功夫。

四、酒桌應酬

酒桌應酬是管理客戶關係的常用方法之一，酒桌應酬作為商務活動之一，也要遵循一定的禮儀。客戶代表在酒桌上應酬客戶也需要掌握一些基本的說話技巧：

◆照顧好酒桌上的每一個人

在酒桌上需要注意的就是，千萬不要讓客戶受到冷落。大多數酒宴賓客都較多，所以應盡量多談論一些大部分人能夠參與的話題，得到多數人的認同。因為個人的興趣愛好、知識面不同，所以話題盡量不要太偏，避免唯我獨尊，天南地北，出現離題現象，而忽略了眾人。特別是盡量不要與人貼耳小聲私語，給別人一種神祕感，往往會產生「就你們好」的嫉妒心理，影響喝酒的效果。

◆把握好酒宴的主體

大多數酒宴都有一個主題，也就是喝酒的目的。赴宴時首先應環視一下各位的神態表情，分清主次，不要單純地為了喝酒而喝酒，而失去交友的好機會，更不要讓某些譁眾取寵的酒徒攪亂東道主的意思。

◆恰當的運用一些幽默的語言

酒桌上可以顯示出一個人的才華、常識、修養和交際風度，有時一句詼諧幽默的語言，會給客人留下很深的印象，使人無形中對你產生好感。所以，應該知道什麼時候該說什麼話，言語得當，詼諧幽默很關鍵。

◆勸客戶喝酒莫要強求

在酒桌上往往會遇到勸酒的現象，有的人總喜歡把酒場當戰場，想方設法勸別人多喝幾杯，認為不喝到量就是不實在。「以酒論英雄」，對酒量大的人還可以，酒量小的就為難了，有時過分地勸酒，會將原有的朋友感情完全破壞。

◆遵循敬酒的禮儀

敬酒也是一門學問。一般情況下敬酒應以年齡大小、職位高低、賓主身分為序，敬酒前一定要充分考慮好敬酒的順序，分明主次。好相處與不熟悉的人在一起喝酒，也要先打聽一下身分或是留意別人如何稱呼，這一點心中要有分寸，避免出現尷尬或傷感情的局面。敬酒時一定要把握好敬酒的順序。有求於在席上的某位客人時，對他自然要加倍恭敬，但是要注意，如果在場有更高身分或年長的人，則不應只對能幫你忙的人畢恭畢敬，也要先給尊者長者敬酒，否則，會讓人覺得你的敬酒動機太功利。

面對「刁難」，見招拆招

為客戶服務，是一件極具挑戰性的工作。因為推銷人員要面對的客戶是形形色色的，與不同的人打交道，要用不同的方法。面對不同的客戶自然不能做到一招通吃。遇到客戶的刁難是常有的事，所以要求業務員要有堅強的心理素養和處理突發問題的能力。面對客戶的刁難，作為一名推銷人員，首先要分清客戶的刁難是「真刁難」，還是「假刁難」。所謂「真刁難」就是說，客戶完全出於一種不講理的態度為難業務員。而「假刁難」是說，客戶是基於對所受到的服務不滿而提出異議。

業務員在處理這兩種「刁難」時，有一個準則就是，盡量做到讓客戶滿意，因為他們才是上帝。不過在處理方法上要區別對待。

一、處理客戶的「真刁難」

所謂客戶的「真刁難」，我們前面已經說過了，這是客戶的一種無理的挑釁。對待這樣的客戶，我們不能針對客戶對著幹，當然更不能接受客戶提出的無理要求。所以，在處理這類刁難的時候，要特別注意方法。

（一）首先作自我反省

作自我反省，是為了找出自身的原因，看是不是因為自己的言行得罪了客戶，以致客戶故意為難自己。如果真的是因為自己的言行不當而開罪了客戶，那要主動的向客戶表示道歉。如果不是自己的錯，完全是客戶在無理取鬧的話，那也要盡量用委婉客氣的語言進行勸解。

（二）面對客戶的刁難要不卑不亢

客戶是上帝，所以業務員應該把客戶放在第一位，這是不容置疑的。然而，面對客戶的刁難，業務員也要有自己的底線，否則，只會引來客戶的得寸進尺。最終的結果不只是自己受到委屈，公司的利益也可能受到危害。

業務員面對無理取鬧的客戶，要表現得不卑不亢，沉著冷靜的處理問題，就像下面的這位藥局的店員：

一家藥局裡清一色全是「女兵」，所以店長只好讓結過婚的店員小麗負責器械與生育用品銷售，因此在日常工作中，小麗時常會碰到尷尬的事，尤其是銷售男性保健品、生育用品及小型器械時，有時一些男性客戶只是對其中的產品好奇而讓店員為其講解或演示，有的甚至拿此事當笑話而在營業場所故意調侃店員。作為店員有時很無奈，可又不敢輕易開罪客人。

一天，一位中年男性客戶來到櫃檯前，點名要看看壯陽類產品，小麗拿了兩種給他，他拿起來看了看產品說明書，然後笑笑說：「這藥真有這麼神嗎？真有效嗎？能達到雙方滿意嗎？我吃了沒效怎麼辦？我能來找妳嗎？」客戶的這番話讓小麗尷尬得臉一陣一陣的發紅，心想：如果不是在工作我早就罵他了。這客戶戴一副金絲眼鏡，看上去文質彬彬的。怎麼說出來的話就「變味」了？但她仍舊面帶微笑耐心地向他解釋：「這是保健產品，主要是保健作用。但像你所說一定要有效果，我想任何專業人士都不敢做這樣的承諾，那是不負責任的說法，是欺騙消費者的虛假廣告。我能保證的是我們藥局出售的藥品品質是合格的，符合國家相關規定。」小麗振振有辭的反駁讓客戶感受到了她那不容輕視的態度，對方只好悻悻地離開了。

故事中的小麗碰到客戶的無理刁難時，表現得不卑不亢，以嚴肅而不失禮的姿態對待，以軟中帶硬的語言方式反駁對方，最終讓這類客戶「無地自容」，悄悄溜走。所有業務員都應該這樣，切忌一時氣惱與客戶發生爭執，那樣只會把事情弄得更糟。

二、處理客戶的「假刁難」

客戶的「假刁難」實際上就是客戶的異議，這種異議的產生是出於一種合理的要求。雖然，客戶提出的異議有時也會讓業務員感到很為難，也會讓業務員有種受到刁難的感覺，但是，在處理這類「刁難」的時候，唯一的解決辦法就是盡量滿足客戶提出的要求，如果因為客觀原因不能滿足的話，要耐心向客戶解釋清楚。

（一）弄清客戶投訴的原因

◆對客戶承諾過多

客戶或消費者在購買產品，接受服務時往往有一定的期望值，如果實際情況達不到客戶期望，客戶和消費者就會感到不滿意。因此，在銷售過程中，不能承諾過多，承諾過多，有時就會適得其反。我們應該實事求是地告訴客戶，我們能做些什麼，結果將會怎樣。但如果已經承諾過多，我們也要想方設法兌現承諾。如果公司已經解決了部分問題，但仍未達到所承諾的標準時，可以採取適當的補償措施，如調換產品或提供其他方面的物質補償。

◆業務員的服務不好

這是客戶投訴比較多的一個問題。所以，業務員切記不要把責任推卸給客戶，如果他們覺得自己負有部分責任，他們會退讓。反之，公司暗示或認定客戶也有責任，只會激化矛盾。誠懇詢問客戶希望如何改進，使客戶知道，我們會盡一切努力改正失誤，在以後的工作中客戶可以得到更好的服務。

◆客戶需求的服務無法給予滿足

如貨源問題不能保持正常的供應，某些不符合當時環境下的服務等，在實際操作中，應避免簡單說「不」或「不知道」。行銷人員要盡自己了解的資訊，做好解釋工作，不能置之不理或置若罔聞。當客戶要求的服務水準太高，公司無法滿足時，最好的辦法就是如實告訴客戶。客戶會因為我們的誠信而更加信任，而且也不會對我們抱不切實際的期望。另外，如果業務員可以幫助客戶找到一些解決問題方案的話，那就更好了。

（二）正確對待客戶的異議

◆尊重客戶的個人習慣和主觀看法

由於服務對象是個獨立的能動的主體，他有自己的見解和情感，這些見解和情感方面的認識通常帶有片面性且又難用講解、說服的辦法加以消除。另外，客戶的心情，也是客戶異議產生的一個原因，在洽談之前，也應先有所了解，當客戶心境不佳時，即使想成交，他也會因一時的心情而變得煩惱，例如，故意提出各種異議甚至惡意反對，有意地阻止成交。此外，業務員應盡量避免與客戶正面衝突。有的業務員「愛為人師」，每個人都有要表現自己的願望，願自己的知識、才能有展示的機會，這樣在推銷時，有些客戶就會為了表現自己知識豐富、有主見而提出種種異議，對這樣的客戶，業務員應該有耐性，理解他們，贊同他們，採取謙虛的態度，以滿足客戶在心理方面的需求。

◆要滿足客戶了解情況的要求

客戶需要的是商品解決自己的實際問題，對於商品的了解是客戶的權利和要求，業務員對客戶提出有關商品問題及各種異議應該理解，也是應該歡迎的，因為這說明客戶對商品已產生了真正的興趣，希望了解更多的情況，針對這種類型的異議，業務員應以令人信服的介紹，別具一格的演示和充足的事實證明等徹底解決客戶的疑問。

◆業務員注意提高自身素養

由於業務培訓在某些企業部門還沒給予足夠的重視，業務員本身的素養差，再加上企業文化不深入人心，沒有達到社會的需求，表現在業務服務不周，銷售名譽不佳，提供資訊不足，待客禮儀不當等，「自己毀了自己的長城」。客戶產生異議也就在情理之中了。為了杜絕這些情況，就應該加強業務員培訓，加強企業管理，在同產業中，樹立自己良好的企業形象，銳意進取，不斷創新，緊跟時代的要求，以取得客戶的信任與好感。

◆全力解決產品品質問題

當今，偽劣商品充斥市場，使人們對商品自然產生出一種不信任感，這使本來不健全的消費心理又變得更加脆弱，再加上一些商品品質不合格，品種不齊全，功能欠缺，價格不當或商品的宣傳不充分，客戶便會自然地提出各種異議，對這方面的異議業務員要區別對待，妥善處理，資訊要及時回饋，該提供資訊的就提供更多的資訊，該增加商品的增加，該改進商品的改進。絕不能因為商品品質的原因而得罪客戶，這是很愚蠢的做法。

（三）解決客戶異議的方法

1. 轉折處理法

轉折處理法也叫「但是處理法」。即業務員根據有關事實和理由來間接否定客戶的意見。應用這種方法是首先承認客戶的看法有一定道理，也就是向客戶作出一定讓步，然後再講出自己的看法。此法一旦使用不當，可能會使客戶提出更多的意見。在使用過程中要盡量少地使用「但是」一詞，而實際交談中卻包含著「但是」的意見，這樣效果會更好。只要靈活掌握這種方法，就會保持良好的洽談氣氛，為自己的談話留有餘地。比如，客戶提出業務員推銷的服裝顏色過時了，業務員不妨這樣回答：「小姐，您的記憶力的確很好，這種顏色幾年前已經流行過了。我想您是知道的，服裝的潮流是輪迴的，如今又有了這種顏色紅回來的跡象。」這樣就輕鬆地反駁了客戶的意見。

2. 反駁處理法

它與「轉折處理法」相對應，也叫直接否定法，是業務人員根據有關事實和理由來直接否定客戶異議而進行針鋒相對、直接駁斥的一種處理方法。這種方法最好用於回答以問句形式提出的異議或不明真相的揣測陳述，而不用於表達己見的宣告或對事實的陳述。比如，客戶可能焦急地問：「這種顏色在陽光下褪色嗎？」業務員即可回答：「不，絕對不會，試驗已經多次證明，我們亦可擔保。」此法有優點，但局限性較大。它的最大的弱點就是直言不諱，毫無顧忌，很容易傷害客戶，用得不當會使客戶下不了臺，甚至會激怒客戶。所以，用時一定要注意：必須依事實，講道理，並注意語氣委婉，態度友好，而不能強詞奪理，表達否定意見態度一定要真誠而殷切，不要像是在發動攻勢，絕不能露出想發脾氣的樣子，那樣會激起客戶的不滿和抵抗的情緒，反而不利於問題的解決。

3. 冷處理法

對於客戶一些不影響成交的反對意見，業務員最好不要反駁，採用不理睬的方法是最佳的。千萬不能客戶一有反對意見，就反駁或以其他方法處理，那樣就會給客戶造成你總在挑他毛病的印象。當客戶抱怨你的公司或同行時，對於這類無關成交的問題，都不予理睬，轉而談你要說的問題。客戶說：「啊，你原來是某公司的業務員，你們公司周圍的環境可真差，交通也不方便呀！」儘管事實未必如此，也不要爭辯。你可以說：「先生，請您看看產品……」國外的推銷專家認為，在實際推銷過程中 80% 的反對意見都應該冷處理。但這種方法也存在不足，不理睬客戶的反對意見，會引起某些客戶的注意，使客戶產生反感。且有些反對意見與客戶購買關係重大，業務員掌握不好，不予理睬，有礙成交，甚至失去推銷機會。因此，利用這種方法時必須謹慎。

4. 抵消處理法

此法又叫「補償處理法」或「以優補缺法」，是業務人員利用產品的某些長處來對異議所涉及到的短處加以彌補的一種處理方法，世界上沒有十全十美的東西，在客戶異議的確是事實時，宜採用此法，先承認其異議的正確性，然後，指出產品的優點以彌補產品的缺點，以便使客戶心理達到一定程度的平衡，認為購買推銷產品是值得的。這樣，既保持了良好的人際關係，又突出了優點，有利於排除障礙，促成交易。買鞋的客戶可能會說鞋子的價格太高，業務員就可承認這一點，但同時又巧妙地指出：「一分的價格一分的貨，因為是真皮，品質有保證，當然價格也應該高。」它與「轉折處理法」的主要區別在於後半部分，轉折處理法後半部是緊接著否定客戶異議，而補償處理法的後半部則是指出產品的優點，用以補償客戶感覺到的不足。它是一種比較理想的方法。它的優點首先是承認客戶的觀點，並沒有間接否定，給予人實事求是的印象，增加了信任感。其次，透過對產品優點的宣傳，容易使客戶獲得心理平衡，讓客戶感到購買此產品是划算的，有利於推銷工作的進行。

5. 轉化處理法

轉化處理法，是利用客戶的反對意見自身來處理。客戶的反對意見是有雙重屬性的，它既是交易的障礙，同時又是一次交易機會。營業員要是能利用其積極因素去抵消其消極因素，未嘗不是一件好事。這種方法是直接利用客戶的反對意見，轉化為肯定意見，但應用這種技巧時一定要講究禮儀，而不能傷害客戶的感情。此法一般不適用於與成交有關的或敏感性的反對意見。

6. 反問處理法

反問處理法又稱詢問處理法或質問處理法，是用對客戶提出的異議進行反問或質問的方法答覆客戶的異議。凡是客戶提出異議必須都得回答，若以陳述句的形式點出一些事實，往往會引起進一步異議；若以反問的形式回答異議，不但不會引起新的異議，並且能使客戶自己回答自己的問題。如一位客戶對推銷吸塵器的業務員說：「你的機器太重。」業務員便可反問：「你為什麼說它太重？」這樣就迫使對方給出幾個理由並使業務員獲得一次實際展示機器的機會，以說明他的機器並不重。難怪有專家說：在業務員使用的詞彙中，有一個詞最有價值，它就是「為什麼」。此法優點主要在於它能迫使你仔細聽客戶說話，了解客戶的真實需求，又能擺脫困境，迫使客戶不得不放棄藉口。但是，它也有一個最大的弱點，就是使用不當，會引起客戶的反感和牴觸。業務員在運用這個方法的時候，要注意自己的口吻，應該用商量式的客氣的口氣來回應客戶的異議。

三、處理客戶「刁難」的語言要求

（一）應對客戶刁難時用語

▷ 禮貌是人人應自覺遵守的，隨便罵人是不對的。

▷ 如果您對我們的服務感到不滿意的話，歡迎批評指正。

▷ 工作上我有哪些做得不夠，歡迎您提出來，或者向我們主管反映，這樣在商場喧鬧影響不好。

▷ 請您能夠理解和尊重我們的服務工作。

（二）應對客戶刁難時禁語

▷ 有意見去找經理！

▷ 這個東西品質就是這樣！

▷ 想告就告。

［小測驗］第一次接待客戶你能得多少分

1. 第一次接待客戶，你的總體表現如何？

A. 非常好

B. 不錯

C. 一般

D. 不太好

E. 很糟糕

2. 第一次接待客戶，你的準備工作做得怎麼樣？

A. 非常充分

B. 相對充分

C. 一般

D. 不太充分

E. 根本沒準備

3. 第一次接待客戶，你的心緒是不是很緊張？

A. 非常放鬆

B. 不緊張

C. 一般

D. 有點緊張

E. 非常緊張

4. 第一次接待客戶，你覺得自己有社交恐懼症嗎？

A. 肯定沒有

B. 沒有

C. 不知道

D. 有點傾向

E. 肯定有

5. 第一次接待客戶，面對客戶的刁難你成功應付了嗎？

A. 非常成功

B. 還算成功

C. 一般

D. 不太成功

E. 非常失敗

6. 第一次接待客戶，你應酬客戶時很順利嗎？

A. 非常順利

B. 還算順利

C. 一般

D. 不太順利

E. 很不順利

7. 第一次接待客戶，你覺得自己是個幽默的人嗎？

A. 很幽默

B. 相對幽默

C. 一般

D. 不太幽默

E. 缺少幽默細胞

8. 第一次客戶接待，你的接待工作符合規範嗎？

A. 很符合

B. 大致符合

C. 一般

D. 不太符合

E. 不符合

9. 第一次接待客戶，你認為自己是成功的嗎？

A. 非常成功

B. 還算成功

C. 不確定

D. 不太成功

E. 很不成功

10. 第一次接待客戶，客戶是滿意而歸的嗎？

A. 非常滿意

B. 滿意

C. 不確定

D. 不太滿意

E. 很不滿意

答案：A 5 分；B 4 分；C 3 分；D 2 分；E 1 分

總分：50 分優秀；50 － 40 分良好；40 － 30 分及格；30 － 20 分有點差；20 － 10 分很差。

第一次談判，證明你是出色的

商務談判是指具有獨立資格的買賣雙方，為了實現各自的目的，圍繞涉及雙方利益的商品（或勞務），而進行的溝通、協商，最終達成一致的行為過程。

商務談判，走進成功人生的必修課

在秋季中的一天，泰瑞・塞梅爾（Terry Semel）來到哈佛商學院參加「談判俱樂部」演講。作為曾任雅虎（Yahoo）董事長兼執行長，塞梅爾在學生面前不僅語言生動、頭腦敏捷，而且充滿活力和幽默感，一掃平常媒體對他廣為流傳的、諸如「呆板生硬、羞於宣傳」的評價。

泰瑞・塞梅爾說：「很多人問我工作成功的祕密，我自己也經常思考，後來發現其實就是兩個字『談判』。我熱愛談判，小到辦公室的面積問題，眾所周知我和我的搭檔是好朋友，但是我經常和他談判，比如他有多大面積的辦公室，我也會要求相同面積；他的辦公室有幾把椅子，我也會要求同樣數量的椅子；大到雅虎的收購問題，自從我來到雅虎以後，雅虎就是在談判中發展壯大的。」

一、人物簡介

泰瑞・塞梅爾：華納兄弟公司的前任 CEO。塞梅爾在好萊塢被譽為最有創意、最成功的電影界商人之一。他利用《蝙蝠俠》這類電影賺了大錢，還幫助年邁的明星（如伊斯特伍德，Clinton Eastwood）當上導演、拿了奧斯卡獎。在複雜的娛樂圈，他左右逢源的手段運用得當，很多電影界的明星都非常樂意與其合作。

2001 年勞動節，泰瑞・塞梅爾進入雅虎公司擔任 CEO。在此期間，他成功對雅虎的兩大主要業務：市場服務和客戶服務進行了改革，並對公司進行了徹底的重組，再加上網路廣告市場的反彈，雅虎的盈利一再攀升，年增率達到 20%；連續 5 年，雅虎高居《財星》雜誌（*Fortune*）排名

「世界 500 強企業」之列；雅虎的註冊使用者（每個月至少使用一次）達到 1.33 億名。

二、在談判中成長期來的泰瑞 · 塞梅爾

泰瑞·塞梅爾是的的確確從談判中獲得成功的典範人物。「談判是一門科學或者也叫遊戲，正確、聰明地運用這門技術，會經常給你帶來驚喜。」這位曾經被《商業周刊》評為「最佳經理人」的 CEO 侃侃而談：「當然一次成功的談判，並非意味著併購業務的成功，一家公司的管理要遠遠比交易數字本身更為複雜和龐大。」對於塞梅爾來說，談判幾乎貫穿於他的職業生涯。他在紐約的布魯克林區（Brooklyn）出生，最早的人生理想是做一個合格的會計師。24 年前他進入了華納兄弟公司（Warner Bros.），從職位低下的銷售員一直做到聯合執行長（CO-CEO），他和羅伯特·戴利（Robert Daly）一起將華納兄弟公司從 10 億美元的規模發展成為 110 億美元的娛樂業巨人，其中包括製造了《超人》和《駭客任務》這樣的電影發行奇蹟。當時年過六十、頭髮花白的塞梅爾看上去短小強悍、精力充沛，他謙虛地表示，自己對談判的認知更多來自於華納公司的老搭檔羅伯特·戴利。「羅伯特對我後來形成自己的談判風格很有幫助，儘管我們的談判風格截然相反。」

塞梅爾把自己的成功經常歸結為兩個字，那就是「談判」。他的高超談判交易技能在好萊塢留下了深刻影響，以至於好萊塢為此形成了一個專門詞彙——「塞梅爾化（Semelized）」來形容某人「精於談判」。塞梅爾說：「我所主持的最長的一次談判持續了整整一年。那就是雅虎收購網絡廣告公司 Overture。當 2002 年開始談判時，雅虎股價還處於網路低潮時期的 17 美元，而 Overture 的股價則是 33 美元。然而，我們認為它的股

價被高估了，我們一直跟蹤分析他們的股價，他們的市值大約在 15 億～20 億美元之間波動。這中間的差距對我們是一筆不小的數字。」塞梅爾告誡自己在談判中要保持最大的耐心，「不要首先提出條件」、「不要說太多話」、「要先提出一百萬個問題」等等。「在經過 3 ～ 4 個月的討論之後，Overture 的股價開始往下跌，而同時雅虎的股價開始往上走。這就是耐心帶來的好處。我潛意識中一直堅信我們的股價是被低估了。直至認為時機合適之時，我再次邀請 Overture 的董事長一起喝酒，我說『這次我們是認真的！』」就這樣一場馬拉松式的談判終於在塞梅爾的不懈努力下，得到了好的回報。

當然，馬拉松式的談判並不是塞梅爾每筆交易的風格，在他主持的另一個談判中，最重要的決定因素變成「速度和時間」。當時搜尋引擎公司 Inktomi 的報價是 1.7 億美元，而塞梅爾報價 1.4 億美元。在雙方進行了短暫的接觸和討論後，談判陷入了令人窒息的困境，而被美國《財星》雜誌稱為「談判老手」的塞梅爾做了一次前所未有的嘗試。「我向對方的董事長建議：『是否能讓所有人都先出去，讓我們兩個人單談一會兒？』」當雙方的律師、分析師、高層管理人員都魚貫而出之後，會議室只剩下了兩個人。久經沙場的塞梅爾首先打破沉默，他說：「現在你的目標是 1.7 億美元，我的目標是 1.4 億美元。我們可能花費數個月時間在此磨合、討價還價，然後你也許會把價格降到降到 1.6，而我可能會讓步到 1.5；然後我們將耗費至少一個月時間折磨對方，最後很可能把價格定位在 1.55、1.54 或者 1.56。此刻，如果你不介意的話，我們能否馬上做一個快速、簡單的決定、趁著只有我們兩個人，就坐在這裡把這件事情了結，我知道我們兩個都有無數的事情等著去做。讓我們就定在 1.54 億美元，怎麼樣？」談判對手笑了，稍加思索說：「不行，我要求 1.55 億美元。」「你們可以想像，我馬上就說『OK，確認 1.55 ！』就這樣我們簽定了合約。」塞梅爾對他的這次成功的談判也是津津樂道，他很滿意這次成功的冒險。

塞梅爾憑藉高超的談判技術，在自己並不擅長的產業裡，取得了令人敬佩的成績。正是他的努力使得一度被業界認為已盛極而衰的雅虎東山再起。2002 年，雅虎全年收入 9.53 億美元，實現利潤 4,300 萬美元，而 2001 年銷售額是 7.17 億美元，利潤虧損 9,300 萬美元。雅虎的漲勢還在繼續，2003 年第一季度淨利潤達到 4,700 萬美元，收入則上升 47%。分析師預測今年雅虎的利潤總額將是去年的 4 倍，超過 2 億美元，而銷售額則將攀升 33%，達到 13 億美元。

雅虎的競爭對手美國 IAC 公司（IAC / InterActiveCorp）的執行長巴瑞 · 迪勒（Barry Diller）說：「他所做的一切成效顯著。」

商務談判能力對於一個人的職業發展有著重要的作用，在談判中可以累積大量實戰經驗，這在市場經濟的競爭環境中是十分重要的能力。

職場新手，面對談判你該準備什麼

一場商務談判能否取得圓滿的結果，不僅取決於談判桌上有關策略，戰術和技巧的運用，還有賴於談判之前充分、精細的準備工作。

商務談判講究的是它的實戰性，並不是空談的學問，而是一門有著豐富內涵的、融合多方面知識為一體的全面學科。作為職場人，除了掌握各式各樣的談判技巧外，如何在商務談判開始之前和之初與客戶溝通，建立和諧的交際關係，給對方留下良好印象，是十分重要的。所以，在談判前一定要做好準備工作。

對於談判新手來說，應做好以下談判準備工作：

一、積極參與對方資訊的蒐集工作 —— 做到知己又知彼

對於一個談判新手來說，如果上司交給你談判任務，說明對你是十分信任的，所以，你要引起足夠的重視，首先一定要表現出你對所面臨工作的熱情，儘管對於這個任務怎麼開展工作你還是一頭霧水，搞不清來龍去脈，但是務必不要表現出你「虛弱」的內心世界。積極的態度是必須的，因為談判場就是戰場，有絲毫的思想懈怠就會輸掉這場戰爭。

在戰爭中講究「知己知彼，百戰百勝」。在談判時也是如此，所以，對於談判對手，你手裡有多少資料可以參考的，盡可能地熟悉它，手裡還沒有的，馬上利用網路蒐集到，仔細研究他們公司背景、經營範圍、生意場上的信譽、高層主管概貌等等；要拉得下臉皮，向周圍的「前輩」請教，必要的時候小小地「賄賂」一下也無妨。因為，掌握對方的資料是談判成功的先決條件。

二、提前做好心理調適 —— 用自信迎接談判的到來

與陌生人見面很多人都會有惶恐不安的感覺，所以，作為談判場上的新人出去談判，你首先要做好心理調適，有掌握主動的心理準備，因為你有積極的心態，想做成對方的生意，你就要把事情往好處想。如果還沒開始談判，你就把困難設想得像不可踰越的高山，那麼你接下去臉上勢必會顯露出畏難的表情，人的底氣不足，形象氣質會大大受損。如果再讓對方

看出你心虛，那麼談判中你勢必會處處落於下風，這樣即使談判最後達成協議，也是自己付出了較大的代價。

曾經有一個很自卑的主持人，她每次採訪名人之前，都告訴自己說：「我不能仰視他，我和他是平等的，採訪是我的工作，我不能像追星族那樣問問題，否則我就完全失去了主持人應該有的地位。」有一次接到採訪任務，對象是一個經常對媒體記者出言不遜的男明星，這個女主持又對自己說：「我把他往好處想：今天他的脾氣是一年來最好的。」思想鬆弛以後，女主持人與他有說有笑，探討過電影語言等學術高雅問題以後，自然轉到大眾關心的問題，結果明星自動表現出很多「隱私」，一場採訪收到了很好的效果。

三、設計好自我介紹的方法 —— 給對方留下深刻印象

好的自我介紹，必須神采奕奕而且精簡有力，並以不超過 30 秒鐘為原則。介紹的重點應該包括姓名以及一句簡短的話，讓對方不但知道你是誰，而且不容易把你忘記。另外根據不同的場合，不同對象，你要注意介紹的著重點不同。自我介紹時要注意以下幾個事項：

◆注意時間

要抓住時機，在適當的場合進行自我介紹，對方有空閒，而且情緒較好，又有興趣時，這樣就不會打擾對方。自我介紹時還要簡潔，盡可能地節省時間，以半分鐘左右為佳。為了節省時間，作自我介紹時，還可利用名片、介紹信加以輔助。

◆講究態度

進行自我介紹，態度一定要自然、友善、親切、隨和。應落落大方，彬彬有禮。既不能畏畏懦懦，又不能虛張聲勢，輕浮誇張。語氣要自然，語速要正常，語音要清晰。

◆真實誠懇

進行自我介紹要實事求是，真實可信，不可自吹自擂，誇大其辭。

四、注意名片細節 —— 做到以禮待人

名片是商務人士的必備溝通交流工具，名片像一個人簡單的履歷表，遞送名片的同時，也是在告訴對方自己姓名、職務、地址、聯絡方式。由此可知，名片是每個人最重要的書面介紹。在我們從業之初，設計及印製名片是首要任務，於名片空白處或背面寫下個人資料，以幫助相互了解。精美的名片使人印象深刻，也能展現你的個人風格。若想適時地傳送名片，使對方接受並收到最好的效果，在遞送、接受、存放名片時要講究社交禮儀。

◆名片的遞送

在社交場合，名片是自我介紹的簡便方式。交換名片的順序通常是：「客先主後；身分低者先，身分高者後」。當與多人交換名片時，應依照職位高低的順序，或是由近及遠，依次進行，切勿跳躍式地進行，以免對方誤認為有厚此薄彼之感。遞送時應將名片正面面向對方，雙手奉上。眼睛應注視對方，面帶微笑，並大方地說：「這是我的名片，請多多關照。」

◆名片的接受

接受名片時應起身，面帶微笑注視對方。接過名片時應說：「謝謝」，隨後有一個微笑閱讀名片的過程，閱讀時可將對方的姓名職銜念出聲來，並抬頭看看對方的臉，使對方產生一種受重視的滿足感。然後，回敬一張本人的名片，如身上未帶名片，應向對方表示歉意。

◆名片的存放

接過別人的名片切不可隨意放置或扔在桌子上，也不要隨便地塞在口袋裡或丟在包裡。應放在襯衫左胸的口袋或名片夾裡，以示尊重。

商務談判的常見技巧和策略

商務談判是推銷人員經常要面對的工作內容之一。如果談判者能靈活掌握並動用一些談判技巧和實用策略，就可能在談判桌上取得主動，確保最終獲得談判的勝利。

一、商務談判的實用策略

◆探測策略

談判時探測出對方的意圖是取得談判成功的關鍵。所以，談判人員要會使用一定的策略來摸清對方的真實想法，之後才能在談判的過程中掌握主動權，還可以根據對方的情況及時調整自己的談判策略。

◆精神策略

精神策略是指談判人員要保持良好的精神狀態，得體的待人接物與言談舉止，做到儀表端莊、舉止禮貌、態度誠懇、語言親切，不能在談判中信口開河，而要有嚴密的邏輯推理。在談判上如何塑造自己的形象和精神風貌，是一種極其重要的策略。

◆假設條件策略

這是一種委婉的說法，如果價格有很大的爭議，可以指出：「如果我方擴大訂貨數量，價格能否予以優惠，其幅度是多少？」透過多項假設條件的列舉，使談判靈活機動，留有餘地，討價還價是克服對方心理障礙的有效方法，軟化對方的保守與固執。

◆終止策略

當對方一再堅持自己的要求而不接受自己的意見而使談判陷入僵局的時候，可以採取終止談判的進行，以迫使對方做出一定的讓步。在使用這個策略時，要首先摸清對方的底線，否則會弄巧成拙。

◆拖延策略

市場行情變化無常，在談判過程中要善於把握行情，看準情勢。如果價格呈上升趨勢，可以拖延時間，以待時機，使對方陷入被動當中。

二、商務談判技巧之語言技巧

成功的商務談判都是談判雙方出色運用語言藝術的結果。

◆語言要有針對性

談判語言的針對性是指語言要始終緊扣主題，有的放矢。實際地說，談判語言的針對性包括：針對某類談判，針對某次談判的實際內容，針對某個實際對手，針對同一個對手的不同要求等。

談判語言要針對某個實際的對手。不同的談判內容和談判場合都有不同的談判對手，需要使用不同的談判語言；即使是同一談判內容，由於談判對手的文化背景、知識水準、接受能力、個性習慣不同，也會有不同的談判語言。

談判語言還要針對同一談判對手的不同需要，恰當地使用有針對性的語言或重點介紹商品的品質、效能；或側重介紹本企業的經營狀況；或反覆闡明商品價格的合理等等。

總之，談判語言要掌握重點，不枝不蔓，言簡意賅，正中下懷。

◆說話方式要婉轉

談判中應該盡量使用委婉語言，這樣易於被對方接受。

要讓對方相信這是他自己的觀點。在這種情況下，談判對手有被尊重的感覺，他就會認為反對這個方案就是反對他自己，因而容易達成一致，獲得談判成功。

◆談判語言要靈活

談判過程中往往會遇到一些意想不到的尷尬事情，所以談判者需具有靈活的語言應變能力，與應急手段相連繫，巧妙地擺脫困境。當遇到對手逼你立即作出選擇時，你若是說：「讓我想一想」之類的語言，會被對方認為缺乏主見，從而在心理上處於劣勢。此時你可以看看錶，然後有禮貌地告訴對方：「抱歉，我得與一個約定的朋友通電話，請稍等五分鐘。」於是，你便很得體地贏得了五分鐘的時間。

◆特殊環境使用無聲語言

商務談判中，談判者透過姿勢、手勢、眼神、表情等非發音器官來表達的無聲語言，往往在談判過程中發揮重要的作用。在有些特殊環境裡，有時需要沉默，恰到好處的沉默可以取得意想不到的效果。

三、商務談判之敘述技巧

敘述就是介紹己方的情況，闡述己方對某一個問題的實際看法，從而使對方了解自己的觀點、方案和立場。

(一) 開場闡述

1. 開場闡述的要點

▷ 開宗明義，點明本次會談所要解決的主題，以集中雙方注意力，統一雙方的認知。

▷ 表明我方透過洽談應該得到的利益，尤其是對我方至關重要的利益。

▷ 表明我方的基本立場，可以回顧雙方以前合作的成果，說明我方在對方所享有的信譽。

▷ 開場闡述以原則出發，而不是個體的，應盡可能簡明扼要。

▷ 開場闡述的目的是讓對方明白我方的意圖，以創造協調的洽談氣氛，因此，闡述應以誠摯和輕鬆的方式來表達。

2. 讓對方開場闡述的反應

▷ 認真耐心地傾聽對方的開場闡述，歸納弄懂對方開場闡述的內容，思考和理解對方闡述的關鍵問題，以免產生誤會。

▷ 如果對方開場闡述的內容與我方意見差距較大，不要打斷對方的闡述，更不要立即與對方爭執，而應該先讓對方說完，認同對方之後再巧妙地轉開話題，從側面進行反駁。

（二）讓對方先談

（三）坦誠想見

（四）注意正確使用語言

▷ 準確易懂；

▷ 簡明扼要，具有條理性；

▷ 第一次就要說準；

▷ 語言富有彈性；

▷ 發言緊扣主題；

▷ 措詞得體，避免偏激；

▷ 注意語調、語速、聲音、停頓和重複；

▷ 注意折衝迂迴，避免一瀉千里；

▷ 使用解圍用語。

四、商務談判技巧之提問技巧

◆談判前做好問題的準備

準備工作做的充足有利於在談判的過程中占得先機。所以，談判前應該有預見性的準備一些要提出的問題，最好準備一些對手不能夠迅速想出適當答案的問題，以期收到意想不到的效果。同時，預先有所準備也可預防對手反問。有些有經驗的談判人員，往往是先提出一些看上去很一般，並且比較容易回答的問題，而這個問題恰恰是隨後所要提出的比較重要的問題的前奏。這時，如果對手思想比較鬆懈，突然面對我們所提出的較為重要的問題，其結果往往是使對手措手不及，收到出其不意之效。因為，對手很可能在回答無關緊要的問題時即已顯露其思想，這時再讓對手回答重要問題，對手只好按照原來的思路來回答問題，也許這就是我們想要的答案了。

◆提問在傾聽之後

在對手發言時，如果我們腦中閃現出疑問，千萬不要中止傾聽對手的談話而急於提出問題，這時我們可先把問題記錄下來，等待對手講完後，有合適的時機再提出問題。在傾聽對手發言時，有時會出現馬上就想反問的念頭，切記這時不可急於提出自己的看法，因為這樣做不但影響傾聽對手其下文，而且會暴露我方的意圖，這樣對手可能會馬上調整其後面的講話內容，從而使我們可能失去本應獲取的重要資訊。

◆提問要掌握好時機和火候

與對手談判時，要盡量避免提出那些可能會阻礙對手讓步的問題，這些問題會明顯影響談判效果。事實上，這類問題往往會給談判的結局帶來麻煩。提問時，不僅要考慮自己的退路，更要考慮到給對手留出退路，要掌握好時機和火候。

◆用提問來試探對手

在合適的時候，我們可以提出一些自己事先已經知道答案的問題，以驗證對手的誠實程度，以及其處理事物的態度。同時，這樣做也可給對手一個暗示，即我們對整個交易的行情是了解的，有關對手的資訊我們也是掌握很充分的。這樣做有利於我們做出下一步的決策。

◆提問時要態度謙恭

商務談判不同於法庭上的審問，所以不要以法官的態度來詢問對手，也不要問起問題來接連不斷。要知道像法官一樣詢問談判對手，會造成對手的敵對與防範的心理和情緒。需要雙方心平氣和地提出和回答問題，另外，重複連續地發問往往會導致對手的厭倦、乏味而不願回答，有時即使回答也是馬馬虎虎，甚至會所答非所問。

◆提問時表現出自己的誠懇

誠懇的態度可以在一定程度上消除對手的戒心。當直接提出某一問題對手態度謹慎而不願展開回答時，我們可以轉換一個角度，並且用十分誠懇的態度來問對手，以此來激發對手回答。實踐證明，這樣做會使對手樂於回答，也有利於談判者彼此感情上溝通，更加有利於最終談判的成功。

◆注意用簡短的句式來提問

在與對手談判的過程中，提出問題的句子越短越好，而由問句引出的回答則是越長趣好。因此，我們應盡量用簡短的句子來向對手提問。因為當我們提問的話比對手回答的話還長時，我們就將處於被動的地位，顯然這種提問在談判中是不值得提倡的。

五、商務談判技巧之答覆技巧

談判中答覆問題，是一件很不容易的事情。因為，談判者回答的每一句話都負有責任，都被對方理所當然地認為是一種承諾。這便給回答問題的人帶來一定的精神負擔和壓力。因此，一個談判者程度的高低，取決於其答覆問題的水準。

答覆問題，實質上也是在敘述，因此，敘述的技巧對於回答問題通常也是適用的。但是，答覆問題並非孤立的敘述，而是和提問相連繫，受提問制約的敘述，這就決定了答覆問題應該有其獨特的技巧。

一般情況下，在談判中應該針對對方的提問實事求是地正面回答。但是，如果對所有的問題都正面提供答案，並不一定是最好的答覆。所以，答覆問題也必須運用一定的技巧來進行。

◆答覆前要做深思熟慮，切忌隨口作答

這樣才能使答覆懇切明確，有利於確定互利互惠的合作關係。如果對方提出的問題是自己始料不及的，千萬不要隨口答覆。為了使自己獲得一個充分的思考時間，或者獲得一個內部商量的機會，可以用「記不清」、「資料不全」或「這個問題我們尚未進行認真的思考」等為由，拖延答覆。

◆聽清對手問題後作答，防止所答非所問

對方提出詢問，或是為了了解問題的真正本質，或是為了獲得確切的資料、數值，或是為了說定甚至說死我方到底要承擔什麼樣的義務。對於這些問題，答覆時要採取極為慎重的態度，說錯了就要承擔責任。

◆適當迴避不便答的問題，不可勉強作答

對於有些問題，當不能答或不便於答時就不可勉強作答，而要採取迴避手法。如果能用一個幽默的方式迴避一下，則更有利於打破僵局。

六、商務談判技巧之說服技巧

談判是透過合法的公平競爭來達成利益均霑的合作，談判的任何一方都要在互利的前提下實現自己的談判目標。這就得依靠有理有據的說服去展開競爭。談判的說服技巧是豐富多彩，變化萬千的。

（一）說服的技巧

▷ 談判開始時，要先討論容易解決的問題，然後再討論容易引起爭論的問題，這樣容易收到預期的效果。

▷ 多向對方提出要求，多向對方傳遞資訊，影響對方的意見，進而影響談判的結果。

▷ 強調與對方立場、觀點、願望的一致，淡化與對方意志、觀點、願望的差異，從而提高與對方的共識與接納意願。

▷ 先談好的資訊、好的情況，再談壞的資訊、壞的情況。但要注意避免只報喜不報憂。要把問題的好壞兩面都全盤托出，這比只提供其中的一面更具有影響力。

▷ 強調合約中有利於對方的條件。

▷ 待討論過贊成和反對意見後，再提出你的意見。

▷ 說服對方時，要注意精心設計開頭和結尾，以便給對方留下深刻印象。

▷ 結論要由你明確地提出，不要讓對方去揣摩或自行下結論，否則可能背離說服的目標。

▷ 多次重複某些資訊、觀點，可促進對方對這些資訊和觀點的理解和接納。

- ▷ 充分了解對方，以對方習慣的能夠接受的方式、邏輯，去展開說服工作。
- ▷ 不要奢望對方一下子接受你提出的突如其來的要求，要先做必要的鋪墊，最後再自然而然地講出你在一開始就已經想好的要求，這樣對方比較容易接受。
- ▷ 強調互相合作、互惠互利的可能性、現實性，激發對方在對自身利益認同的基礎上來接納你的意見和建議。

（二）說服的原則

說服的原則一般來講就是針對性，針對性關鍵就是一個「當」字，說服必須針對對方的實際情況、針對對方的實際思路、針對對方的情感、針對恰當的時機，選擇最恰當的表達方式，以達到說服的目的。

（三）巧妙的讓對手說「是」

- ▷ 盡量以簡單明瞭的方式說明你的要求。
- ▷ 要照顧對方的情緒。
- ▷ 要以充滿信心的態度去說服對方。
- ▷ 找出引起對方注目的話題，並使他繼續注目。
- ▷ 讓對方感覺到，你非常感謝他的協助。如果對方遇到困難，你就應該努力幫助他解決。
- ▷ 直率地說出自己的希望。
- ▷ 向對方反覆說明，他對你的協助的重要性。
- ▷ 切忌以高壓的手段強迫對方。
- ▷ 要表現出親切的態度。

▷ 掌握對方的好奇心。

▷ 讓對方了解你，並非是「取」，而是在「給」。

▷ 讓對方自由發表意見。

▷ 要讓對方證明，為什麼贊成你是最好的決定。

▷ 讓對方知道，你只要在他身旁，便覺得很快樂。

守住自己底線、促使對手讓步

由於前任英國首相柴契爾夫人認為英國在歐洲共同體中的負擔費用過多，所以在 1972 年 12 月，她在歐洲共同體的一次首腦會議上說：「英國在過去幾年中，投入了大筆的資金，卻沒有獲得相應的利益，因此我強烈要求將英國負擔的費用每年減少 10 億英鎊。」這是一個驚人的要求，歐洲共同體其他成員國首腦認為柴契爾夫人的真正目標是減少 3 億英鎊（其實這也是柴契爾夫人的底牌）。於是他們認為只能削減 2.5 億英鎊，一方的提案是每年削減 10 億英鎊，而另一方則只同意削減 2.5 億英鎊，差距太大，雙方一時難以協調。然而，這種情況早在柴契爾夫人的預料之中。她的真實目標並不是 10 億英鎊，但她的策略是用提出的高價，來改變各國首腦的預期目標。在她的底牌沒有被發覺或沒有被確證之前，她決心以此好好玩一把。柴契爾夫人告訴下議院，原則上必須按照她提出的方案執行，暗示對手並無選擇的餘地，同時也在含蓄地警告各國，並對在歐洲共同體中同樣有較強態度的法國施加壓力。針對英國的強硬態度，法國採取了一些報復的手段，他們在報紙上大肆批評英國，說英國在歐洲共同體合作事項中採取低姿態，企圖以此來解決問題。面對法國的攻擊，柴契爾夫人明白，要想讓對方接受她提出的目標是非常困難的，所以，必須讓對方知道，無論採取什麼手段，英國都不會改變自己的立場，絕不向對手妥協。由於柴契爾夫人頑強地抵制，終於迫使各國首腦作出了很大的讓步。最終歐洲共同體會議決議同意每兩年削減開支 8 億英鎊。柴契爾夫人的高起點策略取得了很好的效應。

通常，談判時雙方都帶攻擊性，磨刀霍霍，躍躍欲試。雙方只想到可以「獲得多少」，卻常常忽略要「付出多少」，忽略了談判過程中己方要讓步多少，方可皆大歡喜。所以，在談判前，務必要把己方的底線劃清：可讓什麼？要讓多少？如何讓？何時讓？為何要讓？先行理清，心中有效。否則，若對方咄咄逼人，己方束手無策任由對方宰割，那就失去了談判的本意。在摸清了對方的底線之後，你還要善於運用拒絕的技巧來守住自己的底線，用誘導的方法讓對手做出讓步。

一、商務談判中的探測術

在商務談判過程中，對於有關談判資訊的掌握不僅是制定談判策略的依據，而且還是控制談判過程的重要手段，也是和談判對手進行積極溝通的關鍵因素，同時還是談判者要求對方妥協以及向對方表示妥協的保障。在進行商務談判之前以及在商務談判的進行過程當中，談判雙方都有必要進行最充分的資訊準備，然後根據充分、準確的資訊做出適當的妥協，同時使對方也做出相應的讓步以滿足自身的利益需求。

談判之初的重要任務是摸清對方的底細，因此要認真聽對方談話，細心觀察對方舉止表情。在商務談判中，對方的底價、時限、許可權及最基本的交易條件等內容，均屬機密。誰掌握了對方的這些底牌，誰就會贏得談判的主動。因此，在談判初期，雙方都會圍繞這些內容施展各自的探測技巧，下面就介紹一些這方面的技巧：

◆火力偵察法

先主動丟擲一些帶有挑釁性的話題，刺激對方表態，然後，再根據對方的反應，判斷其虛實。

◆迂迴詢問法

透過迂迴，使對方鬆懈，然後乘其不備，巧妙探得對方的底牌。

◆聚焦深入法

先是就某方面的問題做掃描的提問，在探知對方的隱情所在之後，然後再進行深入，從而掌握問題的癥結所在。

◆示錯印證法

探測方有意透過犯一些錯誤，比如念錯字、用錯詞語，或把價格報錯等種種示錯的方法，誘導對方表態，然後探測方再借題發揮，最後達到目的。

二、談判中不要改變自己的底線

在確保底線設定合理的前提下，一旦確定底線，那麼無論客戶提出怎樣的條件，銷售人員都要盡可能地堅持底線。也就是說，銷售人員可以在堅持底線的前提下靈活讓步，如果超出了底線，那麼寧可失去客戶也不要放棄底線。這是因為，當銷售人員輕易地放棄底線之後，客戶恐怕還會一而再、再而三地要求讓步，這並非是客戶在得寸進尺，而是銷售人員的表現激勵著他們爭取獲得更大的利益。所以，無論在談判時遇到多大的壓力，都要堅守住自己的利益底線，然後再在這個基礎上獲取更多的利益。要做到這些，就應該注意下面的事項：

◆理性判斷對方的每一句話

聰明的談判者總是裝出一副一切為你著想的面孔，可實際上滿腦子都是自己的利益。許多狡猾的談判者總是會用一些所謂的好話故意將你引離你的最低目標。如果你對這場談判沒有充分準備，或者你的最低目標的設定不是建立在客觀的基礎上而是憑空想像的，你很有可能被引入圈套之中。所以，與這樣的對手談判時，要理性地判斷對方說的每一句話，不要受對方所說的話的誘導，而在不知不覺中喪失了自己的底線。

◆對自己的談判底線要有清楚的認知

許多談判者會在談判出現「麻煩」的時候，自認為是目標定得過高了，於是就想要做一些適當的調整。他們可能對所希望達到的目的有清醒的認識，但對自己能承受的最低標準卻沒有仔細考慮。這是一種錯誤的談判策略，甚至有可能導致一些致命的過失。如果事先沒有明確知道自己所要維護的利益的最低防線，那麼在談判中就很有可能過於讓步，使自己的根本利益受到損害。

◆對待「折中方案」要保持警惕

一般情況下，談判雙方的要價範圍都不會重疊。怎樣折中呢？不可避免的，總有一方會提出高的降低，低的升高，在差距的交叉點就會合了，這就是常說的「五五對半折中」。表面上看來，這種折中很公平，雙方各讓一半，但事實上，因為雙方最初出價的不同，就算雙方讓的數目都一樣，但折中的價格不一定就是一個對雙方都公平的價格。在談判中那些提議折中的談判者經常是已經處在一個有利的位置上，所以在接受折中方案之前，應該首先確定折中是否對你有利。

三、商務談判中，用拒絕來守住底線

拒絕本身是相對的。談判中的拒絕決不是宣布談判破裂、徹底失敗。拒絕只是否定了對方的進一步要求，卻蘊涵著對以前的報價或讓步的承諾。而且談判中的拒絕往往不是全面的，相反，大多數拒絕往往是單一的、有針對性的。所以，談判中拒絕某些東西，但要給對方留有在其他方面討價還價的可能性。

談判中的拒絕，說是「技巧」也好，「藝術」也好，是指拒絕對方時，不能板起臉來，態度生硬地回絕對方；相反，要選擇恰當的語言、恰當的方式、恰當的時機，而且要留有餘地。這就需要把拒絕作為一種手段、一種學問來探究。下面介紹幾種商務談判中常見的拒絕技巧：

（一）決絕的技巧

1. 用「移花接木」的方法拒絕

又叫做「逆轉法」，談判者對於對方的意見首先給予肯定，然後再陳述自己的主張和見解。在談判中，對方「要價太高，自己無法滿足對方的條件時，可移花接木或委婉地設計雙方無法跨越的障礙，既表達了自己拒絕的理由，又能得到對方的諒解。如「很抱歉，這個超出我們的承受能力……」「除非我們採用劣質原料使生產成本降低 50% 才能滿足你們的價位。」暗示對方所提的要求是可望而不可及的，促使對方妥協。也可運用社會局限如法律、制度、慣例等無法變通的客觀限制，如「如果法律允許的話，我們同意，如果採購部門首肯，我們無異議。

2. 以幽默的方式拒絕

在談判中，有時會遇到不好正面拒絕對方，或者對方堅決不肯的要求或條件，你並不直接加以拒絕，相反全盤接受。然後根據對方的要求或條件推出一些荒謬的、不現實的結論來，從而加以否定。這種拒絕法，往往能產生幽默的效果。例如：

有一個時期，蘇聯與挪威曾經就購買挪威鯡魚進行了長時間的談判。在談判中，深知貿易談判訣竅的挪威人，開價高得出奇。蘇聯的談判代表與挪威人進行了艱苦的討價還價，挪威人就是堅持不讓步。談判進行了一輪又一輪，代表換了一個又一個，還是沒有結果。

為了解決這一貿易難題，蘇聯政府派柯倫泰（Alexandra Kollontai）為全權貿易代表。柯倫泰面對挪威人報出的高價，針鋒相對地還了一個極低的價格，談判像以往一樣陷入僵局。挪威人並不在乎僵局。因為不管怎樣，蘇聯人要吃鯡魚，就得找他們買，是「姜太公釣魚，願者上鉤」。而柯倫泰是拖不起也讓不起，而且還非成功不可。情急之餘，柯倫泰使用了幽默法來拒絕挪威人。

她對挪威人說：「好吧！我同意你們提出的價格。如果我的政府不同意這個價格，我願意用自己的薪資來支付差額。但是，這自然要分期付款。」堂堂的紳士能把女士逼到這種地步嗎？所以，在忍不住一笑之餘，就一致同意將鯡魚的價格降到一定標準。柯倫泰用幽默法完成了她的前任們歷盡千辛萬苦也未能完成的工作。

3. 用補償的方法拒絕

談判中有時僅靠以理服人，以情動人是不夠的，畢竟雙方最關心的是切身利益，斷然拒絕會激怒對方，甚至交易終止。假使我們再拒絕時，在能力所及的範圍內，給予適當優惠條件或補償，往往會取得曲徑通幽的效果。自動刮鬍刀生產商對經銷商說：「這個價位不能再降了，這樣吧，再給你們附一對電池，既可贈送促銷，又可另作零售，如何？」建商對電梯廠商報價較其他同業稍高極為不滿，電梯廠商信心十足地說：「我們的產品是國家認證產品，優質原料，專線生產，相對來說成本稍高，但我們的產品美觀耐用，安全節能，況且售後服務完善，一年內損壞保證換新，終生保固，每年還免費兩次例行保養維護，解除您的後顧之憂，相信您能做出明智的選擇。」

（二）拒絕時應注意的問題

要明白拒絕本身是一種手段而不是目的。這就是說，談判的目的不是為了拒絕，而是為了獲利，或者為了避免損失，一句話，是為了談判成功。這一點似乎誰都明白。其實不然。縱觀談判的歷史，尤其在激烈對抗的談判中，不少談判者被感情所支配，寧可拒絕也不願妥協、寧可失敗也不願成功的情況屢見不鮮。他們的目的似乎就是為了出一口氣。

有些談判者面對熟人、老朋友、老客戶時，該拒絕的地方不好意思拒絕，生怕對方沒面子。其實，該拒絕的地方不拒絕，不是對方沒有面子，而是你馬上就可能沒有面子。因為你應該拒絕的地方，往往是你無法兌現的要求或條件。你不拒絕對方，又無法兌現，這不意味著你馬上就要失信於對方，馬上就要沒有面子了嗎？

四、商務談判中，誘導對手做出讓步

（一）軟化「必須得到」的立場

談判者的框架，可以決定是達成協議，還是陷入僵局。在談判中，雙方通常都會提出某個自己「必須」得到的價格，從而設定衡量得失的基準點。如果出現這種情況，任何偏離基準點的妥協都會被看作損失。這種感覺到的損失，會導致談判者對所有妥協建議採取負面框架，表現出喜好風險的行為，結果較不容易達成和解。

為誘導談判對手產生讓步行為，要強調他會獲得什麼，由此增加折衷與妥協的機會，從而正面框定自己的建議。此外，當你意識到對手具有負面框架的時候，要促使他意識到：他是在可以獲取確定收益的情況下，採取了冒險的策略。

（二）提高對負面結果的接受度

有時候，談判中的一方或多方無法得到理想結果。工廠倒閉，人員裁減，幾乎每個人都過得不如從前。當你和談判對手要在兩個或更多令人不快的方案中做出決斷時，負面框架會令事態更加糟糕，誘使你或對方（或雙方）做出過度冒險的決定。

另一方面，透過引進正面框架，你卻可以在逆境之中盡量做到趨利避害，實際辦法就是讓對方關注透過達成協議可以降低的風險。

五、談判中的「辯」字要訣

要想守住自己底線、促使對方讓步，就要學會與對手「辯」。

◆「辯」時要站住自己的立場，亮明自己的觀點

談判的勝者能堅持自己的立場，不勝者也能得到他所追求的真理，如果這樣，談判是可以進行的。商務談判中的「辯」的目的，就是論證己方觀點，反駁對方觀點。辯論的過程就是透過事實，講道理，以說明自己的觀點和立場。為了能更清晰地論證自己的觀點和立場的正確性及公正性，

在辯論時要運用客觀事實，以及所有能夠支持己方論點的證據，以增強自己的辯論效果，從而反駁對方的觀點。

◆「辯」時要保持周密、敏捷的思路

商務談判中辯論，往往是雙方誰進行磋商時遇到難解的問題時才發生的，因此，一個優秀辯手，應該是頭腦冷靜、思維敏捷、講辯嚴密且富有邏輯性的人，只有具有這種素養的人才能應付各式各樣的困難，從而擺脫困境。任何一個成功的辯論，都具有辯路敏捷，邏輯性強的特點，為此，商務談判人員應加強這方面的基本功的訓練，培養自己的邏輯思維能力，以便在談判中以不變應萬變。特別是在談判條件相當的情況下，哪方能在相互辯駁過程中思路敏捷、嚴密，邏輯性強，誰就能在談判中立於不敗之地。這也就是談判者能力強的表現。

◆「辯」時要態度客觀公正，語言犀利準確

談判準則要求：不論辯論雙方如何針鋒相對，爭論多少激烈，談判雙方都必須以客觀公正的態度，準確地措辭，切忌用侮辱誹謗、尖酸刻薄的語言進行人身攻擊。如果某一方違背了準則，其結果只能是損害自己的形象，降低了談判品質和談判實力，不會給談判帶來絲毫幫助，反而可能置談判於破裂的邊緣。

讓對手欣賞你與取勝一樣重要

其實商務談判和政治談判有很多共同之處，那就是談判人員的個人魅力對談判的結果有著非常重要的影響。在談判桌上要取勝對手本身就是一件很難的事情，如果還要讓對手欣賞你、尊重你更是難上加難。獲得對方的欣賞可以幫助你在談判中順風順水，而在談判中戰勝對手又是你獲得對方欣賞的前提條件，沒有一個人會欣賞一個在談判才能上不如自己的人，所以你首先要在對手面前展示出你出眾的談判才華，使得對手信服。當然這還不足以讓對方欣賞你，要想贏得對手的欣賞，你還要做另外一件事，就是在談判時講究談判禮儀，充分展現你的個人魅力，讓對手被你的個人魅力所折服。

一、在談判中戰勝對手

在談判中怎麼才能戰勝對方呢？這裡面有很大的學問。首先你必須具備良好的口才和應變能力，還要有一個很好的心理素養以應付複雜的情況。但是，最重要的是要能根據談判對象的不同，採取不同的談判策略。所以，要求你在談判前能夠準確的對你的對手進行準確的評估，在談判的過程中能夠洞察對手的資訊。

(一) 準確評估談判對手

談判是與對手進行溝通的一個過程。因此，對於談判對手的評估是非常重要的。怎樣來評估談判對手呢？一般在談判之前，要做以下幾方面的工作：

1. 了解對手的個人情況及談判風格

要對談判者的個人情況以及談判風格做如下了解：

▷ 對手曾經參加過談判嗎？

▷ 對手之間有什麼分歧？

▷ 對手是否有取得談判目標所需的見識和事實？

▷ 他們所準備的資料是否充分？

▷ 對手是否有能力和威信達成他們的目標？

▷ 來參加的人是否有做出決定的能力？

▷ 對手在壓力下是否會速戰速決？

▷ 如果給他足夠的壓力，他會不會在壓力下同意簽合約等。

2. 對對方的實力進行評估

盡可能取得談判對手更多的資料，這些資料包括：對方的談判參與人員，參與人員的層次、職位，以及他們退出的餘地有多大等。

3. 了解對方的談判目標，分析對手的弱點

對手想透過談判達到什麼目標，對手的優先順序是什麼，在談判之前要仔細分析。當然，猜測不一定準確，但談判者心中要有這一概念。然後再分析談判對手的弱點，包括他的需求弱點，談判人的弱點，談判隊伍之間的弱點等，要對談判對手進行全面地分析，以獲得最準確的訊息。此外，還要了解什麼事情對對方來說是最重要的，什麼事情是不重要的；如果談判沒有成功，會對他個人產生什麼樣的影響；誰來負責檢查和評估整個談判的過程以及結果，談判對手的性格等等。我們可以透過各式各樣的方法，包括去圖書館瀏覽，在網路上搜尋，與了解對方的人交談，檢視該公司的年報、市場調查報告、舊數據等等，像「漁夫收網」一樣對這些資料進行全面收集，這樣有利於向對方丟擲有利的證據來支持自己的立場。談判是一個逐步從分歧走向一致或妥協的過程，所以要全面收集資訊，整體評估談判對手。

（二）洞察對手的身體資訊

◆對方在抽菸斗

抽菸斗者通常運用菸斗做為談判的支持物。對付這類對手的策略是，不要和菸斗搶著吸引抽菸斗者的注意。例如，抽菸斗者伸手取火柴點菸時，這是你應停止談話的線索。等他點好菸開始吞雲吐霧時，你再繼續你的談話。如果你能很有技巧地去除此支持物，對你是有利的。最容易的方法是注視菸斗。所有菸斗終究會熄滅的，必須暫時放在菸灰缸或菸斗架上，在對方有重新拿起菸斗的衝動之前，給他一頁數字、一本小冊子，或任何能令他參與你的談話的東西。

◆對方在擦眼鏡

你的對手在摘他的眼鏡，開始擦拭時，這是適當停止的線索。因為擦拭眼鏡是擦拭者正在仔細考慮某一論點的訊號。所以，當擦拭開始時，不要再施加壓力，讓你的對手有足夠時間考慮，等眼鏡再掛上鼻梁時，再重新談判。

◆對方的膝蓋在發顫

與膝蓋發抖者商談令人有挫折感，不過它有立刻呈現目標的好處；你必須讓對方的膝蓋停止發抖。如果你不這麼做，談判不會有任何進展。使膝蓋發抖者停止發抖的方法是：讓他站起來，去吃頓午飯，喝點飲料或散散步提提神。因為你知道現在你的對手坐著的時候會膝蓋顫抖，所以你必須在散步、走路時完成交易。順便說說，美國前國務卿享利．季辛吉（Henry Kissinger）是運用此技巧的佼佼者，也是「走路談判」的大力提倡者。

人在商場上需要扮個大眾臉，晚上在家中需要扮個隱私臉，很多人有此想法。沒錯，你在辦公室和在自己的臥室所表現的大多不同，但是記住，不管你在哪裡，你都是人。你不應該停止信任你基本的本能，不管你是在商業交易或進行有關個人的談判。

（三）運用談判技巧戰勝對手

1. 在談判中掌控情勢

◆不要顯露你的情緒

讓自己的聲音和身體語言，聽起來中性一點，不要帶有太多情緒。

◆不要輕易做出妥協

不要一開始就作出退讓。如果你不確定能否拿下這筆交易，最好不要立刻降價以求，讓對方有機會一再刺探底線。

◆說話要簡短周密

當人們滔滔不絕時，就是給人評量的機會。長篇大論的報告，會讓對方清楚你的立論根據，更容易找出你的弱點。

◆談話中掌握好分寸

奉承對方或誇大自己都很容易被識破，反而讓人對你倒胃口，無助於建立互信。

◆切忌把對方當成朋友

如果你想和對方做朋友，反而會讓你做出不當決定。決策或談判時，盡量不要捲入私人關係。

2. 運用一些談判技巧

◆表現出對對方的尊重和理解

在交談活動中，只有尊重對方，理解對方，才能贏得對方感情上的接近，從而獲得對方的尊重和信任。因此，談判人員在交談之前，應該調查研究對方的心理狀態，考慮和選擇令對方容易接受的方法和態度；了解對方講話的習慣、文化程度、生活閱歷等因素對談判可能造成的種種影響，做到多手準備，有的放矢。交談時應該意識到，說和聽是相互的、平等的，雙方發言時都要掌握各自所占有的時間，不能出現一方獨霸的局面。

◆有選擇性的對對方的觀點做出肯定

在談判過程中，當雙方的觀點出現類似或基本一致的情況時，談判者應該迅速抓住時機，用溢美的言詞，中肯的語氣肯定這些共同點。贊同、肯定的語言在交談中常常會產生超乎尋常的積極作用。當交談一方適時中肯地確認另一方的觀點之後，會使整個交談氣氛變得活躍、和諧起來，陌生的雙方從眾多差異中開始產生了一致感，進而十分微妙地將心理距離接近。當對方贊同或肯定我方的意見和觀點時，我方應以動作、語言進行回饋交流。這種有來有往的雙向交流，易於雙方談判人員感情融洽，從而為達成一致協議奠定良好基礎。

◆用得體的語言和和氣的態度與對方談判

交談時要自然，要充滿自信。態度要和氣，語言表達要得體。手勢不要過多，談話距離要適當，內容一般不要涉及不愉快的事情。

◆與對手談判時要注意語速、語調和音量

在交談中語速、語調和音量對意思的表達有比較大的影響。交談中陳述意見要盡量做到平穩中速。在特定的場合下，可以透過改變語速來引起對方的注意，加強表達的效果。一般問題的闡述應使用正常的語調，保持能讓對方清晰聽見而不引起反感的高低適中的音量。

◆談判中用沉默來打擊對手

適時保持沉默可以令對方亂了方寸，以致最後獲勝。在談判中，我們有時會遇到強勁的攻擊型的對手，他們咄咄逼人，氣勢洶洶。對這種人，採用「裝傻」示弱的方法，往往能收到很好的效果。在緊張的談判中，沒有什麼比長久的沉默更令人難以忍受。但是也沒有什麼比這更重要。另外還要提醒自己，無論氣氛多麼尷尬，也不要主動去打破沉默。

◆與對手談判有時需要耐心

時間的流逝往往能夠使局面發生變化，這一點總是使人感到驚異。正因為如此，我常常在等待，等待別人冷靜下來，等待問題自身得到解決，等待不理想的生意自然淘汰，等待靈感的來臨……一個充滿活力的經理總是習慣於果斷地採取行動，但是很多時候，等待卻是人們所能採取的最富建設性的措施。每當我懷疑這一點時，我就提醒自己有多少次成功來自關鍵時刻的耐心，而因缺乏耐心又導致了多少失敗。

二、講究談判禮儀，展現個人魅力

在談判中要想充分展現出你的個人魅力，從而獲得對方的欣賞，你就要掌握談判時的禮儀。

（一）講究打扮

參加談判時，一定要講究自己的穿著打扮。此舉並非是為了引人注目，而是為了表示自己對於談判的高度重視，給對手留下一個好的印象。

◆注意保持良好的儀表

參加談判前，應認真修飾個人儀表，尤其是要選擇端莊、雅緻的髮型。一般不宜染彩色頭髮。男士通常還應該刮鬍子。

◆談判前的化妝要合宜

出席正式談判時，女士通常應該認真進行化妝。但是，談判時的化妝應該淡雅清新，自然大方。不可以濃妝豔抹。

◆談判的著裝要得體

參加正式談判時的著裝，一定要簡約、莊重，切切不可「摩登前衛」、標新立異。一般而言，選擇深色套裝，白色襯衫，並配以黑色皮鞋，才是最正規的。

（二）保持風度

在整個談判進行期間，每一位談判者都應該自覺地保持風度。當談判雙方出於彼此的利益需要，大步流星地邁向談判桌，「以和為貴」便是雙方共同的目標追求，是達成共識的重要前提，是促使「雙贏」的基礎。這突顯了談判者的風度和信念。

（三）禮待對手

在談判期間，一定要禮待自己的談判對手。在談判過程中，不論身處順境還是逆境，都切切不可意氣用事、舉止粗魯、表情冷漠、語言放肆、不懂得尊重談判對手。在任何情況下，談判者都應該待人謙和，彬彬有禮，對談判對手友善相待。即使與對方存在嚴重的利益之爭，也切莫對對方進行人身攻擊、惡語相加、諷刺挖苦，不尊重對方的人格。

［小測驗］第一次談判你能得多少分

1. 第一次談判，你的總體表現如何？

A. 非常好

B. 還可以

C. 一般

D. 不太好

E. 很糟糕

2. 第一次談判，你熟悉談判禮儀嗎？

A. 非常熟悉

B. 相對熟悉

C. 一般

D. 不太熟悉

E. 很不熟悉

3. 第一次談判，你事先的準備工作做得充分嗎？

A. 非常充分

B. 還算充分

C. 一般

D. 不太充分

E. 沒做準備

4. 第一次談判，你掌控局勢的能力強嗎？

A. 非常強

B. 有點強

C. 一般

D. 有點弱

E. 非常弱

5. 第一次談判，你覺得對手是個狠角色嗎？

A. 很容易對付

B. 還算容易對付

C. 一般

D. 有點難對付

E. 很難對付

6. 第一次談判，你覺得說服對手接受自己的建議很難嗎？

A. 非常容易

B. 還算容易

C. 一般

D. 有點難

E. 非常難

7. 第一次談判，你認為自己始終很有自信嗎？

A. 非常自信

B. 有自信

C. 一般

D. 不太自信

E. 很不自信

8. 第一次談判，你覺得對方很欣賞你嗎？

A. 非常欣賞

B. 有點欣賞

C. 一般

D. 不太欣賞

E. 不欣賞

9. 第一次談判，你讓對方做出讓步了嗎？

A. 對方做了很大的讓步

B. 對方做了較大的讓步

C. 一般

D. 對方做出很小的讓步

E. 對方絲毫沒有讓步

10. 第一次談判，你認為自己是獲勝的一方嗎？

A. 肯定是

B. 可能是

C. 不確定

D. 可能不是

E. 肯定不是

答案：A 5 分；B 4 分；C 3 分；D 2 分；E 1 分

總分：50 分優秀；50 － 40 分良好；40 － 30 分及格；30 － 20 分有點差；20 － 10 分很差。

第一次與同事發生「戰爭」，為自己贏得一分

在一個公司工作，幾乎日日見面，彼此之間免不了會有各式各樣雞毛蒜皮的事情發生，各人的性格、脾氣稟性、優點和缺點也暴露得比較明顯，尤其每個人行為上的缺點和性格上的弱點暴露得多了，會引出各式各樣的瓜葛、衝突。這種瓜葛和衝突有些是表面的，有些是背地裡的，有些是公開的，有些是隱蔽的，種種的不愉快交織在一起，便會引發各種矛盾。化解與同事之間的矛盾是每一個職場人都應該具備的能力，特別是對於職場新人來說，妥善的處理與同事之間的矛盾是走好職場路的前提條件。

有「理」才能走遍天下

在職場上，與同事相處自然是以和為貴，所謂家和萬事興，公司也是一樣。如果同事之間總是鬧矛盾，不僅自己的工作無法進行，還會影響到公司的整體利益。同事應該和平相處，但並不是說，對於個別同事的無理舉動都要採取妥協忍讓的態度。

身處職場的你一定要首先保持自己行得正，走得端，不主動與同事起衝突，正所謂身正不怕影子斜。如果有時與同事之間的衝突實在無可避免的話，那麼自己也會處在有理的一方。與同事發生衝突，在解決衝突的時候，自己要據理力爭，只有這樣才能贏得主動權。多數人都會站在真理的一方，都會支持有理的一方。「得道者多助，失道者寡助」說的就是這個意思。

不過有一點還是應該注意，就是有「理」走遍天下，此「理」是能描述之理。兩個人發生矛盾，「理」在哪一方，眾人要看他們能否說出來，並有道理（讓別人接受），一個不善於溝通的人，就算其有理，也不免落得「無理」的下場。還有一句成語：強詞奪理，講的是透過蠻橫狡辯的語言將「理」據為已有。理是要講出來的，所以當你和同事發生衝突，而自己有理的話，一定要能夠說出來，讓大家看到你的道理何在。這樣才能爭取到別人正義的幫助。

那麼，在與同事的矛盾或者衝突發生後，怎麼與同事理論呢？

一、理論之前先調整好自己的心態

調整心態是為了能心平氣和地把道理講明白。如果你不能穩定自己的情緒，始終很激動的話，就會影響到你語言的邏輯性，就不能把道理講的明白透澈。有時，獲知某些同事正謠傳有關你的私生活，你或許很想找同事理論，但如此一來真能保護自己的聲譽嗎？其實，你想告訴別人事實真相，是正常現象，尤其你想知道是誰在捏造謠言，可惜，你的激烈行動對你可能有害無益，當同事傾聽你為自己辯護時，可能仍懷疑你為何如此惱怒，進而覺得無風不起浪。但若是心平氣和的看待此事，只做輕微的反應，並向最相信謠言的同事訴說你的感受，但不試圖向每位同事解釋原委，只陳述事實，也許由於你的輕描淡寫，別的同事就更容你相信你、理解你，進而幫助你。

二、理論的時候要用事實作依據

「依事實，講道理」說的就是這個意思。沒有事實依據的道理往往難以讓人信服，因為別的同事對你所說的話進行判斷時，也是要以事實為依據的。

沒有事實依據的道理就像「無源之水，無本之木」，失去了最基本的支撐。其實，你與和你發生衝突的同事要論的並不是道理本身，而是事實的真相，如果你拿不出事實的真相，那麼在和同事論理的過程中，作為旁觀者的其他同事看起來，也只能是「公說公有理，婆說婆有理」，最終就是誰都有理，也是誰都沒理。所以說，你與同事理論就要在掌握了事實真相的情況下進行，只有這樣，你的理論才會有效果，才會贏得別人的支持。

三、理論的時候不要得理不饒人

人不講理，是一個缺點；人硬講理，是一個盲點。理直氣「和」遠比理直氣「壯」更能說服和改變他人。

第一次與同事發生「戰爭」，為自己贏得一分

一位高僧受邀參加素宴，席間，發現在滿桌精緻的素食中，有一盤菜裡竟然有一塊豬肉，高僧的徒弟故意用筷子把肉翻出來，打算讓主人看到，沒想到高僧卻立刻用自己的筷子把肉掩蓋起來。一會兒，徒弟又把豬肉翻出來，高僧再度把肉遮蓋起來，並在徒弟的耳畔輕聲說：「如果你再把肉翻出來，我就把它吃掉！」徒弟聽到後再也不敢把肉翻出來。

宴後高僧辭別了主人。歸途中，徒弟不解地問：「師父，剛才那廚師明明知道我們不吃葷的，為什麼把豬肉放到素菜中？徒弟只是要讓主人知道，處罰處罰他。」

高僧說：「每個人都會犯錯，無論是有心還是無心。如果讓主人看到了菜中的豬肉，盛怒之下他很有可能當眾處罰廚師，甚至會把廚師辭退，這都不是我願意看見的，所以我寧願把肉吃下去。」待人處事固然要「得理」，但絕對不可以「不饒人」。留一點餘地給得罪你的人，不但不會吃虧，反而還會有意想不到的驚喜和感動。每個人的價值觀、生活背景都不同，因此生活中出現分歧在所難免。大部分人一旦身陷鬥爭的漩渦，不由自主地焦躁起來，一方面為了面子，一方面為了利益，因此一得了「理」便不饒人，非逼得對方鳴金收兵或投降不可。然而，「得理不饒人」雖然讓你吹響了勝利的號角，但這卻也是下一次爭鬥的前奏。因為對方雖然「戰敗」了，但為了面子或利益他自然也要「討」回來。

在工作中，與同事相處，如果發生了矛盾或者衝突，那麼即使自己有理，也要給對方留一點餘地，給對方一個臺階下，少講兩句，得理饒人。否則，不但消滅不了眼前的這個「敵人」，還會讓身邊更多的朋友疏遠你。俗話說，得饒人處且饒人。放對方一條生路，給對方一個臺階下，為對方留點面子和立足之地。這樣做並不是很難，而且如果能做到，還能給自己帶來很多好處。如果你得理不饒人，讓對方走投無路，就有可能激

起對方「求生」的意志，而既然是「求生」，就有可能不擇手段，不顧後果，這將對你自己造成傷害。放他一條生路，他便不會對你造成傷害。即使在別人理虧時，你在理已明瞭的情況下，放他一條生路，他也會心存感激，就算不如此，也不太可能與你為敵。這是人的本性。況且，這個世界本來就很小，變化卻很大，若哪一天兩人再度狹路相逢，屆時若他勢強而你勢弱，你想他會怎麼對待你呢？得理饒人，不光是為了表現自己的大度，同時也為自己留出一條後路。

職場是一個複雜的環境，同事之間的相處也是一件複雜的事情。如果處理不當，難免會有「戰爭」爆發。身處職場的人切記得人心者得天下，所以凡事理字當先，既要讓自己有理，又要善於講理，這樣才能使自己立於不敗之地。

治「病」要找「病根」

對於職場新人來說，是否善於處理職場中的人際關係，就要看當他和同事遇到衝突的時候，能不能冷靜地分析原因，而不是辯論或說服。

通常來說，引起人際衝突的原因有以下兩個方面：人際風格的衝突和問題的衝突。

一、人際風格的衝突

人際風格的衝突指的是我們與同事的溝通過程中，由於性格不一樣，溝通風格不一樣而產生的衝突。例如，當和藹型的人和支配型的人溝通時，和藹型的人就會覺得支配型的人沒有情感，就會從心理上產生對他的牴觸情緒，可能能夠接受的問題，也不願意去接受，這個時候就產生了人際風格的衝突。

來看下面一個典型的人際風格衝突的例子：

一位有著 20 年管理經驗的某加州運輸公司的資深經理對其所處產業瞭如指掌，同時還與公司前任經理關係密切。當公司新總經理走馬上任時，他的處境每況愈下，他絞盡腦汁地與新任上司進行溝通，試圖使他接受自己的觀點。他在公司的職業生涯也開始動搖，甚至擔心會丟掉飯碗。

問題在於這兩位經理人有著截然相反的管理作風。總經理屬於高瞻遠矚、富於創意的類型，而這位經理卻是講究邏輯、注重條理之人。作為高瞻遠矚、富於創意型的人，總經理重視交流創意，腦力激盪，縱觀全局，喜歡探索事物的一切可能性，認為凡事並不是非黑即白的，強調以目標為中心，行事雷厲風行，並且在競爭中永爭第一。

在聽報告時，他不喜歡聽細枝末節。他只想知道收益和利潤高低。而不想聽見關於某概念是如何付諸實施的長篇累牘的解釋說明。下屬在表述自己的觀點時也必須使用樂觀的詞彙。「這件事辦不到」這樣的字句在高瞻遠矚、富於創意類型的人的字典裡是找不到的。

而經理的講究邏輯、注重條理的作風則全然不同。他喜歡大量的資料，注重流程，喜愛一步一步地，仔細地層層剖析問題，認為一切都非黑即白，對錯分明。當他聽取別人的觀點時，喜歡問「為什麼」、「哪裡」、

「何時」等，因為他想知道更多的資訊。為了確保他已對某個概念胸有成竹，他會扮演一個唱反調的角色，以試圖發現可能存在的缺陷。

顯而易見，這兩位經理人之間是無法溝通的。為了保住自己的飯碗，該經理必須對自己的風格確定並了解總經理的作風。否則，在以後的工作中發生衝突的可能性幾乎是百分之百的。

在工作過程中，當團隊發生衝突的時候，我們要做的事情，首先就是去判斷，對方是什麼溝通風格，我是什麼溝通風格，這樣你才會正確地判斷這種衝突產生的原因。

所以在團隊合作的過程中，我們有必要去了解每個同事的和自己的溝通風格，如果我們能夠以對方的風格與他溝通，就更容易達成共識。人以群分，物以類聚。當我們能夠了解所有同事的溝通風格的時候，在團隊溝通中，由於人際風格產生的衝突就會大大減少。

二、問題的衝突

當我們就某一件事情，要做還是不要做，先做還是後做，沒有達成共識的時候，就會產生問題衝突。

當問題衝突產生時，通常要做兩件事情：

▷ 告訴對方你的原因，為什麼你這樣想、這樣做；

▷ 詢問對方這樣想、這樣做的原因。

看是否能夠相互達成一個共識，如果沒有能夠達成共識，就把這個問題向更高一級主管匯報，由他來決定是否該做及做事的優先順序。

在團隊當中，衝突是永遠存在的，而衝突恰恰是團隊不斷創新，不斷前進的一個推動力量。

把摩擦降到最低程度

在長時間的工作過程中，與同事產生一些小矛盾，那是很正常的；不過在處理這些矛盾的時候，要注意方法，盡量讓你們之間的矛盾公開。因為在公共場所，雙方會盡量克制自己的情緒，這樣有利於降低摩擦程度。

另外，除了在公共場合公開矛盾可以降低摩擦指數外，作為當事人的你也要學會「忍」。同事之間因工作而產生一些小摩擦，千萬要理性處理。不要表現出盛氣凌人的樣子，非要和同事做個了斷、分個勝負。退一步講，就算你有理，要是你得理不饒人的話，同事也會對你產生敬而遠之的，覺得你是個不給同事餘地、不給他人面子的人，以後也會在心中時刻提防你，這樣你可能會失去一大批同事的支持。此外，被你攻擊的同事，將會對你懷恨在心，你的職業生涯又會多上一位「敵人」。

據《舊唐書》記載：唐高宗時，有一名叫張公藝的老人，他家五代同堂，且和氣有序。唐高宗李治便問他何以能做到五世同居而不分家。張公藝便寫了一百多個不同的「忍」字作答。這就是世傳的〈百忍圖〉。

忍，自古以來就是中華民族的優良傳統。

忍，是一種品德。它是潤滑劑，同事之間出現爭執，「忍」能減少摩擦；它是連結劑，朋友之間意見不合，忍能修補裂痕；它是緩衝劑，鄰里之間發生爭鬥，忍能緩解矛盾與衝突。所以說能忍則和。在家庭、鄰里、朋友之間沒有根本的利益衝突，只要互相寬容和理解，大家都退讓一步，糾葛也就消解，矛盾便會冰釋。

忍，又是一種修養。荀子說：「志忍私，然後能公；行忍性情，然後能修。」意思是說，人要抑制自己的私心雜念，克制自己的心情秉性，才能達到休身養性的至高境界。「忍一時心平氣和，退一步海闊天空。」只要不是原則性的問題，忍作為一種謙讓，既有利於個人心態的調整，又能使人感受到你的大度。如果人與人之間都能這樣地克制自己，彼此之間就都多了一份理解，社會也就多了一份文明。

忍，還是一種謀略。古人曰：「小不忍則亂大謀」，「必有忍，其乃有濟」。就是說為了全局和長遠的利益，切不可因一時的衝動而莽撞行事，必須是默默忍耐，積蓄力量，有時甚至是忍辱負重，等待時機，才能成功。忍，對於一個人來說雖是一種心理壓抑，但這種自我壓抑卻能贏得時間來思考與準備。韓信受「跨下之辱」時如不能忍耐，會有後來的建功立業、拜將封侯嗎？

難怪人們常常把「忍」字高懸於廳堂，橫置於案桌，時刻提醒自己，告誡自己。

「忍」是中華民族行為哲學的重要內容之一，在人與人相處的時候，這個字所展現出來到價值是難以估量的。因為，在人們之間發生矛盾或者衝突的時候，講道理是不能完全解決問題的。講道理是完全理性的做法，而人是既有理性又有感性的動物。講道理可以讓其衝突的兩個人在理性的層面上達成共識，卻不能讓兩個人在情感上變得融洽。所以，用講道理的方法解決矛盾衝突只能是治標不治本。

解決矛盾衝突，既要用道理說服對方，還要能「忍」。「忍」也是一種說服術，因為在兩個人衝突時，往往雙方都會比較激動，人在激動的時候是很難保持冷靜理性的，所以要「忍」以緩解摩擦的程度及緊張的氣氛，讓對方看到你的大度，你的寬容。最終才能夠徹底解決雙方的矛盾。

當然，化解與同事之間的摩擦，光靠忍有時也是不能解決問題的，還要在矛盾發生後採取合理的處理方式，以降低摩擦、緩解矛盾。下面介紹一些合理的處理矛盾的方式：

◆多反省

在與同事相處時要多反省自己，在某些方面是否說過傷害同事感情的話，是否做過傷害同事感情的事。

◆多包容

同事相處久了，難免會有說錯話、辦錯事的時候。如果你能夠胸懷寬廣，包容對方的過錯，一如既往地與對方友好相處，那麼也許一切都會平靜如初，相安無事。俗話說，海納百川，有容乃大，就是這個道理。

◆不爭高低

人都有自尊心，誰都想在競爭中取勝，但與同事相處時不要總是比出個高低勝負。如果對方錯了，點到就行，只要對方能夠意識到就可以了，沒有必要讓對方下不了臺，失去臉面。

巧妙化解尷尬氣氛

工作中與同事發生矛盾衝突，如果處理不好，以後的相處就更不容易了。畢竟低頭不見抬頭見，在以後的工作中還是要在一起合作的，所以你必須要學會巧妙化解尷尬氣氛。那麼，怎樣化解尷尬呢？下面介紹幾種方法：

一、自我嘲笑法

自嘲，即透過自我嘲弄的語言，恰如其分地將尷尬變成笑聲，並在笑聲中展現出問題的答案。自嘲的幽默功能對於化解同事之間的尷尬是很有效果的。自嘲法因為能迅速地縮小交際雙方的心理距離，顯示自己的較高心靈自由度和超脫度，所以在交際中有重要的應用價值。例如：

一日，林肯穿著工人服自己修剪總統府前的草坪，這時一位州長來訪。州長沒有認出拔草的林肯，以為他是個僕人，便居高臨下地問：「喂，小子，總統在嗎？」林肯回答說：「在。您稍等，我叫他出來。」一會兒，林肯換了套衣服再次走了出來，給州長鞠了個躬說：「先生，我幫你把林肯帶出來了。」

把總統當成了僕人，這本來是很難堪的，如果林肯當時就說自己就是總統，肯定會令對方窘迫。他這樣處理，有效地減少了對方的尷尬，使整個場面極具戲劇色彩，顯得幽默風趣。

自嘲，可令對方減少心理壓力，拉近心理的距離，所以有利於緩解同事之間的一些小摩擦帶來的尷尬。

二、欲擒故縱法

這種方法適用於化解雙方之間嚴重的分歧。兩個人產生嚴重分歧不免尷尬，處理不好會令事態更嚴重。固執乃人之本性，用一般方法，一個人是難以改變另一個人根深蒂固的觀念或習慣的。但是若用幽默的方法，欲擒故縱，也許會收到意想不到的效果。

物理學家牛頓與天文學家哈雷（Edmond Halley）是摯友，但存在嚴重分歧：牛頓是虔誠的基督教徒，認為是上帝給了地球「第一推動力」，哈雷則是無神論者。為了改變哈雷，牛頓精心設局，製作了一個太陽系模型，中央是太陽，四周的行星排列有致，一拉動，行星便按照自己的軌道轉動，和諧而又美妙。一天，哈雷來訪看到模型，不由得把玩起來，他驚嘆地問，如此巧妙之物，是誰造的啊？牛頓搖了搖頭說，不是造的，是一堆廢銅爛鐵偶然碰到一起形成的。哈雷說，不可能，一定有人造它，並且造它的一定是一位天才。牛頓看機會來了，對哈雷說：「這個模型雖然精巧，但比起真正的太陽系，實在算不得什麼。連模型你都相信是人造出來的，比模型精巧萬倍的太陽系，豈不應該是被一個全能的神用高度智慧創造出來的嗎？」哈雷聽罷哈哈大笑，從此也相信神了。

欲擒故縱的方法不僅可以緩解尷尬氣氛，還能消除雙方之間的一些重大的分歧，這對於解決同事之間的矛盾是很重要的。

三、順水推舟法

有時尷尬場面業已形成，倉促遮掩，反而會更加尷尬。這時不妨順水推舟，製造一種輕鬆自然的氣氛，可以達到化解尷尬的目的。如果當別人不小心做錯了事，感到非常尷尬時，你不妨順著他的這個錯誤，透過幽默的方法使當事人擺脫尷尬，使局面得到控制。

有一次，京劇演員小霞和丈夫舉辦一場敬老宴會，宴會上邀請好幾位著名前輩。一位 92 歲的小石先生由他的看護伍大姐陪同前來。小石先生坐下後，就拉住小霞的手目不轉睛地看著她，伍大姐帶著責備的口氣對小石先生說：「你總看別人做什麼？」小石先生很不開心，說：「我這麼大年紀，為什麼不能看她，她長得好看。」先生說完，臉都氣紅了，弄得大家很尷尬。

這時小霞卻來了個打圓場，說：「您看吧，我是個演員，就是給別人看的。」

這句話說得很巧，打破了尷尬局面，把不愉快的氣氛一掃而光，在大家提議下，小霞當場拜小石先生為乾爹。

如果大家能夠靈活運用以上方法，一定能在生活、工作中遊刃有餘地化解自己和別人的尷尬，廣獲他人的讚揚和欣賞。

四、情景法

矛盾事件發生，如果處理不當就會導致尷尬。這時，若巧借現場的情景做文章，往往會收到意想不到的好效果。

有一次，某知名企業總經理去某縣市捐資助教。在為當地一所國中捐款的儀式上，該總經理坐的椅子椅腳突然斷了，重重摔倒在地。總經理頓時窘得兩頰通紅。眼明手快的祕書王小姐急忙上前扶起他，風趣地說：「您放心，這次捐的款我們先買椅子。」兩句話把在場的企業陪同人員和當地主管都逗樂了。

這位王小姐把企業捐資助教這一義舉與總經理坐的「破椅子」巧妙地連繫起來。透過一句幽默的話化解了尷尬場面，維護了主管的面子，同時強調了捐款的重要意義。可謂妙語！

五、誤會構思法

誤會構思法也叫「將錯就錯法」，如果一個人在講話時，出現了一些小錯誤，這時將錯就錯卻往往能化腐朽為神奇，透過重複錯誤來取得令人驚嘆的效果。此法適用於同時化解自己與他人同處尷尬的場合。生活中經常發生這樣的事情：一個人做事不慎造成你的尷尬，你若只顧排除自己的尷尬，全然不顧對方，也許會使對方陷入更深的尷尬之中，自己雖然將尷尬化解掉了，但心裡並不一定舒服。在這種場合，最好的辦法是將錯就錯，索性把雙方的尷尬一起化解掉。

有一次，大文豪托爾斯泰（Leo Tolstoy）去火車站迎接一位來訪的朋友，被一個剛下車的貴婦人誤認為計程車司機，便吩咐托爾斯泰幫她搬行李，托爾斯泰毫不猶豫地照辦了，貴婦人付給了他 100 塊錢鈔票。此時，來訪的朋友下車見到托爾斯泰，趕忙過來和他打招呼，站在一旁的貴婦人才知道這個為她搬行李的人竟是大名鼎鼎的托爾斯泰。貴婦人十分尷尬，頻頻向托爾斯泰表示歉意並請求收回那鈔票，以維護托爾斯泰的尊嚴。不想托爾斯泰卻表示不必道歉，和藹地對貴婦人說，無須收回，因為那是我應得的報酬。雙方尷尬頓時化解在輕鬆的歡笑聲中。

將錯就錯特別講究隨機應變，自無固定模式參考。不過，注意不能隨便使用這一方法。使用此方法時，應注意後面的理由要充分，做到合情合理。否則欲蓋彌彰，導致自己更加下不了臺。

六、裝傻裝愣法

裝傻裝愣是答非所問的一種，即回答別人的問題時，利用語言的歧義性和模糊性，故意誤解對方的說話，說東答西。裝傻裝愣，把大家都認為是這樣的意思故意說成另外一種意思。大家不是常說難得糊塗嗎？有時巧用糊塗話能很好地化解尷尬。說得直白，反而會讓人無地自容。

據說，一個女學生去一位老教授家請教幾個問題。當輕輕推開虛掩的門時，她看到令她尊敬的、頗有才學的老教授正在擁吻著本班的一個女同學，她頓時目瞪口呆。看到她的意外出現，教授的手像觸電一樣一下子猛然鬆開，垂落，臉色慘白。她進退兩難。瞬間靈光一閃，她坦然地走了進去，站在教授面前，一臉笑容地說道：「教授，我們都是您的學生，您可不能偏心喲，您也吻我一下好嗎？」教授馬上清醒過來。他輕輕地擁抱並吻了一下她的額頭。那一刻，她看見教授眼裡有溼潤的東西在閃亮。

許多年過去了，教授依然擁有一個美好的家庭和良好的口碑。他更加勤奮地研究和著述，並取得了極為豐碩的成果。

女學生的做法不僅巧妙的化解了老教授的尷尬，還挽救一個滑向深淵的靈魂。

放棄心中的仇恨

在職場上與同事發生了「戰爭」，也許你是有理的一方，也許同事的所作所為損害到了你的利益，你覺得你應該仇恨對方，給對方一些懲戒。不懲罰對方不能解心頭之恨，不仇恨對方就是對不起自己。其實，事實未必如此，你仇恨別人，首先傷害到的是自己而非對方。

卡內基的一個朋友最近發了一次嚴重的心臟病，醫院命令他躺在床上，不論發生任何事情都不能生氣。醫生們都知道，心臟衰弱的人，一發脾氣就可能送掉性命。在華盛頓州的小城裡，有一個餐廳老闆就是因為生氣而死去。卡內基面前有一封華盛頓州該城警察局局長傑瑞寄來的信。信上說：「幾年以前，六十八歲的威廉在小城開了一家小餐廳，因為他的廚師一定要用高腳杯喝咖啡，而使他活活氣死。當時那位小餐廳的老闆非常生氣，抓起一把左輪手槍去追那個廚師，結果因為心臟病發作而倒地死去——手裡還緊緊抓著那把槍。驗屍官的報告宣稱：他因為憤怒而引起心臟病發作。」

第一次與同事發生「戰爭」，為自己贏得一分

莎士比亞說：「不要因為你的敵人而燃起一把怒火，熱得燒傷你自己。」仇恨心理對於自己的危害，不只表現在生理方面。對於職場人來說，一個滿懷仇恨的人是很難讓人接近的。

如果有人恨你該怎麼辦？讓仇恨暴露在陽光下。不要試圖遮蔽什麼，而要去探討究竟是什麼導致了仇恨。如果雙方的脾氣都很大，無法彼此妥協，可以考慮找一個雙方共同的朋友、同事，甚至完全中立的第三方來幫助調解。如果確實是你錯了，就承認，然後道歉。一句「對不起」有時還是很管用的。

如果一方對自己受的委屈一直耿耿於懷，致使仇恨遲遲得不到化解，那麼給彼此一點時間，嘗試繼續相處一週，兩週。最重要的是始終努力去消除仇恨，縮短彼此間的距離。

盡快休戰，投入眼前的工作。如果你們在不同的公司上班但需要經常打交道，或者經常在一些會議、展覽上碰面，那麼務必表現得禮貌而友好。如果你覺得自己仍然飽受詆毀中傷，那麼再試一次，讓仇恨展示在陽光下，找出背後的原因並嘗試解決，看是否還有繼續友好合作的可能。

也就是說，當你和同事之間出現很大的矛盾時，務必要保持自己內心的平衡，學會用博愛之心化解心中的愁恨。

正確處理矛盾的方法，就是用寬容與忍耐化敵為友。美國總統林肯處理過這麼一件事，有一位政客老是與他作對，林肯的老朋友勸林肯對付他，消滅這個敵人，林肯說：「我和他成為朋友，就是消滅這個敵人的最好方式。」

古希臘神話中有一位大力士叫海克力斯。一天他走在坎坷不平的山路上，發現腳邊有個袋子似的東西很礙腳，海克力斯踩了那東西一腳，誰知那東西不但沒有被踩破，反而膨脹起來，海克力斯拿起一根粗木棒砸它，

那東西竟然長更大到把路堵死了。

正在這時，山中走出一位聖人，對海克力斯說：「朋友，快別動它，忘了它，離開它吧！它叫仇恨袋，你不犯它，它便小如當初，你侵犯它，它就會膨脹起來，擋住你的去路，與你敵對到底！」

恨不消恨，端賴愛止。這句話什麼意思？就是說仇恨不能消滅仇恨，只有靠愛心才能終結彼此相互仇恨。

讓他人看到你的大度

大度即寬容，說的是一種良好的心理品質，也是一種處理好同事關係的藝術。那麼，什麼是寬容？我們不妨把寬容兩字拆開來看看，「寬」下面，是草字頭和「見」，也就是說像雜草一樣的看法都允許並存。可是我們往往連一種異見都無法包容，何況更多乎？「容」是兩個「人」和一個「口」，就是你說你的理，我說我的理，不妨求同存異，但我不會讓你沒有說話的權利。

相互寬容往往能夠調整關係，化解人際危機。對於同事之間的誤解與磨擦，過多的爭辯與「回擊」都不可取，常常使問題複雜化，使矛盾加深，唯有冷靜、寬容、諒解，最終獲得理解。

同事之間有了矛盾，仍然可以來往。任何同事之間的意見往往都是起源於一些實際的事件，而並不涉及個人的其他方面。事情過去之後，這種衝突和矛盾可能會由於人們思維的慣性而延續一段時間，但時間長了，也會逐漸淡忘。所以，不要因為過去的小意見而耿耿於懷。只要你大大方方，不把過去的事當一回事，對方也會以同樣豁達的態度對待你。

俗話說「一個巴掌拍不響」，同事之間出現矛盾，即使你是受害的一方，你也未必沒有過錯。所以在與同事發生了矛盾或者衝突後，在處理的過程中，如果太斤斤計較，很容易使這種矛盾或者衝突升級，最後無法控制。相反，如果能夠在處理過程中做到寬容對待同事，那麼同事也會寬容的對待你，這樣就沒有化解不了的矛盾了。

「吃虧就是占便宜」這句話說得很有道理。有的人與同事的關係不好，就是因為過於計較自己的利益，甚至是錙銖必較，老是爭求種種的「好處」，與同事發生矛盾了也是得理不饒人。這樣做未必能帶給你很多的好處，反而弄得自己心神疲憊，並失去了良好的人際關係，得不償失。如果對那些不是原則性的問題，我們應該盡量原諒同事。這樣看起來好像是吃了虧，實際上卻把一個敵人便成了自己的朋友，多了一個朋友，自然就多了一條道路。要知道在職場上人脈是十分重要的資源。將要取之，必先予之，這也是一種高明的處世方法。一輩子不吃虧的人是沒有的。問題在於我們如何看待「吃虧」。在工作中對待得罪你的同事，以一種寬容的姿態去看待所謂的「吃小虧」，你就會有一種好的心境，就能夠化解各式各樣的矛盾，從而為自己也為他人創造一個良好的工作環境。

處理與同事之間的矛盾要本著「寬以待人、胸懷大度」的原則，盡量不要與同事計較瑣碎的利益，要目光長遠，寬容大度，才能化干戈為玉帛。

［小測驗］第一次處理與同事的矛盾你能得多少分

1. 第一次處理與同事的矛盾，你的總體表現如何？

A. 非常好

B. 還不錯

C. 一般

D. 不太好

E. 很不好

2. 第一次處理與同事的矛盾，你認為「以理服人」真的很重要嗎？

A. 非常重要

B. 重要

C. 一般

D. 不太重要

E. 不重要

3. 第一次處理與同事的矛盾，你認為自己的心態調整得好嗎？

A. 非常好

B. 好

C. 一般

D. 不太好

E. 不好

4. 第一次處理與同事的矛盾，你認為找到矛盾衝突點對最後化解矛盾很重要嗎？

A. 非常重要

B. 重要

C. 一般

D. 不太重要

E. 不重要

5. 第一次處理與同事的矛盾，你認為「忍」有必要嗎？

A. 很有必要

B. 有必要

C. 一般

D. 沒必要

E. 很沒必要

6. 第一次處理與同事的矛盾，你覺得化解雙方的尷尬氣氛很難嗎？

A. 非常簡單

B. 簡單

C. 一般

D. 有些難

E. 很難

7. 第一次處理與同事的衝突，你放棄心中的仇恨了嗎？

A. 完全放棄了

B. 放棄了一點

C. 一般

D. 心中還有些怨氣

E. 心中仇恨並沒有減少

8. 第一次處理與同事的矛盾，你表現出自己的大度了嗎？

A. 非常大度

B. 有點大度

C. 一般

D. 不太大度

E. 不大度

9. 第一次處理與同事的矛盾，同事願意和你真誠溝通嗎？

A. 非常願意

B. 願意

C. 一般

D. 不太願意

E. 不願意

10. 第一次處理與同事的矛盾，在化解衝突方面是否效果明顯？

A. 非常明顯

B. 有點明顯

C. 不確定

D. 不太明顯

E. 沒有效果

答案：A 5 分；B 4 分；C 3 分；D 2 分；E 1 分

總分：50分優秀；50－40分良好；40－30分及格；30－20分有點差；20 － 10 分很差。

第一次與上司交鋒，事後一順百順

對於初入職場的你，如果有一個欣賞你的上司，會充分地幫助你一步步地成長，培養你的業務能力，傳授經驗，為你未來的職業發展奠定基石；你的薪資、考核、你的自信心、你的一切一切在相當程度上取決於上司對於你的評價。如果你在工作中與你的上司發生了衝突或者分歧，又沒有處理好的話，那你的職場前景就非常黯淡了。

所以說，第一次和上司交鋒，首先要搞清楚他的興趣愛好、了解其意圖、掌握其心思。然後，注意察上司之言、觀上司之色，摸清他的喜怒哀樂，在此基礎上對症下藥，投其所好，盡可能迎合他的心理，滿足他的需求。如此，你便能贏得上司的好感，使他有興趣了解你的能力、考察你的才能，使你受到器重。

與不同類型上司相處之道

在職場當中，我們會遇到各式各樣的不同類型的上司，有的上司性格溫和，為人謹慎；有的上司脾氣暴躁，做事草率，而且，每個人還都有與眾不同的習慣。對待不同的上司有不同的相處之道，既然你在他（她）手下做事，當然就要掌握應對的「戰術大全」。只有和上司的關係打好，你的職業生涯才會一帆風順。在與不同類型的上司相處時，需要按照他們不同的特質採用不同的技巧：

一、應對無知型上司

這裡的無知，泛指不明白、不懂、不明智、外行。有些上司明明自己對業務不懂、外行、不擅長，但卻裝懂、裝內行，處處想顯示自己，不是橫插一手，就是胡亂指揮。應對這樣的上司，可分別對待。如果是重要的、帶有原則性的問題，下屬可直接闡明觀點，或據理力爭，或堅決反對，不能遷就，即使正面建議無效，也要想方設法迂迴前進，否則就等於是拿老闆和自己的身家性命開玩笑；倘是無關大局的一般性問題，下屬則可靈活對付，盡量避免正面衝突和矛盾。

二、應對優柔寡斷型的上司

這類上司經常朝令夕改，令下屬無所適從。遇到這樣的上司，在他向你徵求意見或一起討論時，不妨順著他的個性，多說幾種可能的方法或者從多個方面提出意見。

三、應對懦弱的上司

懦弱的人一般不會當領袖，即使當領袖，大權也必定不在手中，自有能者在代為指揮。你必須看準代為指揮的人是什麼性情，再想應對的方法。懦弱的人當主管，必定十分倚重身邊的「軍師」，對其一般言聽計從。而「軍師」式的實權人物，在他周圍肯定是他的羽翼，早已形成勢力，甚至上司也只是一個傀儡，不敢不看「軍師」的眼色行事。因此，你一定要了解這種情勢，必須看準誰是軍師，然後再想應對的辦法。千萬不要與這種軍師型的人物發生衝突，否則必遭失敗。

四、應對健忘型上司

有的上司很健忘，常常顛三倒四，有時明明在前一天講過的事，可兩三天後，他卻說根本沒說過。最好的辦法是，當他在講述某個事件或闡明某種觀點時，你多問他幾遍，也可提出不同的看法，以故意引起討論來加深上司的印象，最後，還可以對上司的陳述進行概括，用簡短的語言重複給他聽，讓他牢牢記住。

五、應對馬虎型的上司

有的上司做事很馬虎，常常做些啼笑皆非的事，弄得下屬們無所適從。有的對發布的檔案內容不仔細研讀，對上級召開的會議不認真參加，在沒有完全理解基本精神的前提下就發表意見，提出看法，或公開傳達。對這樣的上司，唯一的辦法就是反覆申明，多次強調，最好三四個人輪番強調，促使其引起重視，認真對待。

六、應對「工作狂」上司

這類上司往往認為自己是天下最能幹的人，加上精力過剩，熱衷於工作，而且希望下屬也都和他（她）一樣，變成「工作狂」。應對這樣的上司，最佳對策就是甘拜下風，不斷向他請教，令他永遠感覺到你是在他的英明指導下努力工作，並取得成就的，這樣反而還可以得到他的賞識。

七、應對豪爽的上司

豪爽的上司最愛有才氣的人，只要善用你的能力，表現出過人的工作成績，那麼只要時機一到，絕對不用擔心你沒有發展的機會。時機未到時，你仍要愉快地工作，並且要做得又快又好，表示出遊刃有餘的能力。同時還要隨處留心機會，一旦發現可以異軍突起時，就要好好把握。切記所計畫的一切要十分周詳，然後伺機提出，只要一經採用便可脫穎而出。意見被採用表示你有才能，若再次委託你來執行計畫，就足以說明你的能力已被肯定。你的發展既然已有了好的開端，套路也已經摸準，那麼只要一步一步地走上去，遲早會出人頭地，可以不必求之過急。

八、應對內向型上司

曾有心理學家分析指出，內向型的人比外向型的人更常使用電子郵件。所以，如果你的上司是較為內向的人，相對於面談或聽電話來說，他可能更喜歡讀 Email，並以此方法與屬下溝通。如果你想給看慣了普通黑白郵件的上司來點驚喜的話，那就多花些時間學習製作新意盎然的彩色動畫 Email 吧。當然，別在上班時間做，以免招致他人的口舌。

再提示你一個簡單受用的辦法：當你要與上司談一件重要的事時，別用 Email，而要透過面談來表示你的誠意和決心，一起吃午餐是個很好的方式，既不會受到其他同事的干擾，又能和上司作最直接有效的溝通。

九、應對霸道的上司

霸道型上司的頭腦中有個固有的觀念：做上司的，一定要樹立自己的威嚴，這樣才能讓下屬對自己俯首帖耳。這類上司經常要不斷威脅下屬，來讓下屬們服服貼貼地做事。對這樣的上司，你必須常常讓他感覺到你的存在價值。尤其當你預見到他將會對你惡語相向時，你必須事先就想好回敬措辭。當然，更重要的是不要被嚇倒。

十、應對熱忱的上司

剛一接觸就對你表示特別好感的上司，不要有相見恨晚之感和受寵若驚的反應。你並不清楚他的熱情能持續多久。對這類上司，最好是若即若離。「若即」，不會讓他因你的反應淡而失望；「若離」，不讓他的親密只是短時間內高漲，速來速去。這種處理方法下，萬一他的情緒低落，你可以靜待機會；情緒高漲時，可以讓他緩緩降溫，以達到合適的熱度。總之，就像鐘擺一樣，讓他在一定的幅度內來回擺動，以致無限。

十一、應對疑神疑鬼的上司

這類上司天性多疑，整天懷疑自己的下屬偷懶不工作，所以在辦公室經常上演「警察抓小偷」的遊戲。遇到這樣的上司，最好的辦法則是每天（至少是每週）給他一份報告，明確告訴他你今天都做了哪些工作，以打消他的疑心，從此他放心你也安心。

十二、應對冷靜的上司

頭腦冷靜的上司在各種狀況下始終能保持常態。遇到這種上司，你提出的工作計畫和實施建議，不要自作主張，等到決定計畫後，只要負責執行就是了。執行的過程必須作詳細記載，包括極細微的地方。這種一絲不苟的作風正是這種上司所喜歡的。如果執行過程中遇到困難，你最好能自行解決，不必請示。隨機應變非他所長，多去請示反易貽誤時機，最好事後用口頭報告你當時應付的方法，他就會很高興。但要注意的是，即使事後報告，也要力求避免誇張的口氣，雖然當時的確十分難辦，也要以平靜的口氣，加以輕描淡寫為好，如此反而更表現出你應變的本領。

十三、應對模糊型上司

有些上司安排工作時含糊籠統，沒有明確實際的要求，既可理解成這樣，又可理解成那樣；有些前後互相牴觸，下屬根本無法操作和實施，一旦你去做了，他就會責怪說他的要求不是這樣，你弄錯了。對這樣的上司，在接受任務時，一定要詳細詢問其實際要求，特別在完成時間、人員安排、品質標準、資金、數量等方面盡可能明確些，並一一記錄在案，讓上司核准後再去動手。

有的上司在你請示的某項工作需要得到實際數字或明確答覆時，他卻「哼哼哈哈」，沒有明朗的態度，或只說「知道了」、「你看著辦」等。那麼，為了避免日後不必要的麻煩，做下屬的你可反覆說明旨意，並想方設法誘導其有一個明確的答覆，必要時，可採用提供語言前提的方法，如：「你的意思……」，讓上司續接，或者用猜測性的判斷讓上司回答，如：「你的意思是不是……？」當上司有了一個比較明確的答覆之後，立即重複幾遍加以強化，也可進一步延伸，「假如是這樣，那就會……」。

十四、應對陰險的上司

有一類上司，專愛在下屬之間挑撥是非，製造矛盾，還愛在老闆面前打下屬的小報告，搞得員工之間關係緊張，還動不動就挨老闆罵。像這樣的情況，就要員工之間先把話說開，確定是上司在搞鬼，再想辦法對付他。

俗話說：害人之心不可有，防人之心不可無，對這種差勁的「小人型」上司，決不能礙於情面而一味忍耐，一定要找準時機，當面揭穿，然後主動找老闆說明情況，讓老闆了解事情的真相。要相信，當老闆的都是會為自己企業負責的，當他得知自己手下的主管是如此之人，從企業的生存和發展出發，一般是會考慮採取相對措施的。

上司舒心，自己放心

在職場上要做一個受上司欣賞的下屬不是一件容易的事情。但儘管很難，也要努力去做。因為只有你讓你的上司舒心了，你才能安下心來工作，才能放心的在職場上拚殺。

要想讓上司舒心，自己放心，就要做到以下幾點：

一、找準自己的位置

所謂找準自己的位置，就是要認清自己的工作職責，然後努力把自己的本職工作做好，並讓你的上司看到你優秀的工作能力。無論你是一個祕書、助理，還是一個中階主管，你的頂頭上司既可助你成功，也可毀你前程，既可你讓顯得精明能幹，也可使你看來很不稱職。一些人從未得到提拔，僅僅是因為他們的上司不給他們發展、表現的機會，不讓他們顯露才華。所以，要讓你的上司看到你的價值，這樣，他才能欣賞你、重視你、培養你。不過有一點需要注意，就是不要讓你的才華對上司構成威脅。否則，可能引發上司的打壓。例如，有某個經理、祕書或助理，年輕聰明，能言善辯，在眾人之中脫穎而出。他有不少新想法，工作起來似乎永不疲倦，可是，最後他發現自己所有的努力都遭到頂頭上司的阻撓、破壞和打擊。你的上司會因為受到了你的才華的威脅，所以總是和你唱反調、不合作。在這種情況下，本應使你顯現出自己價值的那些特性反而有可能對你不利。不過同時也表明你的上司何等卑劣平庸。由於你的才能對上司的地位構成了威脅，從而產生了對你不利的影響，這種不利影響基本是無法克服的。你越能幹、越出色，你的上司就越會覺得是一種威脅，也就可能越使你無法得到較快的提升。所以，這裡找準自己位置的另外一個含義就是，在上司面前適當隱藏自己的鋒芒，不要因為自己鋒芒畢露，讓上司感受到你對他的威脅。

二、學會適當讚美上司

很多人認為對上司說好聽的話就是「拍馬屁」，所以都羞於向上司說一些「恭維」的話。事實上，「拍馬屁」是在潛移默化中讚美別人，恭維別人，而這些都是與上司、同事來往的、至高無上的「潤滑劑」，何況這種美麗的言辭，於己無損而多益的事，又何樂而不為呢。誰都明白在工作中討得上司好感是何等重要，但這個「討」的方法可就不簡單了。

誰都喜歡聽別人的稱讚，上司當然也不會例外。但是，稱讚上司時，當著上司的面直接給予誇獎，雖然也是一種奉承上司的方法，卻很容易招致周圍同僚的輕蔑。與其如此，倒不如在公司其他部門，上司不在場時，大力地吹噓一番。這些讚美終有一天還是會傳到上司耳中的。因此我們無妨讓讚美的言詞流傳出去。「人各有所長」，針對上司的長處、優點大加吹捧。若有人對此不表贊同甚至發出批評上司的言論時，我們毋需為此爭辯，只當對上司的讚美是個人的主觀吧！對其他部門的人，不管是誰，也請不要忘記讚美他們。一件西裝、一條領帶，甚至看到人家心情好的情形等等，都可以做為讚美的對象。不過，這些讚美應該在私底下用親切而穩重的語言表達。如果您是在大庭廣眾面前大聲叫喊，那可能會得到反效果。自己的下屬在其他部門是否受歡迎，這也是上司很在意的事情。自己的部下很得人緣，上司也會覺得自己很有光彩。如果又知道，那位下屬在其他部門中不遺餘力地稱讚他，不用說，上司對這種下屬的好感度是直線地上升。而且和不同部門的人在一起彼此比較沒有警戒心，較容易得到一些「幕後消息」。這種情報，往往對上司是非常有價值的。經常收集這種情報給上司，同樣可以博得上司的好感。

不過，千萬不要以為投上司所好只是一味迎合或屈意奉承那麼簡單，而是要能洞察上司的個性與偏好，進而採取適當配合行動或對策，方可顯出功效。

如果你的上司要求做事積極主動、不可拖泥帶水，則你就應該積極努力地有效完成任務；如果你的上司是個完美主義者，希望慢工出細活，那你就要注意工作中的細節，盡可能把工作做得盡善盡美。

三、對上司無意中的談話內容要努力實踐

與上司交談時，對於上司說過的每一句話，都要牢記，哪怕是上司開玩笑時說的話。然後，如果可能的話，就把上司說過的事情，盡力實現。比如，跟上司一起用餐時，對上司偶爾吐露的話要牢記，並在恰當的機會

中加以實踐。上司說：「最近聽說有家雜誌曾刊載各界名人演講酬勞一覽表，有機會的話真想看看。」這時就要抽空到書局或是網路搜尋，找上述的一覽表回來呈給上司看。雖然上司的話和工作根本扯不上關係，可是做下屬的應該有隨時聽候差遣的心態。在可能的範圍下，對上司的一言半句都應給予實踐。雖然上司說話並不期盼別人來做，甚至沒有一點渴望的語氣，可是下屬若對上司的話都認真地遵守奉行，是很討人喜歡的。將上司無意的談話當真地予以實現，會讓上司覺得你是個有心的聰明人。這樣的人是很多上司都很欣賞的。

是自己的錯，就坦然承認

一個人要有勇氣承認自己的錯誤。這不只可以清除罪惡感和自我護衛的氣氛，而且有助於解決這項錯誤所製造的問題。

住在美國新墨西哥州的小布，錯誤地支付給一位請病假的員工全薪。在他發現這項錯誤之後，就告訴這位員工並且解釋必須糾正這項錯誤，他要在下次薪水中減去多付的薪水金額。這位員工說這樣做會給他帶來嚴重的財務問題，因此請求分期扣回多領的薪水。但這樣小布必須先獲得他上級的核准。小布說：「我知道這樣做，一定會使老闆大為不滿。在我考慮如何以更好的方式來處理這種狀況的時候，我了解到這一切的混亂都是我的錯誤，我必須在老闆面前承認。」

於是，小布找到老闆，說了詳情並承認錯誤。老闆聽後大發脾氣，先是指責人事部門和會計部門的疏忽，後又責怪辦公室的另外兩個同事，這期間，小布則反覆解釋說這是他的錯誤，不干別人的事。最後老闆看著他說：「好吧，這是你的錯誤。現在把這個問題解決吧。」這項錯誤改正過來，沒有給任何人帶來麻煩。自那以後，老闆就更加看重小布了。

小布並沒有因為坦白承認了自己的錯誤，而招致老闆的辭退，反而贏得了老闆的好感和重用。這說明，在職場中出現工作失誤並不可怕，可怕的是不敢承認自己的錯誤。可是就有很多人，明明知道是自己的錯，卻不肯承認自己的錯誤，反而找藉口為自己開脫、辯解，追根究柢是人性的弱點在作怪。

一個人做錯了一件事，最好的辦法就是老老實實認錯，而不是去為自己辯護和開脫。日本最著名的首相伊藤博文的人生座右銘就是「永不向人講『因為』」。這是一種做人的美德，也是一個為人處世、辦事做事的最高深的學問。

在職場上，勇於承認錯誤更是必要的。有些人在工作中出現錯誤時，就會找出一大堆藉口來為自己辯解，並且說起來振振有辭，頭頭是道。比如，「交貨延遲，這完全是管理部門的不好。」「品質不佳，這都要怪品檢部門工作的疏忽，與我沒有關係。」「我的工作都是按公司的要求去做的，錯不在我！」你認為找藉口為自己辯護，就能把自己的錯誤掩蓋，把責任推個乾乾淨淨，但事實並非如此。也可能老闆會原諒你一次，但他心中一定會感到不快，對你產生「怕負責任」的印象。你為自己辯護、開脫不但不能改善現狀，所產生的負面影響還會讓情況更加惡化。

有一個畢業於知名大學的工程師，有學識，有經驗，但犯錯後總是自我辯解。工程師到一家工廠應徵時，廠長對他很信賴，事事讓他放手去做。結果，卻發生了多次失敗，而每次失敗都是工程師的錯，可是工程師都有一個或數個理由為自己辯解，說得頭頭是道。因為廠長並不懂技術，常被工程師駁得無言以對，理屈詞窮。廠長看到工程師不肯承認自己的錯誤，反而推脫責任，心裡很是惱火，只好讓工程師捲鋪蓋走人。

能坦誠地面對自己的弱點，再拿出足夠的勇氣去承認它，面對它，不僅能彌補錯誤所帶來的不良結果，在今後的工作中更加謹慎行事，而且你的上司也會因為你負責的態度很痛快地原諒你的錯誤，並在以後的工作中更加的重用你。

不要與上司較勁

身處職場的你一旦與上司發生了分歧甚至衝突，千萬不要與上司較勁。因為，你作為下屬就要像士兵一樣，首先要做到的就是服從。另外，每個人都是有缺陷的，你的上司也不例外。作為主管，大多數不喜歡被別人尤其是自己的下屬頂撞。

歷史上凡是與主管較勁的人幾乎沒有什麼好下場。三國時期有個孔融，仗著自己是孔子的某代孫，便常常與曹操較勁。曹操打敗袁紹後把袁紹的寵妃據為已有，孔融便說，武王伐紂成功後把妲己賜給了周公，言下之意是你曹操怎麼如此好色，弄得曹操一臉難堪。曹操認為酒會誤國，下令禁酒，這本來是一項英明決策，想不到孔融又站出來了，他說，酒會誤國你便禁酒，女人也會誤國，你為何不禁婚姻？曹操又被弄得一臉難堪。難堪的結果是什麼呢？結果就是曹操找了一個藉口把孔融給殺了。這就是喜歡與主管較勁的人的下場。

其實大部分職場人都知道，經常與上司較勁肯定沒好處。只是有的時候受到上司的批評，往往會情緒難以控制，從而說出一些頂撞的話或者作出一些違背上司意志的舉動來。這樣得罪上司是很不值得的，所以，既然你身處職場，就要學會理性地接受上司的批評。

要想在受到上司的批評時保持一個冷靜的心態，從而做到理性的接受，就要先了解上司批評的動機。有人說得好：主管批評或訓斥部下，有時是發現了問題，促進糾正；有時是出於一種調整關係的需要，告訴受批評者不要太自以為是，或把事情看得太簡單；有時是為了顯示自己的威信和尊嚴，與部下保持或拉開一定的距離；有時「殺一儆百」、「殺雞儆猴」，不該受批評的人受批評，其實還有一層「代人受過」的意思……搞清楚了上級是為什麼批評，你便會掌握情況，從容應付。

批評往往讓人覺得難堪，那麼在接受上司的批評時，如何做到心平氣和呢？首先可以把批評看作是一次成長的機會。批評通常也意味著進步的機會。在建設性的批評面前，反擊、爭辯或是無禮都無濟於事，對這樣的批評進行無關緊要的糾正，只會演化成嚴重的問題。樂於接受建設性的批評並且遵照執行，是成熟和職業化的表現。其次，要想一想到底是不是自己的錯。先把利己主義拋到一邊。如果上司批評得有道理，就要客觀地傾聽上司的看法，並切實了解清楚。接下來應該想想如何解決問題。許多人都曾犯錯和受到批評，但事實證明他們能夠放下個人主義，審時度勢，承擔責任，從而更為強勢地東山再起。

面對上司的批評時，最需要用誠懇的態度作出回應，以表示自己從批評中確實接受了什麼，學到了什麼。最讓上級惱火的，就是他的話被你當成了「耳邊風」。如果你對批評置若罔聞、我行我素，這種效果也許比當面頂撞更糟，因為，你的眼裡沒有他這個上司。

上司批評你時，你要明白批評有批評的道理，錯誤的批評也有其可接受的出發點。更何況，受批評才能了解上級，接受批評才能展現對上級的尊重。所以，批評的對與錯本身有什麼關係呢？比如說錯誤的批評，你處理得好，反而會變成有利因素。可是，如果你不服氣，發牢騷，那麼，你這種做法產生的負面反應，足以使你和主管的感情拉大距離，關係惡化。當主管認為你「批評不起」、「批評不得」時，也就產生了相伴而來的印象——認為你「用不起」、「提拔不得」。當然，公開場合受到不公正的批評、錯誤的指責，會給自己造成波動。但你可以一方面私下耐心做些解釋，另一方面，用行動證明自己。當面頂撞是最不明智的做法。既然是公開場合，你下不了臺，反過來也會使主管下不了臺。其實，你能坦然大度地接受其批評，他會在潛意識中產生歉疚之情，或感激之情。靠公開場合耍威風來顯示自己的權威，換取別人的順從，這樣不聰明的主管是很少的。其實，你真的遇到了這種主管，更需要大度從容，否則，你今後的日子就更加難過了。

接受批評並不意味著不能發表自己的意見，不能為自己辯解。在辯解時要視情況而定。比如你對自己的見解確認有把握時，對某個方案有不同意見時，與你了解的情況有較大出入時，對某人某事看法有較大差異時等等。但是切記：當主管批評你時，並不是要和你探討什麼，所以此刻絕不宜發生爭執。受到上級批評時，反覆糾纏、爭辯，希望弄個一清二楚，這是很沒有必要的。確有冤情，確有誤解怎麼辦？可找一兩次機會表白一下，點到為止。即使主管沒有為你「平反」，也不能糾纏不休。因為，糾纏不休對於你來說有害無利。

批評與處罰是不同性質的，批評並不等於處罰，所以面對批評和處罰的方法也是不同的。在正式的處分中，你的某種權利在一定程度上受到限制或剝奪。如果你是冤枉的，當然應認真地申辯或申訴，直到搞清楚為止，從而保護自己的正當權益。但是，受批評則不同，即使是受到錯誤的批評，使你在情感上、自尊心上、在周圍人們心目中受到一定影響，但你處理得好，不僅會得到補償，甚至會收到更有利的效果。相反，過於追求弄清是非曲直，反而會使別人認為你是一個錙銖必較、不肯接受別人意見的人。

交鋒後，讓上司覺得更不能缺少你

與上司發生衝突，要讓自己能安然無恙的全身而退，就要讓你的上司明白，你是公司不可缺少的人。

公司裡，上司重用的人一般都是些立即可用、並且能帶來附加價值的員工。管理專家指出，上司在加薪或提拔時，往往不是因為你本分工作做得好，也不是因你過去的成就，而是覺得你對他的未來有所幫助。身為員工，應常捫心自問：如果公司解僱你，有沒有損失？你的價值、潛力是否大到上司捨不得放棄的程度？一句話，要靠自己的打拚和緊跟時代的專精特長，成為公司不可缺少的人，這至關重要。

工作績效是衡量一個人的素養高低的籌碼。突出的工作成績最有說服力，最能讓人信賴和敬佩。要想做出一番令人羨慕的業績，就要善於決斷，勇於負責，善於創新，勇於開拓；善於研究市場，勇於掌握市場；唯有如此，企業的航船才能在市場經濟的大海中，或「以不變應萬變」頂住風浪，或以「見風轉舵」乘風破浪，越過激流，避開商戰「陷阱」，使企業立於不敗之地。當你力挽狂瀾以傲人的業績振興企業時，你的影響力順理成章地達到了「振臂一呼，應者雲集」的地步。

小羽在一家公司做網站編輯，其實就是在網路裡蒐羅五花八門的文章。由於公司的網站論壇剛剛做起來，很需要先在數量上進行擴充，她就整天重複著複製、貼上的簡單動作，雖然有些單調，但好在總算有一份工作。

後來老闆抽出精力來專注於網站，想把它做大，因此急需幾個網站策劃高手、管理高手、寫作高手等專業人才，於是一下子就招募了五六個人，加上原來的人馬，共有十多人。小羽的工作便顯得那麼微不足道了，他們幾乎分擔了她的工作，使得小羽空閒了下來。小羽心裡有種預感，她待在公司的日子不長了。果真，一天，老闆把她叫進了辦公室，說了她在公司工作認真的好聽話，然後一個「但是」就把她辭掉了。

由此可見，要想在職場無往不勝，你必須要有自己的一套本領，你的工作必須無可替代，否則你很容易就被淘汰掉。讓老闆認為放棄你會使公司遭受到損失，這才說明你存在的價值，別人輕易取代不了你的位置。當你是棵小草時，別人就會任意踐踏，而當你長成一棵大樹時，別人就輕易撼動不了你，甚至踢你一腳都會把自己弄痛。所以，做到「難以替代」是職場生存重要的元素。做一個對公司未來發展有價值的人，是對付「人事地震」的不二法則。

作為職場新人，怎麼做才能讓自己的上司覺得自己是公司不可缺少的人呢？注意下面的一些小的細節可以幫你實現這個願望：

◆早到

別以為沒人注意到你的出勤情況，上司可全都是睜大眼睛在瞧著呢，如果能提早一點到公司，就顯得你很重視這份工作。

◆不要過於固執

工作量時時在擴大，不要老是以「這不是我分內的工作」為由來逃避責任。當額外的工作指派到你頭上時，不妨視之為考驗。

◆苦中求樂

不管你接受的工作多麼艱鉅，鞠躬盡瘁也要做好，千萬別表現出你做不來或不知從何入手的樣子。

◆立刻動手

接到工作要立刻動手，迅速準確及時完成，反應敏捷給人的印象是金錢買不到的。

◆謹言

職務上的機密必須守口如瓶。

◆聽從上司的臨時指派

上司的時間比你的時間寶貴，不管他臨時指派了什麼工作給你，都比你手頭上的工作來得重要。

◆保持冷靜

面對任何狀況都能處之泰然的人，一開始就取得了優勢。老闆、客戶不僅欽佩那些面對危機聲色不變的人，更欣賞能妥善解決問題的人。

◆勇於做出果斷決定

遇事猶豫不決或過度依賴他人意見的人，是一輩子注定要被打入冷宮的。

能力超過上司時裝裝糊塗

無可否認的，上司的工作能力都相當強，然而，另一方面，他們的疑心病也很重。因為，在他們漫長的人生旅途上，難免有一些人會背叛他，或是得了他的好處卻不知報答……所以，久而久之，他們對別人都不太敢推心置腹了。像這種人如果遇到比自己能力強的屬下時，就會感到很不高興。他們覺得屬下永遠比自己差一截，這樣他們才會有成就感。因此，他們只會提拔能力比自己低的屬下。然而，一旦發現屬下的能力可能高於自己時，立刻會顯得坐立不安，最後，就會對屬下施加壓力。因此，當你的才能高於上司時，不可過於鋒芒畢露，以免引發上司的猜忌之心。

遇到不如自己的上司，你會怎麼做呢？鋒芒畢露只會讓自己陷入僵局，「得罪」上司無論從哪個角度來說都不是件好事，只要你沒想調離或辭職，就不可陷入僵局。所以，千萬不能讓你的上司覺得你的能力已經超過了他。

那麼在日常工作中怎麼才能隱藏自己的才能呢？

一、工作中不要越俎代庖

工作積極往往能得到上司的欣賞，可積極過了頭，就會適得其反了。如果你積極的連上司的分內工作都給做了，那麼上司就會感覺自己面上無光，對你也就會有所忌恨了。所以，在積極工作的同時，一定要明確自己的職責，不要越位做上司應該做的事。

27 歲的小玲身高 172 公分，不僅臉蛋美麗，還能講一口流利的英語，在跟國外廠商談判中，她時常露臉，同事對她都讚許有加。相比之下，她的頂頭上司 —— 部門經理小陳比她遜色多了。小玲剛進公司的時候，經理對她很親切，但在一次跟廠商談業務的聚會上，小玲出盡了風頭，得意地用英語跟廠商海闊天空地交談，並頻頻舉杯，充分顯示出高貴與美麗，竟把上司小陳冷落到一旁。不久過後，小玲就被調到另外一個不太重要的部門。

和不如自己的上司共事時，小玲自己犯了職場忌諱 —— 越位。在公眾場合喧賓奪主，旁若無人地與上司搶「鏡頭」，使上司陷入尷尬的處境，上司當然不願意把這樣犯上的下屬留在手下，勢必藉機打壓。

遇到比自己遜色的上司，最好的做法是留一半清醒，留一半醉，謙虛和謹慎自然會博得上司的信任和賞識，與上司一起走路時，要走在他後面；與客戶談生意時，應在適當的時候為上司「提詞」，比如一個關鍵字上司忘記了，在上司停頓的瞬間及時地提「臺詞」。總之，在上司面前要合理地展現自己的才智，讓他既看到你的能力，又看到你的謙虛。

二、工作中不能太過鋒芒畢露

在職場上展現自己的才能無可厚非，但是不能太過鋒芒畢露，否則容易引起周圍人的疏遠甚至忌恨，特別是在不如自己的上司面前。你不能怪別人心胸狹隘、嫉賢妒能，畢竟職場是個利益場。

小亮到公司任職不久，部門經理就對他說：「老弟，我隨時準備輪調。」說心裡話，當時小亮也是這麼想的，因為經理是自學成才的，知識和修養存在先天不足。而小亮是大學畢業後，在外資已有五年的工作經驗，獨立有主見，工作能力強。由於個性率直，在討論一些工作問題時，他向來直來直去，為此他常與上司發生爭執。雖然經理有時對他也有一定的暗示，但他卻不以為然。久而久之，經理便漸漸疏遠他，讓他漸漸失去施展才能的舞臺。

雖然小亮的能力確實超過他上司，但他不知道上司畢竟是主管。在主管眼裡，下屬永遠比他差一截，他才會有成就感。你的能力比上司強，他就會坐立不安了，如果明目張膽地與他對著幹，哪怕你是無心的，上司通常也是無法容忍的。

收斂起自己的鋒芒，以消除上司的戒心。比如在業務會議上，對自己的遠見卓識有意遮掩，留下空間給上司作總結。當然，在平時要經常向上司請示匯報，不擅自作主，特別是一些決策性的工作，都要等上司表態。

另外，與不如自己的上司相處除了要善於隱藏自己的鋒芒外，還要善於用欣賞的眼光去發現上司身上的優點。每個人都有優點，身為你的上司，他自然也有他的優點。即使在工作能力上，你已經超過了你的上司，但是只要你用心去觀察，還是能夠找到你上司身上的一些好的地方的。切忌總是用自己的優點來和上司的缺點來比較，覺得上司不如自己就不把他放在眼裡。

小盧剛入職時，為了表現自己能勝任財務工作，他在各種場合都會找機會表現自己。而他的上司在某些方面的確不如他，為此，同事們在私下談論的時候就會對上司說三道四。世上沒有不透風的牆，上司知道後當然也不示弱，在一次會議上，上司直截了當地說：「做財務工作的人要求冷靜、精細，但有的同事在工作上卻很浮躁，這樣對我們的工作極為不利，小心摔跤。」這威脅的潛臺詞令人不寒而慄，同事們雖然口裡不說什麼，但心裡說什麼也不服氣。

不要片面地看待一個人的優點及缺點，在沒有從全面角度上認識上司的情況下，妄自對上司說三道四，顯出不服管教的態度，這讓上司的威信受到了牽絆。如果你不重視上司，上司自然不會重用你。

多看看上司的優點，不要把眼光盯在上司的不足上面，因為職場比拚的是整體能力，而不是專一能力。俗話說，尺有所短，寸有所長。或許上司在很多方面不如你，但畢竟也只是在某些方面而已。你一技之長勝過他，可他的整體能力也比你強。只要你留心上司的優點，並經常把他對公司的決策思路與你自己的思路相比較，你會從中找出你自己的差距。況且，知道了差距，就可以透過學習來彌補自己在其他方面的不足，以使自己日臻完善。

在職場上，學會和上司相處實屬不易之事。特別是有些剛入職場不久的人來說，他們往往恃才傲物，看到上司的一些缺點就覺得上司不如自己，不配當自己的上司。在工作中，也全然不把上司放在眼裡，以致得不到上司的重用，而對上司懷恨在心，或者乾脆辭職而去。其實，你能進入公司，就是因為你的優點被上司所欣賞。上司希望看到的是在實際工作中你怎麼發揮自己的才智，而不是要看你怎麼炫耀自己的才能。如果真有真材實料，應該在實際工作中表現出來，不要表現出一種炫耀的姿態，好像是在向上司示威。對於一些有點小肚雞腸的上司就更不能過分的炫耀自己。其實，在上司面前不是不能表現自己，關鍵要看怎麼表現。謙虛地表現出自己的才能是最明智之舉，因為謙虛地姿態是上司習慣看到的，在有些無關緊要的方面適當裝裝糊塗，然後向上司請教，這樣既不會給上司自己工作能力差的印象，又能讓上司覺得自己虛心好學而且對他尊敬有加，那麼你的上司就沒有理由不重用你了。

受到上司輕視時，要找出原因

初入職場的人心中肯定都有一個希冀，那就是遇到一個欣賞自己的「伯樂」似的上司，可以讓你這個「千里馬」能夠青雲直上，事業成功。可現實是不可能這樣完美的，畢竟千里馬常有，而伯樂不常有。況且，上司欣賞一個人，不光因為這個人有著傑出的才能。上司不欣賞你，或許是因為你的能力，或者是你的性格，有時甚至什麼也不是，就是看你不順眼。如果是那樣，該怎麼辦呢？

當你受到上司輕視時，首先要找出原因。受到上司的輕視，甚至是一種忽略。處於這種境地中的人，的確應審視一番，分析一番，採取一定的適當的方法與步驟——因為主管的發現與重視，畢竟是最重要的。不過，你先搞清楚，你真的在主管心目中沒有地位嗎？真的受到忽略嗎？也許，這只是一種幻覺。本來主管對你和其他人一樣，並沒有特別的厚此薄彼。可是，由於你要求太高、太急、過於敏感，而產生一種「主管唯獨看不起我」的感覺。當然，不能排除真正的不受重視。此時，首先要找到原因。

▷ 你是否有能力堪當重任？

▷ 你的精神面貌是否表現出堅定自信？

▷ 你的作風舉止是否表現出精明、幹練？

此刻的自我審視主要是：日常生活中你所塑造的形象如何？關鍵時刻你是否能做出成績，顯露才華？

如果原因出在自己一方，那麼應該首先進行自我修正。如果自己沒有錯，那麼也應該盡量改變自己，以迎合上司對你的要求。那麼實際到實際工作中應該怎麼做呢？

◆講究效率，讓上司確認你是個能幹的人

首先，你應該以你認真的態度表現給他看。如果你對上司委託你辦的事，能夠順利完成，然後你再問上司，「還要我做什麼？」這樣一個接一個地自己找事做，相信上司一定會佩服你。

◆盡你所能；主動替上司分擔重擔

當部下能肩起上司所負的重擔，上司一定會驚喜地說：「不要太勉強，這個箱子對你來說太重了吧。別跌倒了！你真是個好幫手！」等等。

◆不需獻媚，只要徹底完成分配到你名下的工作

部下不聽從命令，使得工作不能按時完成，是最使上司惱火的事。我們並不需要獻媚上司，只要徹底地完成分配到自己名下的工作，就是讓上司最高興的事。

◆公私分明，千萬不要因為過於親密而太隨便

假定你的上司是單身，並且年齡比你大不了多少，你仍然該尊重他是上司，同時經常保持相當的距離。千萬不要因為過於親密而太隨便，或者輕視他。否則，你的上司一定會認為你是公私不明的人，或把你當作不成熟的人看待。

［小測驗］第一次處理與上司的衝突你能得多少分

1. 第一次處理與上司的衝突，你的總體表現如何？

A. 非常好

B. 還不錯

C. 一般

D. 不太好

E. 很不好

2. 第一次處理與上司的衝突，你了解你上司的類型嗎？

A. 非常了解

B. 相對了解

C. 一般

D. 不太了解

E. 很不了解

3. 第一次處理與上司的衝突，你願意讓上司舒心嗎？

A. 很願意

B. 願意

C. 不知道

D. 不太願意

E. 不願意

4. 第一次處理與上司的衝突，你願意承認自己的錯誤並向上司道歉嗎？

A. 很願意

B. 願意

C. 不知道

D. 不太願意

E. 不願意

5. 第一次處理與上司的衝突，你願意避免和上司較勁嗎？

A. 很願意

B. 願意

C. 不知道

D. 不太願意

E. 不願意

6. 第一次處理與上司的衝突，上司覺得你是他不可缺少的人嗎？

A. 肯定是

B. 可能是

C. 不確定

D. 不太可能是

E. 肯定不是

7. 第一次處理與上司的衝突，你願意隱藏自己的能力嗎？

A. 很願意

B. 願意

C. 不知道

D. 不太願意

E. 不願意

8. 第一次處理與上司的衝突，你發現上司的優點了嗎？

A. 上司很優秀

B. 上司比較優秀

C. 一般

D. 上司不太優秀

E. 上司很不優秀

9. 第一次處理與上司的衝突，你願意找到衝突的起因並化解矛盾嗎？

A. 很願意

B. 願意

C. 一般

D. 不太願意

E. 不願意

10. 第一次處理與上司的衝突，你與上司的矛盾完全得到解決了嗎？

A. 完全解決了

B. 部分解決了

C. 不確定

D. 沒解決很多問題

E. 問題根本沒有得到解決

答案：A 5 分；B 4 分；C 3 分；D 2 分；E 1 分

總分：50 分優秀；50 － 40 分良好；40 － 30 分及格；30 － 20 分有點差；20 － 10 分很差。

第一次職場危機，一次新的學習

在一個人的職業生涯中，職業危機隨時都有可能發生。危機縱然有危險的成份，然而危機也可以轉化為新的機遇和機會，一切均與化解危機的技巧有關。職場生涯中的危機主要表現在三個方面：首先是自己的見解與公司有著截然不同的分歧；其次是自己的失誤造成公司一定的損失；最後是自己被公司或者同事誤解。

職場新人難免犯錯，甚至有些錯誤會令公司造成一定損失。但是只要不是故意的或者還可以彌補，公司都會寬宏大量。但作為員工此時不能背上沉重的包袱，相反應該學會檢討和改進。首先讓公司和同事看到自己對錯誤的認識。越是將錯誤「拿」出來，越是能放鬆心情，也越能博得理解；任何遮遮掩掩只能招致更多的譴責。特別在團隊中，一定要向隊友們致歉，這樣才能鞏固團隊地位，得到更多幫助。檢討自己不是虛偽，不是自卑，而是一種自信，因為只有自信的人才會承認錯誤進而改正錯誤。

職場新人在工作中最怕被人誤解，其實這是很正常的一種情況。通常來說了解一個人需要一段時間，理解一個人更需要一段時間。暫時的誤解只是短暫的，如果能將誤解轉化為了解，那豈不更好？當誤解來臨的時候，首先應該平靜自己的心情，真正反省自己的作為，讓沉默代替辯解。加倍努力，爭取讓事實說話，當然適當的時候也可以巧妙地將自己被誤解的委屈向青睞自己的上司做一番傾訴。切記不能讓誤解變成一種預設，否則有色眼鏡很難再將自己的光采看透。

從化解危機的過程中學習和改進，一種無形的進步就會產生，最重要的是要相信自己有實力達到自己的職場目標。

熟諳辦公室政治，防範危機

提到「辦公室政治」，如果你的第一反應是眉頭緊皺，滿臉無奈，甚至嘴角一撇，很是不屑，那就不太妙了。因為這就意味著，在職場打拚的你，缺乏一項關鍵的技能 —— 政治意識。而根據一位研究權威的看法，這個能力往往決定一個人的工作成就。遺憾的是，如此重要的技能，在學校卻是學不到的。因此，剛剛離開學校，初進職場的人，雖然擁有一身本事，卻總是被辦公室複雜的政治活動，搞得精疲力盡、傷痕累累、「反應不良」，最終黯然離去。「壯志未酬身先死」的確慘烈了些。不過聰明的你，也絕對可以練就一身好功夫，成為具有高度政治敏感的職場高手，讓自己能開開心心地發揮，快快樂樂地成功。

一、什麼叫辦公室政治

辦公室政治就是辦公室人際關係的競爭，是能力和智慧的展現，是沒有硝煙的戰爭。簡而言之，就是你應對進退的分寸拿捏，是害人之心不可有、防人之心不可無的謀略。是辦公室內部人員之間由於權力分配、利益分配而產生的人與人之間的微妙關係，文雅一點講也可以叫「辦公室文化」。

一位在德國學習管理學的留學生分享，「辦公室政治」在歐洲更多被叫做「工作場所政治」，至少在 1970 年代就已經被提出來，「很多人認為辦公室政治就是辦公室人員之間表現為勾心鬥角的『權術』之爭，這種理解是不全面的」。

不同的人對於辦公室政治有著不同的觀點。其實，辦公室政治是個「不可避免、不能迴避」的話題，「它是辦公室裡一種人為的人際環境」。

對這個話題普遍有兩種觀點：這是一件小事，同時也是一件醜事。「小事觀」導致人們認為它微不足道、不值一提；「醜事觀」導致人們不願去談。但事實上，優秀的企業認為這是關係到企業生死存亡的最大的事，因為它將關係到企業生產力、競爭力的高低 —— 企業發展需要人才，而好的辦公室政治氛圍可以讓企業找到優秀人才並成功挽留住人才，還可以為每一個員工提供一個良好的發揮才智的環境。

二、用正確的心態來認識辦公室政治

很多人抱著「清者自清、濁者自濁」的心態在看待辦公室政治，以為只要能獨善其身就可以遠離是非，但事實是，地球上沒有真正的中立國，辦公室裡也沒有可以明哲保身的人，只要身在辦公室裡，就是處在暴風圈，沒有所謂的「颱風眼」可容藏身。還有很多人，他們剛接觸到辦公室政治會表現為恐懼、不適應甚至產生迴避心理，一些技術科技人才也認為這是一件浪費精力或不健康的事情。以上兩種心態都是錯誤的心態。

那麼什麼才是認識辦公室政治的正確心態呢？心理學者告訴所有的職業人士，只要辦公室存在，你就無法逃避辦公室政治。亞里斯多德在兩三千年以前就與他人分享他的智慧，人生來就是政治的動物。所以，不要對「政治」這個字眼感冒。辦公室政治也許不像你想像中的可怕。在辦公室中，有政治行為是常態，沒有政治活動才奇怪。如果你閉上眼睛漠視辦公室政治的存在，就如同關上電視拒看颱風動態般的不智，因為你遲早會被捲入其中，有所準備，才有存活機會。事情的真相是：一批貪婪、神經質、以自我為中心、除此而外一切都很正常的人們湊合在一起，試圖要完成什麼的時候，勾心鬥角便是不可避免的副作用。你面臨的挑戰是找到一個方法，遊刃有餘地控制並且試著享受。放下所有的不屑和無奈，享受辦公室政治是在這之中斡旋最高明的想法。說明白點，辦公室政治不過是多結交應交的朋友，少在同事間結怨。

三、有效應對辦公室政治的行為準則

▷ 不要因任何事情公開批評你的上司或同事。

▷ 批評他人的觀點而不是批評他人。

▷ 不要為小事爭執。小心選擇值得爭辯的事情。如果你準備捍衛某一想法，你最好有把握你能獲勝。

▷ 做個好聽眾，但不要將你聽到的東西四處散播。

▷ 學會使用正確的管道處理問題。直接去找問題的根源或去找能解決問題的經理。不要成為受害者。

辦公室是個小社會，不像學校和家庭那麼單純，在辦公室混飯吃的人很少感覺到做人的輕鬆與悠閒。職場中固然充滿著世俗的體面和晉升的誘惑，但也充滿了人際的詭譎、攀爬的艱辛和競爭的陷阱。通曉辦公室「政治」，你將從競爭中脫穎而出，穩穩占有自己的一席之地。

累積你的人脈資源

職場生存能力與你的人脈資源有著正比的關係。因為人脈，往往會在你陷入辦公室政治或遇到職場危機時，提供你意想不到的一臂之力。但是

「貴人」不會無端從天掉下來，平時就要勤於耕耘，而且眼光不要「看高不看低」。人脈是一種相互牽制的「共榮」關係，在你運用你的人脈資源之前，一定別忘記定期往感情帳戶中存款。此外，人際關係學的另一門功課，在於建立360度的圓融關係，包括了面對同僚、主管、部屬、客戶，就算不是朋友，至少不要樹敵，捲入複雜的辦公室政治中。

一、為什麼要搭建職場人脈

◆人脈是事業發展的情報站

在這個資訊發達的時代，擁有無限發達的資訊，就擁有無限發展的可能性。資訊來自你的情報站，情報站就是你的人脈，人脈有多廣，情報就有多廣，這是你事業無限發展的平臺。

◆人脈是事業成功的助推器

我們每一個人都希望自己有一個生命中的「貴人」，在關鍵時刻或危難之際能幫我們一把。開啟我們機遇的天窗，讓我們撥雲見日，豁然開朗，直接進入成功的境界。他可以大大縮短我們成功的時間，提升我們成功的速度，使我們站在巨人的肩膀。

◆人脈是個人成長的鏡子

「不識廬山真面目，只緣身在此山中」。人的最大的敵人是自己。而戰勝自己最有力的武器是認識自我，恍然大悟，掌握到真實的自我。

每個人總是在不斷開發自己的人脈，區別在於成功的人總是比的人具有更龐大和更有力量的人脈。

二、如何搭建好的職場人脈

◆找到你喜歡的人和喜歡你的人

這些人會幫助你，也是你願意給予幫助的人。在這些人身上多投入一些時間，這就是建立互利關係的開始。

◆找到你值得信賴、給你動力的人

他們會給你支持，讓你能夠繼續與其交往。

◆找到你有能力幫助的人

你要盡心幫助這些人，即使這些人暫時還不能幫助你。

三、經營你的三類人脈：高人，同仁與小人

這裡所謂的高人，是指有權勢的人，這點大家都容易理解，但是對於高人的經營方式，光拍馬屁是沒有用的，因為，這些人身邊逢迎拍馬屁者已太多，早就對拍馬屁之事感到疲乏。所以，經營高人，必須透過你的專業能力或優異的人格特質去贏得其尊重，進而來提拔你。

同仁指的是自己身邊的朋友或同事。身邊的人或許不能職場上拔擢你，但是這些好朋友往往可以提供你真心的建議，甚至當你在遇到挫折時，這些人可以提供你一個溫暖的擁抱，給予你情感上的支持。

至於小人更是要用心經營，因為這些人往往擅於落井下石，顛倒黑白，所以，經營小人一方面可以避免他們成為你成功的阻力；另一方面也可以當成自己的成長助力，因為有小人，可以刺激自己力爭上游，有一天成為小人的上司，讓他只能奉承你。

好人脈需要用心經營，對於有恩於你的人要心存感激，對於你身邊的人要真誠讚美，對於你所虧欠的人要誠懇道歉，讓好人脈成為你成功的資源。

四、拓展人脈的四條原則

◆互惠原則

即利人利己。利人利己是一種雙贏的人際關係模式，利人利己觀念以品格為基礎：誠信、成熟、豁達。豁達的胸襟源於厚實的個人價值觀與安全感，由於相信有足夠的資源，所以不怕與人共名聲、共財勢，從而開啟無限的可能性，充分發揮創造力與寬廣的選擇空間。

◆誠實守信原則

在人際交往中，一般人都喜歡與誠實、爽直、表裡如一的人打交道。因此，在人際交往中應切記誠實守信的原則。

◆分享原則

分享是一種最好的建立人脈的方式，你分享的越多，得到的就越多。世界上有兩種東西是越分享越多的：一是智慧、知識，二是人脈、關係。

◆堅持原則

堅持不放棄的人，才能有更多正面思考的時間、更深刻地屢敗屢戰的信念，從而贏得更多成功的機遇。在經營和開發人脈資源的過程中，很多人缺乏堅持的韌性，主要表現於：一是「三天打魚，兩天晒網」；二是遭到拒絕之後，沒有勇氣堅持下來，結果錯失「貴人」相助的良機。

分析造成危機的根源

小偉是一個極為外向的人，走到哪裡他都能憑藉自己的熱情找到一大群朋友。2001 年，小偉受總公司主管的委派協助下屬成立一個新部門。新同事一來，小偉馬上就和大家打成了一片。但新部門的工作並不順利。由於一切才剛剛開始，條件比較艱苦，員工薪資不高，卻幾乎天天都要加班，大家工作得很辛苦，單位的效益卻不明顯。有一段時間，大家的情緒比較低落，對單位的前景有些懷疑。這種情況讓小偉很著急。儘管小偉不是主管，但每天下班後，他都拉上幾個同事到旁邊的小酒館裡喝上兩杯，和大家聊天談心，順便探討單位的發展前景。沒想到聊來聊去，大家還真找到了一點眉目，一些專案計畫也慢慢提了出來，大家的情緒也高了許多。

眼看著單位的日子一天天上軌道了，但小偉卻發現自己的工作越來越不順利了。小偉的計畫被打壓，定好的方案實施不了……漸漸地，小偉在公司成了一個「廢人」了。小偉百思不得其解，直到有一天，總公司的主管找小偉談話，說小偉所在部門的主管找他告狀，反映小偉整天請同事吃吃喝喝，拉幫結派……他萬萬沒想到，是熱情給自己帶來了職場危機。栽了跟頭的小偉非常困惑：辦公室裡，熱情怎麼就成了一種罪過呢？

看了小偉的這個事例，也許你會覺得世事無常。可事實上，這一案例絕非個案，在職場中，無論你的工作能力是否很強，都難免會遇到職場危機。職場危機就像海面上的暴風雨總是不期而至，你無法作出預判，更無從作出預防的措施。其實，職場危機是一種現象，必然有它產生的根源，只要仔細研究分析，還是能找到一些緣由的。

一、缺少職業規劃

職場中有這樣一些人，他們沒有職業理想，也沒有職業目標，從不喜歡為將來做計畫，尤其是超過半年以外的事情，想都不願意想，對目前「比上不足、比下有餘」的工作現狀悠然自得。這樣的人由於對未來缺乏規劃，沒有目標和理想而造成盲目前行，所以容易埋下「職場迷路」的隱患。而「職場迷路」是職場危機的一個常見現象。

二、忽略身體健康

職場上有一些典型的拚命三郎式的人物，他們工作起來可以不顧一切、廢寢忘食，從來沒有「亞健康」意識，不喜歡戶外運動，從不鍛鍊身體。目前身體狀態正常，但明顯感覺到隨著年齡的增長，體力愈發不支。只有壓榨，沒有填充，哪怕是再強健的身體，也會受損。身體是革命的本錢。長此以往，容易引發健康危機。有很多職場危機都是伴隨著健康危機來臨的。

三、「悶」葫蘆

職場上一些人也許因為性格原因，平時不喜歡和同事說話，更談不上交流彼此在工作中的想法和建議，從來不參加公司活動。一味埋頭苦幹，完成本職工作，無差無錯，每月領回自己那份薪資，倒也清淨。其實，和同事絕緣，也就是和工作環境、工作資訊、發展機遇絕緣。而且很容易讓人懷疑你有性格缺陷或者溝通交流能力嚴重欠缺。而溝通能力是職場生存的必備技能，一旦在溝通上出現問題，那麼職場危機必然找上門來。

四、工作中得罪客戶

職場上的有些人因為個性固執，在工作中往往過於認真，在為客戶提供的服務時，經常因為雙方意見分歧而發生爭執。然而，客戶就是上帝。成也客戶，敗也客戶。客戶可以成就你的業績，也可以讓你甚至所在單位的名譽在業界遺臭萬年。哪怕自己的建議是正確的，也不能因為客戶不接受就表現出自己的不耐煩，那樣只會讓自己陷入被動，造成自己的職場危機。

五、工作馬虎敷衍

有些人工作中做事往往馬馬虎虎、不認真、不負責。經常犯些不痛不癢的小錯誤，讓主管哭笑不得；「軍法處置」吧，覺得事情太小，不值得一提；不管吧，又覺得怎麼這麼小的事情都能做錯呢？這樣的小錯誤一次兩次也許上司還能容忍，可一個企業就像一個飛速運轉的大機器，任何一個零件出錯，都有可能帶來毀滅性的打擊。如果偏偏是你平常最不起眼的小錯誤，在關鍵時刻引起危機爆發，罪魁禍首的你，想不遭遇職業危機也難呀。

六、畸形的人事關係

職場的複雜首先就展現在人事關係的複雜上，工作中有些人，把人事關係勢利化。和單位某聲名顯赫的主管關係密切，狐假虎威。疏忽與其他主管的溝通和連繫，更別提處理好與各位同事的關係。「一棵大樹確實好乘涼」，可是「在一棵樹上吊死」的事情也時有發生。哪天那位主管發生職場變故，也就意味著你從此在公司失去地位和權力。所以說不健康的人事關係，隱藏著巨大的職場危機。

七、缺少理財意識

職場有些人平時開銷沒有節制，沒有積蓄習慣，不作投資打算，有多少花多少，為了趕上潮流，還打算向銀行貸款買車。沒有居安思危意識。這些人工作很努力，花錢也很努力。可是一旦哪天急需資金解決突發問題的時候，他們就不那麼瀟灑了，在巨大經濟壓力下，他們不能正常安心工作，這樣職場危機就隨之而來了。

八、忽視職業形象

職業形象到底有多重要？有些職場人在工作場合，想怎麼穿就怎麼穿，沒有職業化概念。這樣會直接影響到所在企業的形象，尤其是在參加活動的時候，一個形象不好的企業，在客戶看來就是實力不足、水準不夠、能力不強的表現。而個人在工作中不恰當的著裝和言行等，毀的不僅是自己的職業形象，更有可能為日後爆發職場危機埋下隱患。

面對危機，調整好心態

激烈的市場競爭之下，不少人看到別人成功，總會感嘆自己時運不濟，不是沒有遇到好的機會，就是沒有碰到好的老闆，再不然就是因為……很少有人能真正從自己身上去找原因，去思考自己的心態是否健康和積極。法國作家雨果曾說過：「思想可以使天堂變成地獄，也可以使地獄變成天堂。」遇到危機時我們要看到危機後面的轉機；遇到壓力時要看到壓力後面的動力；遇到挫折時要看到挫折後面的成長，任何事情都有兩個以上的選擇，我們要做的是選擇積極的健康的應對心態。

職場就是一條河。即使你擁有能力也付出了努力，也難免會面臨進退兩難的危機。當風雨襲來時，我們要具備化解危機的本領，首先就需調整好自己的心態。

乍一看，職業成功和健康心態好像沒有直接的必然的連繫，但仔細想想，兩者卻又的確不可分割。那麼在巨大的職業壓力下，如何調整自己的心態，做到波瀾不驚、坦然面對呢？這是每一個職場人都十分關切的問題。心態調整是一個複雜的心理和生理過程，在看似神祕的迷霧中，也有一些可以把握的規律和方法。下面就介紹幾種方法：

一、樹立正確的價值觀

人為什麼會無端的恐懼、不安、徬徨、痛苦呢？追根究柢是因為不清楚自己到底要什麼，也就是說，自己沒有清晰的價值觀和人生定位。「我非常相信，這是獲得心理平靜的最大祕密之一 —— 要有正確的價值觀念。而我也相信，只要我們能定出一種個人的標準來 —— 就是和我們的生活比起來，什麼樣的事情才值得的標準，我們的憂慮有 50% 可以立刻消除。」這是卡內基說過的一段話，這段話所表達的意思就是人的憂慮多數都是來源於沒有人生定位。

所以，要想有一個良好的心態，首先要樹立正確的價值觀。徹底弄清自己的真正需要。我是一個什麼樣的人？我想做一個什麼樣的人？我的人生目標是什麼？什麼才是我的最愛？什麼才是我最為珍貴的東西？什麼才是我真正追求的東西？我如何定義成功、快樂和幸福？ —— 這些問題問清楚了，給自己一個確定不疑的答案，給自己一個生活與工作的理由，每當遇到疑難問題就用這些標準去解釋、去衡量，我們自然就會心安理得，自然就會找到生命的陽光和快樂的源泉，而擺脫掉諸多的苦惱和痛苦。

二、積極地看待事物

你改變不了環境，但可以改變自己；你改變不了過去，但可以把握現在；你不能預知明天，但你可以做好今天；你不可能事事順心，但可以事事盡心；你不能選擇容貌，但可以展現笑容；你不能左右天氣，但可以改變心情。法國作家雨果曾說過：「思想可以使天堂變成地獄，也可以使地獄變成天堂。」所以，面對不順利或者不好的事情的時候，應該用積極的心態去看待和處理。

事物是一個矛盾綜合體，我們面對任何事物時都有兩個以上的選擇，我們要做的是選擇積極的應對心態。遇到危機時我們要看到危機後面的轉機；遇到壓力時要看到壓力後面的動力；遇到挫折時要看到挫折後面的成長，遇到成功時要看到成功後面的失敗。有專家研究，一個樂觀指數高的人，在處理問題時，他就會比一般人多出 20% 的機會得到滿意的結果。因此，正向樂觀的態度不僅會平息由環境壓力而帶來的紊亂情緒，也有利於在處理問題時保持積極正面的方向。

三、理性地自我反思

理性反思的過程就是積極進行自我對話和反省的過程。對於一個積極進取的人而言，面對壓力和不良情緒時可以自問，「如果沒做成又如何？」「如果真的像別人說的那樣又如何？」「我真的是一個粗心的人嗎？」「我真的是責任心不強嗎？」等等。這樣的想法並非找藉口，而是一種有效疏解壓力的方式，並且，在不斷的自我追問中，我們會找到問題的真正癥結，進而找到解決問題的辦法。

有一種自我理性反思的方法就是記心情日記。這個方法既簡單又有效。它可以幫助你確定是什麼刺激引起了壓力和心情不好，透過檢查你的日記，你可以發現你是怎麼應對壓力的，結果怎麼樣，又該如何應對外界環境對自己的影響，如何塑造自己陽光的心情，如何找到解決問題的辦法。

四、豐富自己的生活內容

簡單的生活方式不等於單一的生活內容，簡單的生活方式是一種很多人在追求的一種快樂生活的理想。簡單的生活方式中應該有著豐富的生活內容，因為人的快樂是建立在豐富多采的生活細節上的。所以，在工作中遇到危機，要想保持良好的心態，首先，我們的人生目標不能太單一。我們不能一輩子活著只為了工作、事業、金錢、權力、名譽，我們還有更多比這些更重要的東西，比如：健康、家庭、孩子、興趣、學習、朋友、服務他人、精神愉悅等。我們不能成為世俗成功標準的奴隸。其次，我們要注重業餘生活，不要把工作上的壓力和不良的情緒帶回家。第三，留出休息的空間，與他人共享時光，交談、傾訴、閱讀、冥想、聽音樂、處理家務、參與體力勞動都是獲得內心安寧的絕佳方式，選擇適宜的運動，鍛鍊忍耐力、靈敏度或體力……持之以恆地交替應用你喜愛的方式並建立理性的習慣。諸多的興趣愛好，豐富的生活情趣會給你帶來不盡的快樂體驗。

五、提高時間管理能力

現代科學，求新求變，不是任何人一輩子能學得了的。然而人的精力又是有限的，如果朝三暮四，忽而想學這，忽而又想學那，反覆多變，就會白白浪費寶貴的時間。所以，我們在把一生的時間當作一個整體運用時，首先要考慮用在哪？就是說首先要選好目標。時間屬於有崇高生活目標的人。歷史的發展就是這樣公正而無情。缺少時間管理能力的人總是在忙忙碌碌中浪費時間，在浪費時間中體會憂慮，累積痛苦。

現在很多身處職場的人都在埋怨時間總是不夠用，其實，真正的原因不是時間的缺少，而在於沒有很好地養成管理時間的習慣。他們誤認為忙就是效率，甚至以「工作狂」為榮。時間管理的關鍵是不要讓你的事情左右你，你要自己安排你的事。在進行時間安排時，應權衡各種事情的優先順序，要學會「彈鋼琴」。對工作要有前瞻能力，把重要但不一定緊急的事放到首位，比如做計畫、學習、鍛鍊身體、授權等，運用 80/20 法則管理自己，管理工作，防患於未然。如果總是在忙於救火，那將使我們的工作永遠處於被動之中。只有主動的去生活和工作，我們才會有陽光快樂的心情。

六、加強人際間的溝通

人的孤獨和無助都是自己造成的，因為缺少和別人積極溝通的行動。所以，一個人要想擺脫痛苦，平時就要積極地改善人際關係，特別是要加強與上級、同事及下屬的溝通，注意與配偶、孩子、父母的情感交流。在壓力過大或情緒不佳時，要坦誠地尋求上級、同事、朋友或家人的協助，不要試圖一個人就把所有壓力與痛苦都承擔下來。要籌建自己心情的蓄水池和支持系統，成功時有人分享，挫折時有人傾訴。傾訴是緩解內心壓力、減輕痛苦的有效方法。

七、提升自己的能力

工作壓力和心情鬱悶往往都來源於自身對事物的不熟悉、不確定感，或是對於目標的達成感到力不從心，或是擔心自己被淘汰。所以，緩解壓力和減少不安的最直接有效的方法，便是去了解、掌握狀況，並且設法提升自身的能力。透過讀書、讀人、讀事，透過自學、參加培訓等途徑，提升自己的職業能力和職業競爭力，一旦「會了」、「熟了」、「清楚了」，能力提高了，你的自信心自然會增強，安全感就會增加。有了自信和安全感就有了擺脫壓力的法寶，就有了快樂的條件。

八、著眼於目前的事情

很多職場人的壓力都來源於對明天和將來的焦慮和擔心。所以，要擺脫壓力，減少消極不安情緒，我們首要做的事情不要去觀望遙遠的將來，而是去做手邊的清晰之事，因為為明日作好準備的最佳辦法就是集中你所有的智慧、熱忱，把今天的工作做得盡善盡美。「昨天是張作廢的支票，明天是張信用卡，只有今天才是現金，要善加利用。」過分的為明天的事情擔憂是極不明智的做法。

九、保持身心的健康

很多職場人都不重視自己身心的健康，一心把精力放在工作上，而工作越忙壓力越大，壓力越大工作就越忙。職場人就在這樣的惡性循環中身心疲憊，而不知不覺就陷入了職場危機中。其實，健康的身心是我們塑造陽光心態的基礎。學會肌肉放鬆、深呼吸，加強鍛鍊，充足完整的睡眠，保持健康和營養等，這些都應該納入我們平時工作與生活的計畫之中。透過保持你的健康，你可以增加精力和耐力，幫助你抵抗壓力與消極情緒的侵襲。有了健康的身心，才能在努力工作中，保持良好的狀態，工作做好了，心情也就好了。

謹防職場小人暗算

古人說得好：「害人之心不可有，防人之心不可無。」在當今的職場上，競爭越來越激烈，同事之間發生利益衝突在所難免，雖然絕大多數同事，都會樂於助人、勤於合作，但對待職場中的個別小人你必須張大眼睛、小心防範，識破他們的獨門暗器。

面對職場小人的暗害，無論是恨也罷、怒也罷，哀嘆也罷、倒楣也罷，我們也都認了、忍了，那麼，我們只有吸取教訓，在下一個公司進行彌補了。然而，我們最關心的是，到底我們有沒有什麼良藥來徹底治癒這種「小人症」的頑疾呢？

職場上龍蛇混雜，職場小人各有各的面相，各有各的陰險招式，所以，對付不同類型的小人要用不同的方法：

一、對付八卦型小人

八卦型小人就是那些喜歡製造謠言和傳播謠言的人。這些人完全不理會什麼是事情的真相，只要有傳播的價值，他們便會毫不保留的成為大喇叭，沒有的東西可以講到好像有的一樣。同事離職，他們就會開始傳播謠言說離職者是因為被收買、人格問題、被人家催眠、沒有道德、等等。他們很喜歡用謠言的方法向身旁的夥伴下毒，影響周遭的人。對付這類小人時，對於一般的謠言，記住「清者自清，濁者自濁」，不必理會；對於過分的謠言，完全可以告上「公堂」，謠言很多時候已經構成誹謗，誹謗則可能侵犯了你的名譽權，完全可以告上「公堂」，給這樣的小人必要的懲戒。

二、對付欺生型小人

欺生型這種人未必是看不慣你一個人，他們有一個習慣，就是凡是新來的人都要排擠一下，以顯示自己在這個環境中的主要地位。不用刻意對付這類小人，因為一旦你由新人變成了老員工，他自然就轉換自己的迫害目標了。

三、對付毒舌型小人

這類小人喜歡說些尖酸刻薄的言語，覺得在言語上占對方的便宜能帶給他自己快樂。這類小人喜歡做一些相互攻訐的口水戰。遇到對方是正氣凜然的君子時，反唇相譏的火力更會全開，非要搶到言語上的便宜不可。

千萬別想跟他們講道理，那樣會像秀才遇到兵，有理說不清。這樣的人你越跟他爭論，他就越想拖你一起下水，他們是不喜歡講道理的。當你跟他們爭吵的時候，他們會說「你不是也曾經做過某某事情嗎？你不是也曾經說過某某壞話嗎？你不是跟我一樣爛嗎？你憑什麼說我比你爛？」你越想跟他爭論，就越會被他拖下水，永遠只有吃虧的份，因為他們的伶牙俐齒是讓你防不勝防的。

四、對付見利忘義型小人

這類的小人往往表面上給人一種正人君子的假象，以騙取你的信任，到關鍵時刻就會為了利益，將你出賣。這小人最愛貪小便宜，他們會因為貪婪小便宜而出賣團隊及一起工作的夥伴。這類小人常專注於短暫的利益而非長期的合作。在職場裡，他們可能就是那些你起初非常信任的人，所以，更應該保持警惕。

五、對付善變型小人

我們知道，改變是必要的。我們也知道，在這世界裡，唯一不變的就是改變！在職場中，如果你改變自己的行為和態度，你是被接受的，但是這小人喜歡改變的不是自己，而是改變所設定的遊戲規則。他們往往不能看到對方業績越做越大，錢越賺越多，他們就會開始打改變遊戲規則的主意。他們不只對外時會改變所設定的遊戲規則，連同自己的工作夥伴也不放過。他們看不慣員工根據所設定的規則獲得分紅、獎金多，他們就會開始改變規則。這裡的關鍵是他們經常會根據利己不利人的觀點來改變遊戲規則。這也就導致和他合作的夥伴流動率很高。

六、對付中傷型小人

這類小人經常在背後說別人的「非」，而且「已經知道自己說的不是事實」，也就是經常喜歡中傷、抹黑別人。當他們在中傷別人時，動機分為無意的中傷、故意的中傷，這兩種動機。對待無意的中傷時，盡量不要和他理論。因為，當他們在別人背後說了一堆中傷的話語之後，如果你找他理論，他們會推卸責任說：「我是在說一個事實啊！」「我沒說啊？你憑什麼認為是我說的？」「有這麼嚴重嗎？」這樣的人，有時口無遮攔隨意亂批評，但是卻沒有意識到自己正在說一個沒有根據的事情，而且可能造成對方的傷害。而對待有意的中傷你的人時，就不能心慈手軟了。這樣的小人，喜歡抹黑別人。抹黑的動機有很多種，有的是為了獲取不法的利益，有的是純粹為了陷害對方，有的則是為了跟對方進行權力或利益上的鬥爭。所以，不能讓這樣的小人得逞。

七、對付貶低別人型小人

貶低別人型這種人處處要顯得比別人優越，你說什麼他都要插嘴，每一件事他都要證明他知道得比你多。這樣做的原因是因為他們有無法排解的虛榮心，或者是隱藏得很深的自卑。所以，對付這類小人最好的辦法就是用實力證明自己的優秀，讓他想貶低你也沒有辦法做到。

八、對付惡人型小人

惡人型是小人中最危險的一種人，因為他們可能有一個美麗的包裝；開始的時候，他們看起來是那麼善意，那麼富有誠意，對你又那麼關心。你可能感動地把自己的一切都告訴他，而一旦你跟他的利益發生衝突，他就會狠狠地踩你一腳，有時候，他們甚至是「損人不利己」的。對付這類小人首先要能看清這類小人的真面目，然後敬而遠之。

擺脫職場危機的方法

職場危機威脅著每一個職場中人。有的人在職場危機到來時手足無措、束手待斃，而有的人卻能夠積極應對、化險為夷。既然危機無可避免，那麼就要學會從容應對。

職場新人的職場危機主要起因於人際關係處理不好和自己角色轉型和心態調整出了問題，所以要想擺脫職場危機就要對症下藥，才能藥到病除。下面就介紹一些可以幫助直腸新人成功擺脫職場危機的方法：

一、職場新人如何處理人際關係

◆顯露出自己的笨拙

在公司的同事、上司面前，故意表現出單純的一面，以其憨直的形象，激發他人的優越感，吃小虧而占大便宜。而有的部屬不會隱藏自己的鋒芒，工作上處處表現得幹勁十足、能力超強，殊不知自己在無形中已惹來嫉妒和猜忌：「你一人就能做好，那還要我們幹什麼？」

◆做一個善於傾聽的人

一個時時帶著耳朵的人遠比一個只長著嘴巴的人討人喜歡。與人溝通時，如果只顧自己喋喋不休，根本不管對方是否有興趣聽。這是很不禮貌的事情，也極易讓人產生反感。做一個好聽眾，不僅要自己說，更要尊重別人說，效果比你說得天花亂墜好得多。傾聽並不只是單純的聽，而應真誠地去聽，並且不時地表達自己的認同或讚揚。傾聽的時候，要面帶微笑，最好別做其他的事情，應適時的以表情、手勢如點頭表示認可，以免給人敷衍的印象。特別是當對方有怨氣、不滿需要發洩時，傾聽可以緩解他人的敵對情緒。

◆努力縮小與周圍人的心靈距離

人與人之間總維持著一定的距離，以建立藩籬保護自己又同時避免傷害對方。雖說「距離產生美感」，但距離太遠，就會產生隔閡。根據接近原則，可以縮小距離，使之恰到好處。

二、切忌帶著感情看問題

一個聲樂教練說，當你試唱的時候，你不知道指揮需要什麼。你可能唱得很優美，但得不到聘用。因為你的聲音可能比指揮需要的輕了，或低了。工作也是一樣。你可以把拒絕你計畫的上級看成蠢貨，但你並不了解所有情況，你的知識是片面的。所以忘掉所謂自尊，注意些更有建設性的東西，比如從中可以學到什麼教訓。

三、表現出應有的風度

當你能做到的時候，走到勝利者那裡去向他祝賀，告訴他你將會支持他。但要等到你誠心誠意的時候再說這些話，並且不要當眾說 —— 因為你不是想博取同情或者獲得對你能力的認可。

四、做好自我調整

你曾深信自己將出人頭地，你原以為自己比露絲強，現在卻要向她交工作報告；原以為自己能去越南視察裝配工廠，現在發現上路的卻是蘇珊。這種情況經常發生，需要你做好自我調整。也許隨著時間推移，你的計畫會得到執行。有人會說，「哎，這不是你當初的提案嗎？」沒關係。重要的是公司的業務因你的建議獲利。你會為自己將公司利益放在個人利益之前，為自己支持公司的努力感到自豪的。

［小測驗］第一次處理職場危機你能得多少分

1. 第一次處理職場危機，你的總體表現如何？

   A. 非常好

   B. 還不錯

   C. 一般

   D. 不太好

   E. 很不好

2. 第一次處理職場危機，你了解辦公室政治嗎？

   A. 很了解

   B. 相對了解

   C. 一般

   D. 不太了解

   E. 不了解

3. 第一次處理職場危機，你覺得人氣很重要嗎？

   A. 非常重要

   B. 重要

C. 一般

D. 不太重要

E. 不重要

4. 第一次處理職場危機，你的心態調整得怎麼樣？

A. 非常好

B. 還不錯

C. 一般

D. 不太好

E. 很不好

5. 第一次處理職場危機，你覺得自己的風度怎麼樣？

A. 非常好

B. 還不錯

C. 一般

D. 不太好

E. 很不好

6. 第一次處理職場危機，你覺得控制自己的感情很難嗎？

A. 很簡單

B. 還算簡單

C. 一般

D. 有點難

E. 很難

7. 第一次處理職場危機，你覺得防範小人的暗害很難嗎？

A. 很簡單

B. 還算簡單

C. 一般

D. 比較難

E. 很難

8. 第一次處理職場危機，你認為找到危機產生的根源很難嗎？

A. 很簡單

B. 還算簡單

C. 一般

D. 比較難

E. 很難

9. 第一次處理職場危機，你是否有很大的收穫？

A. 收穫很大

B. 收穫較大

C. 一般

D. 沒什麼收穫

E. 毫無收穫

10. 第一次處理職場危機，你的危機得到成功化解了嗎？

A. 完全化解了

B. 暫時化解了

C. 不確定

D. 沒怎麼化解

E. 沒有化解

答案：A 5 分；B 4 分；C 3 分；D 2 分；E 1 分

總分：50分優秀；50－40分良好；40－30分及格；30－20分有點差；20－10分很差。

第一次工作失誤，做好危機公關

職場新人出現工作失誤，往往會感到手足無措，不知如何是好。一方面怕受到上司的批評，一方面怕為造成的工作失誤承擔後果。所以，很多人在出現了工作失誤後，都會找藉口為自己辯解。其實，有時候辯解本身是沒錯的，可是一定要知道怎麼辯解。另外，出現了工作失誤，職場新人首先要調整好自己的心態，保持自己頭腦的清醒，然後積極地進行危機公關。

分析造成失誤的主客觀因素

作為一個新人，永遠不要和上司解釋工作失誤的原因。因為初涉職場犯點小錯誤很正常，有錯就改，很容易得到上司的諒解，壞事的往往是畫蛇添足的解釋。在職場裡，上司只注重事情的結果，而不重視過程。但是，為了避免今後犯同樣的錯誤，就要私下分析造成失誤的主客觀因素。找到了失誤的原因才能制定彌補的策略，才能在以後的工作中避免出現此類的工作失誤。

一、通常造成工作失誤的主觀因素

▷ 沒有計畫

▷ 缺乏目標

▷ 忽略合作

▷ 喪失原則

▷ 失去信心

▷ 掩蓋事實

▷ 驕傲自滿

▷ 過於貪心

二、通常造成工作失誤的客觀因素

分析造成工作失誤的原因要根據問題實際分析。但是絕不能用客觀因素為自己開脫。在向上司承認錯誤的時候，絕不能強調客觀因素。因為，這會使上司認為你不敢承擔責任，這是職場人的大忌。

很多時候，人在分析工作失誤的時候，首先考慮的是客觀因素，抱怨條件不成熟，而不是從自身去找原因，改正自己的錯誤。把所有的原因都歸結到客觀因素以及周圍環境上的人，是百分百的大傻瓜，只有從自身找原因，改正錯誤，才能進步，才能不繼續犯這樣的錯誤，才配得上是個聰明的人。

切忌不理智行為

工作中出現了失誤，難免會受到上司的批評。可是有些職場新人，卻不能理性地對待上司的批評。總是出現一些不理智的行為，從而使事態變得越來越糟。

一、受到上司的批評時出現的各種不理智行為

（一）一氣之下辭職不幹

小陳是某公司出納，一直很受主管器重。有一次他因工作失誤，被老闆叫到了辦公室，老闆曉之以理、動之以情，希望他能在今後的工作中改正錯誤，盡可能降低公司的損失。本是好言相勸，但在他眼裡，老闆是在數落他、批評他。他一時想不開，就提出了辭職，最後為「賭氣」教訓一下老闆，還把保險櫃裡的現金提走了大半。

小陳很幸運，因為他遇到了一個很寬容而且很賞識他的老闆。可是他沒有珍惜，面對老闆的委婉的批評，他也不能接受，這表明了他的不成

熟。一氣之下就辭職不幹這種衝動的做法，如果不能改掉的話，對於小陳以後的職業生涯有很大的負面影響。

（二）公然表示不高興

職場上特別忌諱就是公然表示出自己的不高興，尤其是在受到上司的批評的時候。你可以不高興，但是你不能把它放在臉上，因為那會引起上司的不快。上司會覺得你沒有改過的誠意。

小亮在商場裡賣電腦，有一天，因為工作失誤，收到一張五百元的假鈔。老闆知道後批評了他，他覺得自己雖然有錯，但是憑著一雙肉眼哪能分辨的那麼清楚呀。所以，在老闆批評他時，滿臉的不高興，嘴裡還總是發出「哼、哼」的聲音，這下老闆真的生氣了。一句話就把小亮給炒魷魚。

受到批評，人人心裡都不會好受。但是，即使心裡多麼的不舒服，也不能在臉上表現出來。職場中人一定要學會喜怒不形於色的本事，因為這很重要。

（三）故意落跑

有的人在受到上司批評時，心裡不高興嘴上也不說，但是你看他整天卻表現的很高興，問他他也說支持、配合新主管什麼的，可實際上呢，他嘴上說的好聽，但就是不做事。甚至休起病假，其實大家都知道他什麼毛病也沒有。在鬧小脾氣前，先想想，自己是出了口氣，心裡痛快了，但最終損失的是誰、是什麼呢？是你自己，是你自己的名聲。是你在上司眼裡的形象和地位。

小萍在一家公司裡做文書行政。平時因為工作敬業，頗受上司的賞識。公司的同事們也都願意和她走得更近。

有一次，小萍因為沒有聽清楚上司交代的任務，發傳真時，錯把一份未完成的資料發給了客戶。上司知道後就說了她兩句，小萍覺得自己很委屈。她認為自己之所以出現工作失誤，完全是上司交代任務時沒有說清楚。況且自己每天工作都這麼的負責，還要受到批評，上司對她很不公平。

自從這次受到上司的責備後，小萍也不像以前那樣努力地工作了。有時甚至上司交辦任務，她也裝沒聽見。於是，上司也漸漸地不再重視她了。

小萍這種和上司賭氣的做法，到頭來傷害到的其實是她自己，她斷送了自己在上司眼裡的良好形象，也為自己以後的職場生涯埋下了隱患。

二、出現工作失誤後如何理性對待上司的批評

工作中難免出現失誤，所以也難免受到上司的批評。有些人面對上司的批評時，總是不能打從心裡接受，常常做出不理智的行為。那麼，怎麼才能做到理性地對待上司的批評呢？

◆不要猜測上司批評的目的

在接受批評時，不應該枉加猜測上司批評的目的。如果上司有理有據，那麼說明該批評是正確的。此時就應該將注意力放在上司批評的內容上，而不要去懷疑上司批評的動機。如果你讓上司體察到了這些事情，上司可能不再會對你進行批評。久而久之，你在上司眼裡的形象會變得越來越好。

◆不要急於做出反駁

有些人性情比較暴躁，或者不太喜歡聽別人的意見。這時如果上司向他們提出批評，他們的第一個反應就是去反駁。當即反駁並不能使問題得到解決，相反的，可能還會使矛盾加深。當上司提出批評意見時，你應

該認真地傾聽，即便有些觀點自己並不贊同，也應該讓上司講完自己的道理。另外，你應該很坦誠地面對上司，表現出很願意接受上司批評的態度。

◆請上司說明批評的理由

有些上司在進行批評時，喜歡將自己的意見概括起來，雖然說了一大堆，但很難讓人明白他實際在批評什麼。如果碰見這樣的上司，你應該客氣的讓他講明批評的理由，最好能講出實際的事件。這樣做可以使你更加清楚地明白自己在哪些方面還存在問題和不足。不過在要求上司說明理由時，要採取合理的語言和態度，以免造成誤會。

攻下主管這一「關」

出現工作失誤，首先以該做的就是攻下主管這一關。那麼怎麼才能讓主管原諒你的工作失誤呢？

一、向主管報告、商量處理方法

工作上的失誤有大有小，各式各樣。即使是小錯誤也不能說「這樣的錯誤不算什麼」。這表現了一個人對待工作的態度是認真負責還是馬馬虎虎。

有時犯的錯誤是很嚴重的，比如你交給上司數字有誤的錯誤檔案，上司沒發現，又把它作為資料在會議上宣讀了，結果將如何呢？這不是道歉就能解決問題的，即使辭職也不是真正承擔了責任，只是逃避了責任而已。

這時，你應該怎樣處理呢？世上沒有希望自己出錯的人，可是無論是誰都會有因粗心大意而出錯的時候，即使是上司也可能出現過和你一樣的錯誤。重要的是，發現錯誤要儘早向上司報告，商量處理辦法。

二、不要推卸責任

工作中出現了失誤，不能只說「我沒有責任，我只是按某某的指示做的」。

「我也不想出錯，我已經很努力了。」

「要是給我多一些時間就不會發生這些錯誤了。」

但是，無論你找出多少個理由為自己辯解，錯誤也不會得到解決，反而會讓人討厭，莫不如立即行動，盡最大的努力使錯誤的損失減到最少。

如果不能正確地認識到自己的錯誤，就不可能著手進行善後處理。同樣，在進行事後處理時如果沒有堅持不懈的精神和毅力，反而會使錯誤加深。要想對錯誤積極地進行處理，首先要正確認識到自己的錯誤。

三、危機公關的原則

◆承擔責任原則

出現了工作失誤，在危機發生後，無論誰是誰非，都不要企圖推卸責任，否則會讓上司認為你沒有解決問題的誠意。上司會原諒你犯錯誤，但不會原諒你不承認錯誤。

◆真誠溝通原則

你應該依自己所做、所想，積極坦誠的與上司溝通。以求得上司的原諒並找到解決的辦法。

◆速度第一原則

危機發生時，能否首先控制住事態，使其不擴大、不升級、不蔓延，是處理危機的關鍵所在。

◆大局為重原則

在逃避一種危險時，不要忽略另一種危險。在進行危機管理時必須綜觀全局，不可顧此失彼。否則會造成禍不單行的局面。

在檢討中辯解的藝術

面對工作失誤，最好的應對就是坦白地承認錯誤，反省造成失誤的原因，同時思考實施補救改善的措施與方法，不要陷入犯錯後的沮喪及為自己辯解的狀態中。當然，如果工作失誤確實存在一些客觀因素，那你也不必把責任都承攬到自己身上，需做出一些必要的辯解，以保全自己的合理利益。

那麼，如何在檢討中加入一些必要的辯解呢？這需要你掌握一些技巧，巧妙地向上司辯解。這樣有辯解之實而無辯解之形的做法往往更能夠造成好的效果。

一、盡量表現出自己的真誠和坦率

你應該盡可能地向上司展現你的悔恨之心，這樣才有更大的機會去贏取他的原諒。不要試圖用各種藉口搪塞，尤其當這些藉口聽起來並不是那麼可信的時候。當心那會激起他更大的火氣。如果你犯下的失誤頗為嚴重，給公司帶來不小的麻煩的話，任何藉口都會使你看起來顯得不負責任，儘管它可能的確是你犯錯的原因。畢竟，失誤已經發生了，這是鐵一般的事實。

二、道歉過多，過猶不及

說得太多，只會無意間渲染你的失誤的嚴重性，而原本人們可能已經快把它給忘了。舉個簡單的例子：在公司的會議上，你的言辭衝撞了上司，到了第 2 天你才意識到你冒犯了他。可是，記住，別道歉，如果他並沒有流露出什麼不滿的話。可能這樣會讓你感到不安，但道歉的結果只會更糟，這會提醒你的上司，你的確冒犯了他。你只需要在下一次會議上忠心耿耿地附和一下他的意見，就不會有人記得上次你曾說過什麼了。

職場危機要靠自己公關

當你在工作中出現失誤時，就要積極地進行危機公關。但是使一次失誤、失敗成為事業上的轉機，態度決定了一切。你需要的是承認的勇氣以及逆轉劣勢的自信與行動力。下面介紹一些關於危機公關的知識：

一、遇到職場危機要積極公關

現在很多職場新人面對危機往往選擇逃避，這正是職涯危險的開始。有智慧的人就應該像用智慧經營企業一樣，透過「危機公關」來力挽狂瀾。

一次無心的過錯，就有可能為你的職業生涯帶來重大的危機。其實每個人在工作上都難免發生疏失，關鍵是如何彌補過錯，化危機為轉機。面對危機，我們不能只是認錯或等待其淡化，也不能放手不管。照理說，知錯就改就行了，可是職場卻不是那麼簡單。因為職場中的聲譽很重要，尤其是在跳槽的過程中。大部分用人單位是不會用有職業汙點的人的。所以，當遇到職場危機時，一定要用積極的態度去做危機公關，使自己化險為夷。下面介紹一些危機公關的方法：

◆為自己爭取將功補過的機會

感覺出現了職場危機，先要和上司有一個溝通和表態，在上司面前表現出積極態度，然後把自己心裡所想實話實說，把自己所有的問題都放在明處，希望主管能給自己一個將功贖過的機會，然後讓企業和上司看到你的真誠和行動，最好能在短期內就讓上司看到你將功補過的效果。

◆拖延不是個好辦法

出現了工作失誤，面對錯誤不要抱著得過且過的心理，推延自己的危機公關行為。犯錯時，最重要的就是坦白承認，然後要思索事情發生的原因。應回想為什麼會發生這樣的失誤，並思考該如何改善，以避免在以後的工作中出現類似的錯誤。

◆分析工作失誤產生的原因

出現工作失誤必然有其原因可尋，重新回想為什麼會發生這樣的疏失，並思考該如何改善，避免類似的情形再度發生。如果是因為自己的技能不夠純熟，可以接受再訓練，改善工作技能與提升專業度。總之，找原因是為了能夠及時地修正自己。

二、職場危機公關的步驟

◆對自己當前的處境進行評估

之所以要評估自己此時的處境，是為了更好的掌握自己的方向。

◆重拾信心以做出新成績

出現工作失誤難免信心上受到打擊，所以應該找到自己的長處與潛能，以喚起自己的自信心，盡快重新建立自己的新事業，不要一直陷入先前犯錯的情境當中。你拖延得愈久，就愈難回到職場上。有了信心，然後再在自己的工作中做出新的成績，讓你的上司重新看到你的價值。

◆對自己面臨的危機進行評估

任何一次職場危機的發生，你都要傾聽別人的意見，確保你能掌握決定你命運的關鍵人物的決定，並作出準確的判斷。不管事態發展如何嚴重，只要有準確的評估，根據評估的結果，就能衡量其危害性制定相應的策略，為自己的危機公關做好準備。

◆勇於面對自己的職場危機

出現了工作失誤後，在進行危機公關的過程中要時刻遵循互動性、諒解性、真誠性的原則。當危機出現的時候千萬不要驚慌。在處理危機時一定要真誠，不失自己的專業形象。同時要適時採取果斷、正確的處理措施，處理危機過程中一定要保持良好的態度。

◆積極解決自己的職場危機

在職場危機中，在取得與上司和同事良好的溝通交流後，巧妙制定危機公關策略，分步驟地實施危機處理方案，對所有的危機處理辦法都應該採取盡快的解決方案，這是化解職場危機的最好辦法。

總之，當你在工作中出現了工作失誤，一是要面對危機不迴避，二是要積極地採取策略進行危機公關。這是對你職場生存能力的必要考驗。

［小測驗］第一次處理工作失誤你能得多少分

1. 第一次處理工作失誤，你的總體表現如何？

    A. 非常好

    B. 還不錯

    C. 一般

    D. 不太好

    E. 很不好

2. 第一次處理工作失誤，你認為找到造成失誤的主客觀因素很重要嗎？

    A. 非常重要

    B. 重要

    C. 一般

    D. 不太重要

    E. 不重要

3. 第一次處理工作失誤，你覺得自己夠理智嗎？

    A. 非常理智

    B. 還算理智

    C. 一般

    D. 不太理智

    E. 很不理智

4. 第一次處理工作失誤，你怎麼看待主管的批評？

    A. 非常理性地對待

B. 相對理性地對待

C. 一般

D. 不太理性地對待

E. 很不理性地對待

5. 第一次處理工作失誤，你成功地攻克了主管這一關了嗎？

A. 非常成功

B. 還算成功

C. 不確定

D. 不太成功

E. 很不成功

6. 第一次處理工作失誤，你善於為自己辯解嗎？

A. 很善於辯解

B. 較善於辯解

C. 一般

D. 不太善於辯解

E. 很不善於辯解

7. 第一次處理工作失誤，你了解危機公關的步驟嗎？

A. 非常了解

B. 相對了解

C. 一般

D. 不太了解

E. 很不了解

8. 第一次處理工作失誤，你是否願意勇敢的面對自己的錯誤？

A. 非常願意

B. 願意

C. 一般

D. 不太願意

E. 很不願意

9. 第一次處理工作失誤，你認為自己能夠將功補過嗎？

A. 完全可以

B. 或許可以

C. 不確定

D. 沒把握

E. 肯定不能

10. 第一次處理工作失誤，你成功的消除了這次失誤對自己的影響了嗎？

A. 完全消除了

B. 暫時消除了

C. 不確定

D. 沒有完全消除

E. 根本沒消除

答案：A 5 分；B 4 分；C 3 分；D 2 分；E 1 分

總分：50分優秀；50－40分良好；40－30分及格；30－20分有點差；20 － 10 分很差。

第一次做管理者，人生的一個轉機

升遷對於職場人來說無疑是一件好的事情，因為舞臺大了才更能實現自己的價值。對於剛剛被升遷的人來說，可能是第一次成為管理者。那麼，新的挑戰就來了。機遇在某種意義上來講就是挑戰。如果你挑戰成功，那麼這一次的升遷在你的職業生涯裡就是一個轉折點。

得意，不要忘形

最讓身在職場的人們興奮和欣慰的事情，莫過於職位的升遷了，勤奮辛苦的付出終於得到回報，如履薄冰的日子又多了一份保障，事業的發展有了希望和方向。可是，就在你摩拳擦掌、躍躍欲試之際，你就會發現各式各樣意想不到的問題，連數日前還得心應手的工作，到現在也變得難處理了。

小慧從升遷到跳槽僅僅只有 4 個月的時間。在一次服裝銷售公司的面試中，小慧脫穎而出，由於累積了很多銷售方面的經驗，並有大量的客戶資源，所以很快就被任命為該服飾公司駐泰國地區的市場總監。小慧得知這個訊息的時候，很是高興，躊躇滿懷。但在此後的一個月時間裡，小慧感覺到被一種無形的東西壓抑著，新的公司、新的老闆、新的同事、新的客戶，都要從頭去熟悉和適應。好強的她越是想在短時間裡弄好這些，就越是弄不好，總是出岔錯。所以，她對下屬抑制不住地大發雷霆，周圍的人也不敢和她接近和溝通，她成了名副其實的「孤家寡人」。幾個月以後，她不得不選擇了離開。

從這個例子中，我們可以看到，升了職的小慧不但沒有使自己的事業蒸蒸日上，反而陷入了低谷。究其原因，就在於她並沒有做好升遷的準備。無論是在心態上，還是在管理技能上，她都沒有很好的調整好自己。獲得了升遷訊息的她光顧著高興和躊躇滿志了，卻忘記了升遷更意味著一次新的挑戰，盲目的樂觀一定是要遭受挫折的。

美國汽車大王福特曾說過：「一個人如果自以為自己有了許多成就而止步不前，那麼他的失敗就在眼前了。許多人一開始奮鬥的十分起勁，但前途稍露光明後，便自鳴得意起來，於是失敗立即接踵而來。」

所以，不論是順境還是逆境，要想獲得坦蕩自如，就必須懂得自己所處的位置。得意不要忘形，順風也要看路，這樣你所處的順境才會持久。

升遷了的人內心興奮是可以理解的，可是這種興奮不宜過分地表現出來。升遷的基礎是才華出眾，這一點毋庸置疑，但要升遷僅有才華是不夠的。儘管能夠得到提拔是因為你出類拔萃，但當組織已經決定提升你的時候，你就沒有必要再去刻意地表現自己的優秀了，更沒有必要去和自己未來的手下去爭什麼「功名」。得到提升，就是得到了一個組織最寶貴的資源，此時此刻，你所要做的就是讓自己成為一個優秀的管理者。

對於剛剛獲得升遷的你來說，要想成為一名優秀的管理者，你還有很長的一段路要走。你要做的事情還很多，比如你要戒驕戒躁，平穩自己的心態，學會和以前的同事相處等等。所以，千萬不要因為升遷就得意忘形，忽視了這些問題。

忠誠的對待自己的事業和自己的上司

對你的上司忠誠是為了給自己目前的處境買保險；對自己的事業忠誠則是為自己的事業打下了穩固的基礎；「忠誠」兩個字，對於即將成為管理階層的人來說，是其成功的關鍵之一。我們生活在社會中會受到環境中各個方面的影響，如何對待你所在的企業，如何對待你的工作是必須要回答的問題，對這個問題如何認知和怎樣處理，將對我們的生活產生很大的

影響。那些追逐名利的人，喜歡玩弄權術，蠅營狗苟，往往會使工作變調，做不好本職工作。只有那些對自己對公司忠誠的人才會取得非凡的成就。

沒有忠誠就沒有責任心，必然會產生得過且過，敷衍了事的心理，對工作不認真負責，不求進取。並且常常會怨天尤人，對薪水斤斤計較，因此這種人很難取得事業的成功。如果一個人對待工作是一種忠誠於社會，忠誠於所在組織的態度，必然會一絲不苟地認真做事，並且有始有終。如果你能忠誠敬業，就會有排除任何苦難和障礙的自信，就會在小事中不斷學習，不斷吸取經驗教訓，使工作獲得成功；如果你能忠誠敬業，就不會去計較那些虛名和薪水，不受周圍環境的影響，不受利益誘惑，始終向既定的目標前進，那麼成功必然就是屬於你的。

無論是對上司的忠誠或是對自己事業的忠誠，說到底其實是對目標的堅持不懈。忠於事業，忠於奮鬥的目標，在現實中表現即是忠於自己現在的職業，忠於現在的上司。對上司的忠誠將會得到上司對你的信任與理解，在困難的時候，會得到他全力的保護與支持。一個公司在其發展過程中不免要遇到各種艱難曲折，難免會經歷大起大落，在公司處於低潮時候必須有對公司忠誠的人與公司一起共度難關，因此，老闆在平時可能總是故意「刁難」你，那是在考察你的忠誠度。越是公司器重的人，公司越會對其詳加考察，一旦證明你對公司忠誠不二，那麼你肯定會受到重用。一旦得到公司的重用，我們將能發揮自己的特長，更能得到巨大的發展，我們的事業才能更上一層樓。

忠誠於自己的上司，忠誠於自己的事業，只有這樣才能達到成功的彼岸，才能成功晉升成為管理階層。可以說「忠誠敬業」是一百年來最具影響力的企業管理理念，忠誠與敬業並不僅有益於公司和老闆，最大的受益者是我們自己，是整個社會。一種職業的責任感和對事業的高度忠誠一旦養成，就會讓你成為一個值得依賴的人，可以被委以重任的人。這種人永遠會被老闆所看重，永遠不會失業。但是，一旦違背了忠誠原則，你便如茫茫大海裡無助的一葉扁舟，如廣袤草原上離群的一匹孤馬，沒有工作動力，沒有發展機遇，甚至面對困難就退縮，遇到麻煩就繞開，最後結果就是失去自我，親手毀掉自己的大好前程。

燒好「三把火」

在現實工作中，時常有這樣的情況出現，就是公司從員工中間提拔了一位上司，這個人的能力與勤奮程度都是出了名的好，與同事們的關係也十分融洽。但上任後不久，公司高層發現他總是「露怯」，覺得不可思議。比如，明明是該他做決定的事情，他卻總是欲言又止，不置可否。剛傳達了一個指示，沒一會兒功夫，就來個 180 度大轉彎，而當下屬還沒反應過來時，他的主意又變回到最初的決定上去。在管理工作中，應該大聲命令和下達指示的時候，他卻苦口婆心地去講。而有的時候，又像換了一個人，變得極其強橫，對下屬充滿鄙視，如此反覆。升遷前後簡直判若兩人，這讓公司的高層不得已又重新選擇其他人來接替這個職位。

有關的心理專家指出：這種現象在一些新提拔的上司身上出現，是一種適應性行為。當從普通員工提拔到上司職位時，人們通常會對自己的信心產生動搖。因為提拔意味著更大的責任，需要考慮的不再僅僅是手頭的技術工作，更多的是對以前同事的考核、監督、激勵、協調，使部門向著目標前進。這是一項嶄新的任務，產生一些心理反應是正常的。但是，如果總是表現得與自己的職位不相稱，而這些問題在未提拔前並沒有顯露，則可能是一種無意識的自我緩解行為。雖然，人們都對升遷、加薪有著某種程度的渴望，但當意識到新的職位並不適合自己的能力，或者短時間內感到壓力巨大時，個人就會無意識地做出一些不適應的行為，從而降低外界過高的期望給他帶來的壓力。如果他因為這些小動作而博得人們的理解，他會重新樹立起自己在普通員工心中的強者形象。但如果下屬不能理解，他可能會繼續做出不合時宜的表現，直到下屬給他的緊張感減輕或消失為止。高層上司的過高期望也在他的小動作中大大降低，從而減輕了壓力。這種現象雖然普遍，但如果不能順利、快速地過度，就會危及職場生涯。公司高層可能會覺得你不適應這個職位，以前的同事可能會覺得你逃避責任。因此，「新官」上任必須要燒好「三把火」。

一、新官上任需要注意的幾點

◆為自己加油，增強自信心

既然上司提拔了你，就說明上司對你的業務能力和管理能力是相當認可的。上司是不會輕易地就把某個人放到主管職位上的，所以，決定提升你一定已經暗中考察你一段時間了，所以上任後，不必自我懷疑，而是要全力以赴，盡快達到上司的期望。

◆主動與同事交流溝通

被提拔以前，你與同事的關係是以性情、興趣、喜好、意願來處理的，不帶有強迫性。那麼，做了上司以後，與同事的關係就變成主管與被管的關係，同事自然會對你產生距離感。所以，你就必須主動走近同事，不能再像做同事時，用人情和面子來保障工作任務的完成。否則，你會覺得煩惱，鄙視下屬，下屬也會不知所措，甚至輕視你，你以後的管理工作就很難進行了。

二、新官上任怎麼燒好「三把火」

新官接到晉升聘書的同時也就面臨著嚴峻的考驗。員工對你服不服？上司對你的表現是否滿意？還有難纏的客戶、強勁的對手……面對以上種種，你如果燒不好這「三把火」，你以後的日子就更難過。那麼作為一個無經驗的新官怎麼才能燒好「三把火」呢？

(一) 燒好第一把火 —— 樹立威信

威信是主管效能之本，沒有原則，不能堅持主管的身分就當不好主管。升至管理層後，你要學會授權和分派任務，而不是過分陷於瑣碎的事務。這樣在工作的性質上無形就和原先的老同事們拉開了距離。但是講威信要講得有技巧，下屬有失誤的時候，責罵和批評十之八九都令人不好受，所以批評應盡量私下進行。當然，會令下屬精神為之一振的嘉許或讚揚應該公諸於世。

權威需要慢慢建立，但對於熟悉的老同事，不妨巧妙地「示弱」：我現在週末都沒辦法休息，下季銷售目標壓力很大等等，也讓他們心理平衡。

(二) 燒好第二把火 —— 祛除痼疾

主管為你升遷是希望你為公司做出更大的貢獻，所以你應該在此時展現出自己的全部才幹，幫助公司祛除痼疾，讓主管看到你的才能和忠誠。

要做到這一點，要想成為一個合格的管理者你就必須有變革精神。管理往往和變革並生。從員工到管理者，思維方式和做事原則都與以往不同。所以，在考慮變革的必要性及穩妥地進行變革之前，應分析一下公司的競爭優勢、團隊特質以及自己異於前任的主管風格。如果一切還算正常，公司具有真正的競爭優勢、團隊運作良好、前任既能幹又得人心，那麼，即使你的管理風格和能力可能帶來重大進步，還是少動為妙，做改變還來日方長。如果企業的競爭劣勢非常明顯而且十分嚴重，危機四伏，大刀闊斧地變革就勢在必行。同樣，如果前任主管不得人心、工作低迷，那麼，不論你的競爭地位如何，都應立刻大張旗鼓地變革。

不過，剛上任主管有一大禁忌就是辭退下屬，原因非常簡單，主管辭退下屬一定要經過老闆，開始的時候老闆會對主管辭退下屬的要求給予一定的支持，但老闆也會對你的「容人之量」產生懷疑，如果這種行為過於頻繁，到最後可能會連自己一塊辭退。

（三）燒好第三把火 —— 溫暖人心

溫暖人心是為了得人心，一個眾望所歸的主管才是好主管，一個得人心的主管才配當主管。所以，新官上任要用這第三把火溫暖周圍人的心。

現代企業管理更加注重人性化，要想做到人性化管理，就要用實際行動讓被管理者看到你對他們在人性層面的關心。

做好角色的轉變

小英在一家跨國公司的市場部已做了一年，昨天她被正式提升為公司市場部的經理，這是一件很讓人開心的事，因為對小英來說，這一直是她的一個夢想。可看著同事一個個道賀離去的背影，她的心底有些疑惑了，升遷了，她不知道該如何與舊日的同事或是朋友相處，該以怎樣的姿態承擔起新的責任和權利？

升遷之後，你將不得不面對一些與平日不同的情形，所以，進行角色的轉變是必須的。如果轉變不了自己的角色，則等於宣告了自己的失敗。

一、升遷後，如何進行角色轉變

◆向過去的你瀟灑地告別

盡可能把你前一個職位上進行的專案處理完，把整齊的、剛做過更新的檔案留給接替你工作的同事，順利的交接是你開始新的工作前奏。

◆盡快建立起良好的工作連繫

有針對性的了解一下你的新同事和那些即將為你工作的人，弄清他們的責任所在。

◆說話時用「我們」代替「我」

在員工的會議上，建議用以「我們」開頭的句子替換掉以「我」開頭的句子，過分的突出自己讓人很不舒服，而且不利於團結和合作氛圍的養成。

◆學會用手下的人

對於比你年長的員工，要尊重他們的經驗和知識，而對於新員工，要找到合適的激勵辦法，並幫助他們制定目標。

◆工作不要事無鉅細

如果說普通的員工需要在細節上多下些功夫的話，那麼升為管理層後，你更應該關注的是結果。你會有更多的事要花時間處理，所以分派任務成為一項很重要的工作。

◆仔細鑽研企業文化

新官上任之後，你會對原有的業務流程有修改的衝動，但在對企業的環境有更準確把握之前不要輕舉妄動。

◆培養自己科學的管理方式

對人的管理要平等，即便有些人可能是舊時友，或者有人是你過去很不喜歡的人。

◆平衡工作與家庭的矛盾

工作與家庭之間的平衡很重要，好的平衡會讓你更專注於你所做的事情。

二、升遷後，如何進行心態轉變

升遷前後最忌諱的心態是：「因為我比你們大家都優秀，所以得到提升是天經地義的事。你們不要不服氣，不服氣就試試。」這樣做很容易被別人看作小人得志。其實，升遷以後絕對沒有必要再和自己的手下去爭誰的技術更好、誰的能力更強以及其他利益，天底下不能什麼好事都是你的。敵視原本和自己一樣的人升遷，是天然的感情，不「向下爭」，不「向下」表現「強勢」，是化敵視為眾望所歸的速效藥方，不妨試試。

對個人來說，最困難的是承認別人比自己強，看到原本和自己一樣的人升遷，誰心裡都不是滋味。而被提拔的人一定是很「強勢」的人。如果此時此刻這個人還一定要表現出自己是最「強勢」的，自己得到提拔是理所當然的事，那麼，就很容易被嫉恨。剛做經理的時候，你做實際事情的能力絕對是最好的，但是再過一年兩年三年，新人新技術輩出，那個時候，就要靠大家了。第一天上來，誰不服氣，你可以自己做，但是往後呢？而且，如果你堅持你最能幹，下面的人就很難做，什麼都是你做得好，他們還幹什麼？

要看上，也要看下

升遷了，意味著你當上了別人的上司。處在上司的位置上，你就要學會管理你手下的人。但你仍然需要看你的上司的臉色行事。處在一個中階主管的位置上，既要看下，又要看上。既要和下屬打好關係，也要和上司打好關係。如果兩頭的關係都沒有處理好的話，那麼在工作中，你只能忍受夾心餅乾的痛苦了。

一、升遷後，如何對待上司

◆提醒你的上司

內容包括：曾經作出的決策及可能出現的問題，以前沒有決策而遇到的問題，可供考慮選擇的方案及選擇標準，你對他的期望等。

◆幫助處於困境中的上司

在其任務多的時候，要自覺分擔和接受任務，在他工作受阻時要主動請纓充當先鋒部隊，在上司出現信任危機時努力維持其主管形象。

◆管理上司的時間

了解上司制定出的中、長期的工作計畫，將上司的時間計畫與自己的工作時間表接軌，將問題分類，排列好輕、重、緩、急，標明問題的重要性，事先向上司預約會談時間。

◆徵求上司的意見

精心準備你的問題，選擇適當的時機提出問題，集中於你需要幫助的那些事項，討論時要先談整體情況，再談實際細節。

◆與上司建立友誼

真誠幫助上司，不求回報，與上司保持適當的距離，與上司建立師徒關係，尋找雙方共同的志趣，用小禮物連繫彼此的感情。

◆恰當地讚美上司

挖掘上司的優點，誠心誠意地用實際的事例讚美上司，透過別人的話語間接讚美上司，將工作成果歸功與上司，及時為上司爭取榮譽，還要注意讚美的頻率。

◆贏得上司的信賴

信守自己的承諾，多為上司分憂解難，多與上司保持溝通，確保上司不會經常從別人那裡獲得訊息，把自己的行蹤告訴上司，不要跟上司搶功。

有效的管理者首先要明白他的上司也是人。上司既然是人，所以一定有其長處，也一定有其短處。若能在上司的長處上下功夫，協助他做好想做的工作，便能使上司有效，下屬也才能有效。反之，如果下屬總強調上司的短處，那就像上司強調下屬的短處一樣，結果將一無所成。所以，有效的管理者常問：「我的上司究竟能做些什麼？他曾有過什麼成就？要使他發揮他的長處，他還需要知道些什麼？他需要我完成什麼？」至於上司不能做些什麼，那就不必細究了。

二、升遷後，如何管理下屬

要想管理好你的下屬可不是一件容易的事情，在管理下屬的工作中，強勢不好，低姿態「親民」也行不通。在日常的管理工作中，總有許多的人和事在對我們發生作用，產生影響，讓我們身陷管理的疑難之中。比如，如何與自己的下屬處理好關係。而在這其中，自己與目前的下屬原本可能是同級關係的，後來因為晉升才成為他們的主管；在自己的下屬中，某個人可能是我們非常要好的朋友……在處理這些複雜的關係方面，最重要的就是掌握好強勢和低姿態「親民」的分寸，能夠與下屬順利溝通，達成信任和理解。

某家知名企業任銷售部經理的阿文是個多疑的人，脾氣很衝。在他的部門，沒有一個下屬能發展成為他的心腹，也沒有一個下屬能和他沾上亦師亦友的關係。因為阿文最奉行的管理方式就是鐵的紀律，關於上下級關係的信條就是：上司就是上司，應該界線分明。所以，只要自己的下屬一有點不對勁，張口就罵，達成目標是應該的，不能的就抓住那麼一點點問題大做文章。為此，在他的部門，下屬們感覺不到什麼尊重和信任，也從來就沒有一位員工能待滿半年的。當然，物極必反，他的下屬也不會讓他好過。比如，每當阿文需要下屬們幫助的時候，下屬們可能是明裡幫忙暗自拆臺，故意留下那麼一點點讓他出包，讓他受到公司主管的處罰。如果阿文真的受到了處罰，下屬們都會抿著嘴偷偷的笑，暗自裡幸災樂禍。

沒有一個管理者願意落到阿文這樣的結局。可是，我們的遊戲規則不發生改變，不回到正確的軌道上，可以嗎？當然不行！可又該怎樣改變呢？首先，每一個管理者都應該明白，讓自己和下屬的關係回到正軌上的主導權，就掌握在我們這些管理者手裡。其次，就是溝通和信任。事實上，在我與許多身分為下屬的相對低位階的管理者及其普通員工的接觸中，他們覺得自己與上司相處的最大障礙就是溝通和信任，而非更流於表面形式的疏離。作為一個管理者而言，要想獲得更大的成就與發展，就必須獲得來自下屬的更多支持。我們要想獲得這種支持，就得去了解下屬們的想法和需要，尊重他們的需求和願望。

要想獲得下屬們對你的認可和支持，必須注意下面的幾點要求：

▷ 再小的公司、再小的部門，也不能讓人情取代制度。

▷ 不要自恃主管身分，讓自己脫離於團隊之外和組織之上。

▷ 自己的管理風格存在缺陷，就給自己找個能扮黑臉或白臉的助手，以彌補自己的不足。

- ▷ 強勢不好，低姿態「親民」也行不通，提醒自己如「強」就「弱」一點，如「低」就「高」一點。因為剛柔並濟、軟硬兼施，獎罰分明是真理。
- ▷ 體恤你的下屬，並合理安排工作、合理的獎懲，而不是讓人覺得你厚此薄彼，甚至是故意整某個人。否則的話，你的團隊中就可能增加一些讓你遭遇麻煩的伏筆。
- ▷ 如果你擺不平某個經常和你抬槓的下屬，無須太過動氣，你既然是規則的制定者，就用強力的規則去約束他，再或者是把他調離你的部門，甚至是乾脆找個機會開除他，而不是軟弱的、怕得罪人的留下他與你作對。
- ▷ 上下級關係就是上下級關係，不要新增過多的複雜因素進去。這樣會讓自己處理起來的時候相對輕鬆。

處理好與原來同級同事的關係

許多升遷的人都碰到過這樣的情況，就是和以前的同事無法正常相處，以致見面都非常尷尬，工作中更是無法交流。其實這是典型的「部門內升遷症候群」的顯現。這種情況在一般的企業組織內經常會發生。雖然你說：「你與你現在的屬下，年齡相仿、過去都是一同工作、一同玩樂、關係良好等；但自從你被提升為他們的主管後，你與他們之間的關係和氣氛都改變了」。從組織行為學的角度來看，這是再自然不過的現象，它一定會造成你心態上或處理實際事情上的困難。要擺脫這個困境，可以嘗試以下一些做法：

一、盡快地了解你自己的「角色」和「職責」

相對地也幫你的屬下來了解，不管是以個別或團體的方式。

二、向上司或其他有管理經驗的親友尊長請教管理的心得

三、至少看一兩本相關的組織和管理方面的書籍

未來的三到六個月。你應該盡量去學習、補足你在管理經驗方面的不足。

四、升遷後有技巧的面對原來同事

◆宜謙虛，忌張揚

升遷以後，同事們都會暗中注意你的一舉一動，考察你的一言一行。這時他們顯得特別挑剔，好像一定要找出毛病他們心裡才能平衡。不用擔心，只要你坦坦蕩蕩，謙虛待人，一定會度過他們的「考驗期」。而突然擺出不可一世的樣子，說話時聲音大幅度地提高，又裝腔作勢地打著手勢，這種「張揚」只會讓同事噁心。

◆近君子，遠「小人」

你可以有選擇地和一些同事來往，做到近君子，遠「小人」。這裡所說的「小人」，是指在事業上不會對你有任何幫助，只是單純玩伴的那種同事。

◆以柔克剛，以心換心

同事中難免會有妒忌你的人，你一定要小心翼翼地清除這枚隨時可能爆炸的「炸彈」，最好不要正面交鋒

◆以理制人，該斷則斷

有的人見你升遷，彷彿覺得就是踩著他的肩膀上去的，他簡直要和你勢不兩立。你做出成績，他嗤之以鼻；你將心比心，他說你虛偽。總之，你升遷就是你最大的錯。對於這種人，不要客氣，跟他割斷情義。

挑選和培植你的「左右手」

用人的前提是育人。栽培下屬，使其成為有用之人，既是主管者的應負職責，也是培植心腹的必要途徑。平日裡你應該注意培養得力的下屬，有朝一日他會給你帶來意想不到的巨大利益。

一、挑選你的「左右手」

每一層的管理者都應具備一雙慧眼，在平時的工作中，對屬下進行考察、判斷，為自己挑選「左右手」。

▷ 這個人對你是否足夠信任和尊敬。

▷ 看這個人是否具備很強的責任心。這一點是至關重要。

▷ 看這個人是否能很好的完成上級交給的任務。

▷ 這個人工作中出錯後是否能主動承認，並積極的改正。
▷ 這個人業務技巧能是否掌握。
▷ 這個人是否勇於接受更複雜、困難的工作。
▷ 這個人碰到一些問題時，是否勤於思考並採用好的辦法處理。
▷ 這個人是否能與同事及其他部門的人員很好的相處。
▷ 這個人工作中是否經常性的出錯。

二、培植你的「左右手」

（一）培植一個能彌補你的弱點的人為右手

能夠成為你的右手的條件，首先是這個人能彌補你的弱點。比如你認為自己的財務能力較弱，應找一位內行的人；如果認為自己的人事能力弱，應找一位在這方面有能力的人。總之，你和已成為你右手的人，應該是相互取長補短的關係。無論多小的公司，你與助手之間保持正常的人際關係是很困難的。能成為你的右手的人，必須與你的性格相投。很多人沒有被人使喚或命令的體驗，總以為老子天下第一，一點點小事動不動就發脾氣，認為別人沒有把他放在眼裡；自以為應由他做主的事，如果沒有經他允許就特別生氣。因此，作為你的右手的助手，必須是能理解你感情變化的人，而你也能在某種程度上加以自控，相互讓步，才能很好地配合。有了上下級和諧的配合關係，工作才能做得更好。

（二）培植一個能發揮你的長處的人為左手

成為你的左手的一個條件是，能輔助你開拓經營最得意的領域。作為你右手的人應彌補你的短處，而成為你左手的則是應輔助你發揮你的長處，或能代理你工作。你應將日常業務工作盡量委託給他，自己騰出時間考慮公司將來的發展。所以，能成為你左手的人，最好是能發揮你長處的人。左右手的作用正好相反，兩人之間的關係如果不好，則難以合作，合作得好，就能成為好搭檔。合作得不好，反而會製造麻煩。因此，成為你左手的人，他的人品和性格相當重要。如果作為左手者認為右手比自己強就加以排斥，那就不好相處了。成為你左手者應保持謙虛的態度，支持右手者的工作，只有這樣才能展現出合作的優勢。

（三）透過特別考察，了解候選人的潛力

對進入你候選視線的人，應該親自下達特殊事項，用特別的方法來對候選人進行考察。透過下達特殊事項，能了解候選人的潛力。開始時某些你認為沒有什麼了不起的人，後來卻嶄露頭角。相反，有些原來認為很優秀的人經過幾次考驗後，又覺得並不像想像的那樣。也就是說，你對候選人的任用應該慎重。透過執行特殊事項，肯定會出現有潛力、嶄露頭角的人。這樣的人哪怕只發現一個，也是很有好處的。如果向他們下達特殊事項，該人與你的交流機會自然會多些。透過這樣的互相接觸，該人在你的影響下，會不知不覺地成長起來。在育人方面最重要的是人格的影響力。這種影響力越大，育人的成功率越高。如果放任自流地等待自然成長是不會成功的。有了相應的土壤，但不施肥是不行的。尤其對候選人，必須有這樣的計畫。讓候選人明確目標，然後透過自己的努力和充分利用公司所提供的各種機會成長起來，真正成為你的幫手。

（四）培植對自己忠實的人

如果要選擇自己的左右手，多數上司都會把「忠實」放在首位。某公司的經理同時培養了兩人作為自己的接班人，讓他們互相競爭。A 年

輕，頭腦敏捷，認為他是下任經理的呼聲很高。他本人也意識到這一點，因而不時流露出自己是下任經理的言行。B的頭腦並不那麼敏捷，可人很忠厚。他總是維護A的利益，從他平時的微妙言行中可以看出他也認為下任經理就是A。但出乎意料的是，經理挑選的接班人不是A，而是B。原來，在選擇A還是選擇B上，經理費盡了心思，他認為如果選擇A，公司會大步地實行經營改革，也許會發生意想不到的變化，但如果遭到失敗，結果也是慘痛的。如果選擇B，他為人穩重，公司不會有很大發展，但也不會因為經營失敗而帶來慘痛的結果。經理在決定這件事時十分苦惱。他考慮自己去世後，A恐怕不會去為他掃墓，而B會按已制定的法規經營公司。因此，最後決定選擇了B。只有對你忠實的人才能真正成為你的左右手，才能真正在工作中幫助你，協助你完成很多複雜的工作。

［小測驗］第一次做管理者你能得多少分

1. 第一次做管理者，你的總體表現如何？

   A. 非常好

   B. 不錯

   C. 一般

   D. 不太好

   E. 很不好

2. 第一次做管理者，你很有自信心嗎？

   A. 非常自信

   B. 自信

   C. 一般

D. 不太自信

E. 很不自信

3. 第一次做管理者，你覺得自己的管理能力很強嗎？

A. 很強

B. 尚可

C. 一般

D. 不太好

E. 非常差

4. 第一次做管理者，你是很快就建立起工作連繫的嗎？

A. 非常快

B. 相對快

C. 一般

D. 相對慢

E. 非常慢

5. 第一次做管理者，你對自己企業文化是否有了更深層次的了解？

A. 了解很深

B. 了解比較深

C. 一般

D. 了解不太深

E. 了解很淺

6. 第一次做管理者，你心態調整得好嗎？

A. 非常好

B. 不錯

C. 一般

D. 不太好

E. 很不好

7. 第一次做管理者，你與原同事的關係處理得好嗎？

A. 非常好

B. 不錯

C. 一般

D. 不太好

E. 很不好

8. 第一次做管理者，你與上司的關係調整得好嗎？

A. 非常好

B. 不錯

C. 一般

D. 不太好

E. 很不好

9. 第一次做管理者，你培植起來的左右手很強嗎？

A. 非常強

B. 相對強

C. 一般

D. 相對弱

E. 非常弱

10. 第一次做管理者，你學到了很多東西嗎？

A. 非常多

B. 多

C. 一般

D. 有點少

E. 沒有收穫

答案：A 5 分；B 4 分；C 3 分；D 2 分；E 1 分

總分：50分優秀；50－40分良好；40－30分及格；30－20分有點差；20－10分很差。

第一次跳槽，站在十字路口間

跳槽，在現代化的職場競爭中，意味著重新獲得職業生涯進一步發展空間的契機和必要手段，但是同時要採取穩紮穩打的方法：即跳槽前要預先了解和知道自己的職業競爭優劣勢，職業規劃和滿意度，了解職場發展的趨勢以及相關產業、企業、職務、職能的現有要求和發展趨勢，並在其間找到真正的契合度，才能使跳槽讓成功變得必然，也是使你永遠不用面對職業危機感的唯一方法。

真的「山窮水盡」了嗎？

都知道工作難找，可是很多找到了工作的人，沒過多久就在為是否離職而蠢蠢欲動。而離職的原因無非是因公司的薪水太低、沒有發展空間、工作太單調、與期望的職位不合等等。有道是「這山望著那山高」，誰都覺得下一個企業就是自己最理想的公司，殊不知再好的企業也難「十全十美」，總有管理上的疏漏，但一旦發現所選的並不是自己所期望的，於是又重蹈覆轍，永無休止的徘徊在跳槽與求職的邊緣。

跳槽是機遇，但也存在著風險。尤其對於職場新人來說，跳槽更應該慎之又慎。在跳槽前一定要仔細考慮，不要意氣用事。先要想想自己跳槽到底是為了什麼，難道真到了「山窮水盡」非跳不可的地步了嗎？

一、職場新人應該明確自己工作的目的

對於初涉職場的新人來說，第一份工作，對未來的職業發展是至關重要的。但是，怎樣的工作才是適合職場新人？新人們的第一份工作，應該是什麼樣的？而第一份工作的選擇，又將對未來的職業生涯產生什麼樣的影響？……諸如此類的問題，卻未必是所有人都清楚的。什麼樣的工作才是適合職場新人的，這是一個比較廣泛的話題，首先應該從分析職場新人的工作目的的角度考慮。

那麼職場新人的工作目的應該是怎樣的呢？作為職場新人缺少工作經驗，又即將脫離原有的經濟來源。所以職場新人的工作目的應該有兩個，求工作和求發展。所謂求工作是說要透過第一份工作使自己經濟獨立；所謂求發展意思是說第一份工作應該是一個可以累積經驗的機會。

了解了自己的工作的目的，再分析現在正從事的工作，看看是否可以滿足這兩個要求，如果滿足的話，那麼跳槽還有必要嗎？

二、職場新人頻繁跳槽的理由分析

◆跳槽前不作自我分析

有些求職者因為工作不好找，便隨便與願意接受自己的用人單位簽約，工作了幾個月，結果卻發現工作並不適合自己，於是再倉促跳槽。

◆因職位無足輕重而尋他路

一名大學生畢業後進入一家企業，結果發現上司安排他去後勤單位。幾個月下來，他辭職了。該公司總經理遺憾地表示，其實公司只是想磨練一下他的耐性，考驗他的承受力，公司本來準備升他做部門主管，沒想到他自己卻放棄了這個機會。

◆因為與上司不和而跳槽

有一名剛工作的職場新鮮人說，她最近和自己的主管相處得很不愉快，對方似乎在處處刁難她，使她不得不離職。

這些理由有其合理之處，但是不是足夠構成跳槽的動機，應該仔細思索，防止在跳槽以後又後悔。這些原因都可能讓職場新人覺得自己的工作已經到了「山窮水盡」地步了。其實，如果仔細分析便可以得知，這些理由之所以產生並發揮了消極的作用，多數是由於自己的原因，而不是工作本身的原因。職場新人如果以這些理由輕易辭職，就大錯特錯了。即使你換了一份工作，還有可能出現這樣的原因，因為你自己並沒有改變。

三、跳槽的合理理由

對於職場新人來說，什麼理由才是合理的跳槽原因呢？要弄清這一點，首先要分析自己目前想跳槽的理由是源於自己的原因多一些呢，還是源於公司的原因多一些？如果一份工作可以滿足自己求工作、求發展的需要，那麼說明你之所以要選擇跳槽，可能是由於自己在某些問題的處理上出現了問題，而導致矛盾的發生。職場新人一旦在工作中出現不如意的地方，往往缺乏自省的意識，而常常歸咎於從事的工作，從而對工作產生不滿，便開始了跳槽的打算。如果問題出在自己一方，那麼這時的跳槽絕不是明智之舉。

當然，有些工作如果不能滿足職場新人求工作、求發展的基本需要。比如出現了一下情況：

◆公司任人唯親，不論能力論親近

假如你所在的公司總有人打小報告，公司裡到處都是老闆的親信，或是某某人介紹來的，你感覺到處都有眼睛監視著你，你的上司有剛愎自用、對人不對事、太過情緒化、利用員工、厚此薄彼，你常常有很想跟他狠狠吵上一架的衝動。在這樣的公司裡，能力得不到重視，只有老闆的親信才能掌握實權，那麼，建議你也就不要再去忍受那些同事和那種老闆了。

◆公司經營差，或產業趨於末路

比如，公司經營狀況不佳，有倒閉的可能性；或者公司裁員、合併，員工不得不再另找出路；再有，所在的產業趨於末路，很快就可能走向消亡……我們每個人都期待自己的職業生涯能夠獲得長遠發展，而上述這樣的環境很難為你提供長遠發展的可能。這個時候也許你心裡還會有些徬徨，但是，徬徨並不能解決所有問題。在鐵達尼號沉沒之前，還是選擇逃出去吧！

◆難以解決的個人原因，如家庭等

很多時候，人不由己，有許多個人因素可能逼你只能跳槽。就比如婚姻和家庭，有時候，事業家庭兩不誤確實很難。假如因為難以解決的個人原因，而不得不選擇跳槽，那麼，你也不會太擔心，這個時候，只要為自己做好新的規劃，跳槽後還是會有好的發展。

如果你所處的公司存在以上的問題，那麼跳槽越快越好，因為白白浪費時間和精力，不是聰明人的選擇。

職場新人在跳槽前一定要對促使自己離職的原因進行分析，如果理由是盲目的意氣用事之舉，那麼說明你的工作還沒有到「山窮水盡」的地步，最好不要輕易跳槽；如果理由是充分且合理的，那麼選擇跳槽就是正確選擇。

第一次跳槽你準備好了嗎

跳槽就像結束一場婚姻。大學畢業是成人典禮，實習單位彷彿第一位試婚對象，合不合適，只有自己知道。很多初入職場的新鮮人，大部分選擇留在實習的單位工作，雖然心裡有所不甘，但為了面對即將獨立的生活，也只有走一步看一步，先解決溫飽問題再說！

當一切都已經熟悉，荷包也有了些薄薄的積蓄後，隱藏在內心深處的一根弦開始於無聲處彈撥起來——哪有一次戀愛就修成正果的！面對著自己職場「婚姻」中的第一次「出軌」，作為新人的你究竟怎麼跳才能跳得好？不是沒有後悔的，跳來跳去職位原地打轉；也有過盡千帆才發現原來最初的經歷才最適合自己的。

新人小琬進一家市場調查公司工作不到半年，已經想跳槽了。倒不是工作不適應，連不喜歡她的主管都說她特別適合做市場調查；也不是對薪資有太多的不滿意，繳完了勞健保，小琬的薪資也能拿到30,000元左右。小琬說她就是覺得跟同事越熟越有隔閡。譬如說，同事小娜喜歡在她面前說三道四。來說是非者便是是非人，所以小琬不願意與小娜走得很近。雖說小琬長得很親切，可是性格卻屬於豪放型。那次新員工評分，主管給她分數不高，她一氣就直接找部門經理談。結果，主管礙於經理的面子給她改了分數，但從此主管再沒給她什麼好臉色。小琬很是苦悶，打電話來說，自己想跳槽走人了。

許多新人正在經歷所謂的一年之癢，而真正意義上3年的工作時間才是個人職場累積期，是知識和經驗累積的標準時間。因為職業人從新人到對一項工作深入了解、駕輕就熟，往往需要經過3年左右的時間進行學習，讓個人的判斷能力、思維模式和工作方法不斷提升；而這時職業人對於自己的職業發展潛力也有了一個比較清晰的認識。所以不要那麼快地就全盤否定現在的工作氛圍和環境，盲目地跳槽只會將自己以後的成果付諸東流。不如在現有的職位上修正自己的工作態度，增加適應能力，等自己羽翼豐滿時再做跳槽的打算。站在巨人的肩膀上總比站在矮個子的頭頂上要看得遠得多。

另外，今天的社會有多樣化的選擇。一個職業人在跳槽時有一點需特別注意的是，在「跳」之前，心理上應該有充分的準備，應該明白自己最想要的是什麼，而不應該單純為了「逃」而「跳」。想清楚了，就沒有什麼可猶豫的。

有幾種跳槽心理是應該竭力避免的：

◆急於求成，見異思遷

這種跳槽者完全是跟隨潮流的盲目跳槽，只要聽到別人說現在哪一行薪水高前途廣，便想盡辦法也要擠進這一產業，根本不考慮自身所具備的專長和興趣，因此，這一類跳槽者往往很難進行專業知識與經驗的累積。

◆不加分析，偏聽偏信

有些人的跳槽只為短期的利益，根本不考慮長遠的發展，甚至被用人單位的輕率承諾所吸引，在未作任何調查評估的情況下便不假思索的跳槽，結果後悔不已。

◆頭腦發熱，意氣用事

有些人僅僅為了一點非原則性的小事，與上司意見不和，便賭氣不幹。

警惕那些「空頭陷阱」

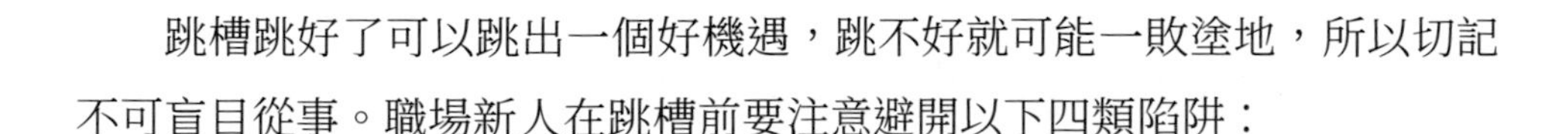

跳槽跳好了可以跳出一個好機遇，跳不好就可能一敗塗地，所以切記不可盲目從事。職場新人在跳槽前要注意避開以下四類陷阱：

一、盲目追求高薪 —— 掉進高薪陷阱

跳槽時如果盲目地以現實薪水報酬為導向，此種跳槽失敗占到 40% 以上。有的小企業為了吸引人才開出高薪。可是進去之後才發現裡面管理制度不成熟，前景也不大看好，更關鍵的是，對於工作經驗尚不豐富的職場人來說，這樣的企業對於累積自己的核心競爭力幫助不大。如果這份工作本身對自己未來發展沒有任何的助益，或者工作本身並不是自己所喜歡，而是為了薪水而屈就。那麼，在這份工作上待的時間越長，你的職業含金量就越低，你未來的競爭力就越差。為了目前的所謂「高薪」，而埋葬了自己的將來，這是不值得的。

資工系畢業後，小曹被某知名電子製造業公司錄取。大公司的薪資福利受工作年資限制較多，剛入行的小曹薪水並不是很高。由於科技產業是個高速發展的產業，人才缺口非常大，工作才兩年，小曹就經常接到獵人頭公司的電話。市場人才緊缺加上公司急需人才，一般對方開出的薪水都比他原有薪水高出 30% 以上。

半年前，在獵人頭公司的精心包裝下，小曹順利跳槽去了新公司，職位和原來相比差不多，但薪水如他所願高了不少。小曹的成功原本讓大家都很羨慕，可是工作兩個月後，小曹就有點洩氣了。原來，小曹的前公司是家成立不久的高科技公司，無論對新入行者還是有一定工作經驗的職場「老人」，都有比較完整的培訓體制，同時有很多機會和職位可以去學習、實踐和探索，公司技術平臺是開放給每一名工程師的，對提高自身技術和發揮能力很有幫助。而跳槽後的這家公司是老牌的高科技公司，按部就班的工作是公司正常運作的保證，對工程師來說，只要天天做好自己手上的事情就行，按小曹自己的說法「每天就像工作機器一樣機械地運轉，

沒有過多的機會去提高自己的技術」，時間久了，工程師變成了高階作業員。對於有上進心的小曹來說，這樣的工作顯然不是他所希望的，薪水是比較滿意了，但工作環境和工作狀況讓他不甚滿意。還尚年輕的他不想就這樣為了高薪而放棄學習提升的機會，就這麼做一顆大公司的小螺絲釘。

小曹的遭遇就是因為當初他短視的追求高薪而導致的。高薪對於大多數人都有著相當大的誘惑力，所以就有很多人因為掉進高薪陷阱而後悔不已。

二、盲目決定職位 —— 掉進職位陷阱

小劉最初在一家公司做了將近一年的業務，業績相當不錯。小劉一心想的就是升遷加薪。可是臨近年終了，小劉覺得公司上司好像並不怎麼重視自己，於是就萌發了跳槽的念頭。公司同事及一些朋友都覺得可惜，都在勸說：「一年累積起來的經驗完全不能找到比這個更好的工作，固定的客戶也可能因為自己跳槽而流失，在建立和維護這樣固定的客戶群需要很長的時間。」但小劉卻不這樣想，最終還是沒有禁得起誘惑，年後，他去了另外一家公司，這家公司許諾他讓他做業務部的經理。可是，在新的環境裡小劉仍然滿腹怨氣，因為新公司所處的產業前景並不好，他這個業務經理整天無所事事的，當然薪水也就沒有好轉，無奈，小劉只得重新踏上找工作的道路。

小劉在跳槽前顯然被高職位矇蔽了眼睛，而導致了最終跳槽的失敗。

對於技術人員來說，職業優勢在於技術，本身的個性特質和能力傾向也在技術，結果卻偏要轉到銷售方面，拿自己的短處跟別人的長處相拚，結果可想而知。職位陷阱的另一個表現就是高職位的誘惑，這是利用求職者的心理欲望，而設下的陷阱。其實，現實當中高職位不一定意味著高的

待遇和好的發展前景。有時候即使你在某一職位上當上了上司，可是這個職位並不能為你提供足夠的發展空間和上升的趨勢，那麼這個高職位也只不過是一個「美麗的謊言」罷了。隨著經濟的快速增長，職業生涯的發展週期也已經從過去的五年縮短到現在的三年。這也就意味著，如果你在三年中，沒有任何職業發展的突破，你就是不具競爭力並最容易被取代。如果你為了高職位，而喪失掉發展的空間，那就得不償失了。

三、盲目追求好人緣 —— 掉進人緣陷阱

人際關係的好壞，並不是跳槽的核心標準。對於自己來說，一家公司是否可以為自己提供足夠的發展空間，增加自己的職業含金量，提升自己的職業競爭力，才是選擇「跳」或「不跳」的關鍵。況且，現在直銷公司的猖獗，也令很多跳槽者吃了不少虧。

小英大學畢業，很順利的找了一份辦公室祕書的工作。工作清閒，但小英因為個性原因，一直和辦公室主任合不來，所以一直都想辭職而去。

一天，她的好朋友小穎找到她，說要把她介紹到自己的公司。小穎告訴小英說，自己所在的公司很有前景，而且公司裡的人相處得都特別得融洽，就像一家人一樣。小英在小穎的勸說下，真的辭了職，和小穎一起當同事。

剛進公司，小英就被好多陌生人的熱情所打動了，她從內心裡感謝小穎的幫助。可是，好景不長，很快小英就察覺出了不對勁的地方，這家公司裡的其他人行事都很神祕，而且總是監視她。小英心裡一驚，她斷定自己進入了一個直銷公司。好在幸運的是，這個直銷公司很早就被警方盯上了。隨著直銷公司的被摧毀，小英才得救了。

由於在原來公司的人緣不好就跳槽，而又盲目的相信了所謂的好人緣的誘惑，才導致了小英的這場危險旅程。好人緣不代表好的機會、好的前途。像小英這樣不但沒有找到好的前途，還差一點誤入歧途。

四、盲目追隨熱門產業 —— 掉進熱門陷阱

熱門產業、熱門企業、熱門職業，一直是很多職業人追求的目標。但是，熱門產業，是不是你適合的領域；熱門企業，能不能為你提供足夠的發展空間；熱門職業，會不會為你的未來增值。在沒有明確以上概念以前，還是不要盲目地涉足其中，以免後悔莫及。

阿華在大學裡學的是經濟，畢業後進入一家網站公司，做經濟版面的編輯。近一年的工作讓阿華覺得枯燥無味，而且待遇也不是很高，所以一直有跳槽的打算。

阿華一直都想去房地產公司，因為他的幾個在房地產工作的朋友，每個月賺的錢比他半年還多。況且，現在房地產產業這麼熱，阿華覺得進入房地產產業肯定有很大的發展空間。

經過朋友的介紹，阿華還真的進入了一家房地產公司，做企劃。可是由於對這個產業的不了解，阿華做得很吃力。還經常因為工作沒做好，受到上司的責備。阿華覺得很後悔，覺得還是原來的那個工作適合自己。

阿華盲目的追隨熱門產業，而放棄了自己的優勢所在，這是造成他後悔的根本原因。脫離原來的工作領域，進入所謂的熱門產業，未必帶來好的效果。因為不同的產業對於求職者有著不同的要求，即便是熱門的產業也不是每個人都適合。

跳槽要穩中求勝

關於跳槽，最理想的狀況是，每跳一家公司，都能創造一番業績，交上一幫朋友，樹立起一塊豐碑使薪酬、職位越來越高。但觀察周圍跳槽的人，並非人人都越跳越好，也是有人歡喜有人愁。所以跳槽也要根據個人實際情況，慎重考慮，量力而為，爭取穩中求勝。

一、跳槽中要避免的七種錯誤

◆在沒有作深刻反省的情況下不要在另外一個工作領域尋求出路

任何事情都應該三思而後行。確定你不是進入到了某個跟以前一樣不適合你的工作領域。多讀讀那些自我評估的文章。

◆不要盲目追求「熱門」產業，除非這個產業真的很適合你

你不會千方百計鑽進你的纖瘦表弟的小衣服裡，那為什麼你非要在適合他的產業裡一展身手呢？那些盡力想幫助你的人也會如此勸告你的。

◆不要因為你的朋友做得出色便也想進入他所從事的產業

透過人脈，閱讀和網路調查來獲取關於你正在考慮的領域的深入資訊。對你的校友、同事、朋友或者親人進行職業訪談是獲取不同產業資訊的好方法。

◆不要僅限於你已經了解的可能性

拓展你對什麼樣的工作才適合自己這一問題的認識。閱讀一些職位描述，透過自我評估訓練了解和拓展新的職業領域。

◆不要讓金錢成為決定因素

如果你的工作並不適合你，給你再多的錢也不能夠讓你快樂。工作的不如意和壓力是成年工作者健康的頭號殺手。對於跳槽者來說尤其是這樣。通常他們在適應某個新的產業之前賺的錢都不會很多。

◆不要把不滿藏在心裡或者試圖一個人改變一切

是時候跟其他人談談心了（也許不該跟你的老闆談）。朋友，家人和同事需要知道發生了什麼，這樣他們才能夠幫助你接觸到許多你所不知道的工作。

◆不要期望一夜之間就能有徹底的轉變

通常一次跳槽需要六個月的過渡期，而且這段時間也可能長達一年或者更長時間。

跳槽是你能做的最爽快的事情。這就好像返老還童一樣，只不過你現在擁有的智慧是年輕時候所沒有的。

二、跳槽前，先問自己四個問題

◆這個職位的薪資行情為何，能不能勝任

跳槽時要先看市場行情，想一下你要接受的職位薪資行情到哪裡？所需的能力你有沒有具備？如果都 OK 就勇敢接受。但如果覺得自己的條件還不夠，那可以主動將薪水減得比市場行情低一點，讓雇主覺得好像撿到便宜，自己未來的工作也比較有彈性。

◆跳槽的動力是什麼

跳槽時，錢當然是很大的動力，但如果同樣的工作加個 3,000、5,000 元，其實沒什麼意義。因為原來的公司已經很熟悉了，知道資源在哪裡，跳到新公司之後得重新適應，變成要用百分百的專注力才能處理。

◆下一步要往哪裡去

跳槽時薪水不一定是最重要的考量，機會才是重點。大公司、某個關鍵的職位，或是有獨當一面的機會，這些都比薪水重要，要檢視的是自己下一個三年要往哪裡跳。

◆能不能與之前的工作完美告別

聰明的工作者在離開時會創造 happy ending，就是跟前同事做好的結束。因為他們都是你的人脈，更會影響到你往後工作的誠信。最糟糕的評價就是不予置評，這句話留下了很多的想像空間，因此千萬要小心你在前同事之間的評價。

三、跳槽前要注意防範風險

跳槽是有風險的，所以跳槽者一定要慎之又慎。在跳槽之前，考慮一下新的工作對實現自己的職業目標有益，不能為了暫時的名和利，盲目衝動的想跳就跳。

工作了正好一年的小輝，因找到了一個好職缺，去意已決，便向原公司提出辭呈，並洋洋得意向一些同事透露。

公司經受不了他的再三請求，看他一定要走，便同意離職。

可新公司當初只是主管上司口頭答應過，並未有確切答覆，結果小輝沒走成，只好摸摸鼻子地待在原公司，小輝覺得甚是沒趣。

像小輝那樣的跳槽所冒的風險是很大的，不值得仿效。那麼怎麼才能讓跳槽的風險變小呢？

◆拿到自己的報酬後再跳

如果你是銷售人員，而且本年度績效相當不錯，建議你應盡量在年底拿到年終獎金後跳槽。畢竟你辛苦了一年，而且年終的績效指標（營收、費用、毛利）能幫助你評估自己在公司、產業與市場上的身價。銷售人員及銷售主管在勞動力市場上明顯表現出需大於供的態勢，企業當然樂意為稀缺的高階人才「保留」職位。是否跳槽應視自己的競爭力、職業稀缺度、長期發展需要、對你生活的影響度等做出選擇。

不過，如果你看重個人的職業發展，而且得到的 Offer 明顯好於現職位，那就不要計較眼前小利，安心跳吧。

◆「騎驢找馬」或「騎馬找馬」

求職者最為關心的就是如何最大程度地化解跳槽風險、減少跳槽成本。那最保險的做法是不要急著辭職。先做好本職工作，同時，等待機會，一旦有了跳的可能，就迅速抓住機遇。現在很多職場人都明白，沒有和新東家談好之前，不露任何的蛛絲馬跡。

在談到辭職理由時，也有一定的技巧。往往「想繼續學習」、「出國深造」、「與家人團聚」等理由可以被接受。而如「人際關係太複雜」、「管理太混亂」、「公司不重視人才」、「公司排斥某某員工」等，這些理由則不會讓新東家對你有什麼好感。

◆選擇跳槽的最佳時機

專家認為跳槽理想的時間是：現在有工作，還不急於找新工作的時候。這樣至少有充分的時間，去考慮你的目標，制定你的策略，準備必須的資料，鞏固你的實力，累積自己的名望。充分利用露面的機會，有時間去反省和改正曾使自己陷入困境的壞習慣。如果可以做到，好機會就會降臨到你的頭上。

總之，選擇跳槽應該慎重，要經過深思熟慮，審時度勢，三思而後行。要理性地分析一下跳槽後的結局，能否更好地展示自己的才華。否則，僅憑一時心血來潮，就盲目跳了出去，必然會吞嚥失敗的苦果。人生的機遇並不多，就看你能否正確把握了，只有那些善於理性思考，審時度勢者，才能在職場找到自己的最佳平臺。

聽聽相關專家解析跳槽

職場新人跳槽萬不可草率行事，現在的就業形勢競爭，所以更應該珍惜得來不易的工作機會。即便是工作中出現了不順利的時候，也要保持頭腦清醒，不要腦子一熱一跳了之。這樣很不利於你的職業生涯的發展。要是到了非跳槽不可的境地，職場新人們在跳槽前最好能聽取一些專家的意見，因為這樣可以使自己跳槽的成功地機率大增。

一、典型案例，專家解析

（一）職場新人，身在曹營心在漢

小張是個職場新人，剛入行不久，薪資比較低，還沒有穩定，可是從朋友，同學身邊傳來的高收入，前途好的工作很多。他自己有點動搖，面對如今熱門的業務工作有點動心，而且他認為在業務單位還可以建立良好

的人脈關係。對於新的產業他想嘗試，可又不敢太冒險，生怕走錯一步就都沒了。

對此專家的建議是：

對於剛剛步出學校的職場新人來說，企業開的薪資往往都比較低，這是因為你的資歷和對企業多作的貢獻也比較低。這段時間的你，還處於學習階段。所以，要正確看待這個問題，首先，新人端正工作態度很重要，問問自己，是為薪資還是為了事業的發展而努力？在資歷和經驗都不足的情況下，獲得高薪資回報並不是一件易事。此時盲目和別人比較不是理智的行為；其次，也不能把升遷的希望過於寄託在跳槽上，畢竟，跳槽並不等同於升遷。建議這位新人還是好好考慮一下，業務的工作是否真正適合自己？自己的職業發展潛力在哪裡？總之，應客觀分析自己的職業發展規劃這個課題，確定下一步的行動方案。只有釐清了這些問題，接下來是繼續堅持，還是選擇跳槽，相信都會有比較明確的答案。

（二）職場新人，不能穩坐釣魚臺

小剛大學畢業時，是同學裡面最先找到工作的。他很順利地就進入到一家公司，做行政管理。很多同學看到他這麼順利就找到了工作，都紛紛恭喜他。然而，小剛心裡卻並不怎麼高興。因為，剛剛在公司上了十幾天班的他，已經有些厭倦的感覺了。他不知道這是為什麼，他一直認為自己是一個適應性很強的人，怎麼在一個職位上才待了十幾天就穩不下心來了呢？

他不知道自己如果這時選擇跳槽，對自己的職業生涯有什麼影響？

對此專家的建議是：

對於職場新人來說，初涉職場會有一個適應期，在這個適應期中，你可能會感覺自己並不適合這個職位或者這個職位不能滿足自己先前的期望。此時，職場新人切不可輕言離開，因為如果你堅持住，度過了這個適應期，就一切都明朗了。之所以在工作之初會產生倦怠，往往是自己認知上的問題。從個人職業生涯發展的角度來說，只要是自己慎重選擇的工作，至少應該做滿兩年的時間，在這段時間裡，努力發掘其中的養分和熱情，更多地從正面和樂觀的角度來觀察問題、處理問題，那麼無論結果如何，都會是一個人最直接、最真實的體驗和收穫，為今後的人生發展打下一個實實在在的基礎。

二、成功跳槽，專家出招

◆做好自我評估和定位

自我評估的目的，是認識自己、了解自己。因為只有認識了自己，才能對自己的職業作出正確的選擇，才能選定適合自己發展的職業生涯路線，才能對自己的職業生涯目標作出最佳抉擇。自我評估應包括自己的興趣、特長、性格、學識、技能、智商、情商、思維方式、思維方法、道德水準以及社會中的自我等等。專家認為，清楚地知道自己想要什麼是最重要的，是滿足感、權力、地位，抑或是金錢，每個人的欲求是不一樣的，而目標設定之後，為之所要付出的代價也必須在跳槽之前有清楚的認知。

◆充分了解環境資訊和產業走勢

所謂的環境資訊指當前的就業形勢，是否適合跳槽。專家認為，其實產業就業形勢好壞是有規律可循的，比如前年就業較好的產業在今年也許就會縮減，總是有一個此消彼長的規律，所以多關注近兩年的整體就業資訊也是很重要的一環。

◆做好樹立目標和分解目標的工作，落實、評估並不斷改進

樹立了大的目標，更重要的還是要把其分為清晰的小的目標，比如想要的薪酬水準、工作地點、職位高低甚至應該明確到要有幾個下屬，目標一旦清晰，工作的動力就愈加明顯。在落實、不斷的評估和改進中，目標自然會一步一步地向你招手。

抓住機會，該跳就跳

一位成功人士曾經這麼說：「我總是千方百計地擠上車，然後補票。」他的意思，是先抓住機會，然後讓這個機會逼著自己成長。跳槽後的新環境、新關係、新的工作方式，對自己的成長都是很好的刺激。有人說，工作是第二次投胎，那麼每一次跳槽，都是新生。正是：生命無試驗，跳槽可輪迴。

經驗是做出來，不是熬出來的。時間可以累積經驗，也可以消磨鬥志，稀釋戰鬥力，磨鈍創造力 —— 在一個不理想的環境裡，時間每天都在忙著做這些。跳槽，不意味著好逸惡勞，而是給自己的勤奮努力找對地方。當一個環境只需要你「熬湯般的」熬上幾個年頭，而不是積極地使用你的能量，有必要去適應它嗎？適應環境，或讓環境適應你，是老掉牙的話題，一走了之，比留下來做痛苦的哲學思考更明智。

在單位若干年不動，縱使你是臥虎藏龍，老闆真的會以為你就只有那一點點能耐！在一些穩若泰山的單位，一個可以不跳而終究跳了槽的人，是很讓人刮目相看的。有什麼能比去一個老闆年輕的時候想都不敢想的單位讓人激動呢？在老闆頓時失去殺氣的目光中，與他一笑泯恩仇吧。

「貴人」幫你成功跳槽

所謂「貴人」，就是在適當的時候出現的能夠幫助你的人。在你跳槽的時候，你可以充分挖掘你的人脈資源，充分利用你的人脈資源，這對於你跳槽的成功有很大的幫助。

那麼哪些人能在你跳槽時幫助你，成為你的「貴人」呢？

一、目標公司的員工

如果想跳槽，就和目標公司的員工作朋友，然後讓這個朋友推薦你去他的公司。一來，他們公司有什麼職位空缺，他可以第一時間知道；就算不知道，專門去打聽一下也不難。二來，面試你的主管風格如何，為人如何，朋友也可以幫你打聽，這不光是為面試作準備，也等於是在幫你「面試」你未來的直接上司。三來，等到你面試結束彼此滿意，還可以從朋友那裡了解公司文化如何，公司裡有哪些「實權派」大佬，或者有哪些貌似權力不大其實不能得罪的「幕後大佬」。而最後，等你去公司上了班，頭一天還有人當仁不讓帶你四處熟悉環境「拜山頭」。唯一要小心的是，你的這個朋友與那個職位之間是不是有利害關係。最簡單的例子：假如他們部門缺人，他當然心急要趕快招個人進去「頂著」，有這樣一層原因在，他自然有意無意不會把負面資訊全告訴你，等生米煮成熟飯，你也只能打落牙齒往肚裡吞。

二、現在的頂頭上司

當然不是讓上司幫你出跳槽的主意，而是當上司跳槽時，你可以追隨著自己的上司一起跳。這樣跳槽的成功率一般會很高，而且還免去了與未來上司相處不好的風險。

想讓上司成為你的跳槽「貴人」，首先得勤奮工作，好好為人。就是要讓你的上司全面的認可你、信任你，只有這樣，你的上司才會在自己脫離苦海的時候，也把你拉出苦海。

三、人力資源主管

多認識一些人力資源主管是很有好處的，因為從事人力資源管理的人，往往手中有很多的職缺資訊，況且他們手中就有相當的權利。在你想跳槽時，他們可能成為幫助你的關鍵性人物。

［小測驗］第一次跳槽行為你能得多少分

1. 第一次跳槽，你成功了嗎？

A. 非常成功

B. 成功

C. 一般

D. 不太成功

E. 很不成功

2. 第一次跳槽，你的準備工作做得很充分嗎？

A. 非常充分

B. 充分

C. 一般

D. 不太充分

E. 很不充分

3. 第一次跳槽，你了解很多的跳槽陷阱嗎？

A. 非常了解

B. 了解

C. 一般

D. 不太了解

E. 很不了解

4. 第一次跳槽，你的薪水更高了嗎？

A. 高了很多

B. 高了一點

C. 沒有變化

D. 低了一點

E. 低了很多

5. 第一次跳槽，你的發展空間更大了嗎？

A. 更大了

B. 大了一些

C. 沒有變化

D. 小了一些

E. 更小了

6. 第一次跳槽，你的人際關係更好了嗎？

A. 好多了

B. 好了一些

C. 沒有變化

D. 壞了一些

E. 更糟了

7. 第一次跳槽，你所冒的風險大嗎？

A. 風險很小

B. 風險較小

C. 一般

D. 風險較大

E. 風險很大

8. 第一次跳槽，你的個人信用是否受到很大影響？

A. 沒有影響

B. 影響較小

C. 一般

D. 影響較大

E. 影響很大

9. 第一次跳槽，你付出的成本很高嗎？

A. 非常低

B. 相對低

C. 一般

D. 有點高

E. 非常高

10. 第一次跳槽，你付出的時間很長嗎？

A. 非常短

B. 較短

C. 一般

D. 較長

E. 非常長

答案：A 5 分；B 4 分；C 3 分；D 2 分；E 1 分

總分：50 分優秀；50 － 40 分良好；40 － 30 分及格；30 － 20 分有點差；20 － 10 分很差。

新手上路，初戰職場：

履歷面試 × 溝通表達 × 銷售談判 × 人際處理，當機遇來敲門，跳得高遠還是行走穩健？

編　　著：于偉哲

發 行 人：黃振庭

出 版 者：財經錢線文化事業有限公司

發 行 者：財經錢線文化事業有限公司

E-mail：sonbookservice@gmail.com

粉 絲 頁：https://www.facebook.com/sonbookss/

網　　址：https://sonbook.net/

地　　址：台北市中正區重慶南路一段六十一號八樓 815 室

Rm. 815, 8F., No.61, Sec. 1, Chongqing S. Rd., Zhongzheng Dist., Taipei City 100, Taiwan

電　　話：(02)2370-3310

傳　　真：(02)2388-1990

印　　刷：京峯數位服務有限公司

律師顧問：廣華律師事務所 張珮琦律師

定　　價：620 元

發行日期：2024 年 02 月第一版

◎本書以 POD 印製

國家圖書館出版品預行編目資料

新手上路，初戰職場：履歷面試 × 溝通表達 × 銷售談判 × 人際處理，當機遇來敲門，跳得高遠還是行走穩健？ / 于偉哲 編著 . -- 第一版 . -- 臺北市：財經錢線文化事業有限公司 , 2024.02

面；　公分

POD 版

ISBN 978-957-680-736-7(平裝)

1.CST: 職場成功法

494.35　113000190

電子書購買

臉書

爽讀 APP